smart is sexy

Orbi.kr

이제 **오르비**가
학원을 재발명합니다

KB213620

오르비학원은

모든 시스템이 수험생 중심으로 더 강화됩니다.

모든 시설이 최고의 결과가 나올 수 있도록 설계됩니다.

집중을 위해 오르비학원이 수험생 옆으로 다가갑니다.

오르비학원과 시작하면

원하는 대학문이 가장 빠르게 열립니다.

출발의 습관은 수능날까지 계속됩니다.
형식적인 상담이나
관리하고 있다는 모습만 보이거나
학습에 전혀 도움이 되지 않는
보여주기식의 모든 것을 배척합니다.

쓸모없는 강좌와 할 수 없는 계획을 강요하거나
무모한 혹은 무리한 스케줄로
1년의 출발을 무의미하게 하지 않습니다.
형식은 모방해도 내용은 모방할 수 없습니다.

smart is sexy
Orbi.kr

개인의 능력을 극대화 시킬 모든 계획이 오르비학원에 있습니다.

랑데뷰
N 제

킬러극킬
미 적 분

랑데뷰세미나

저자의
수업노하우가 담겨있는
고교수학의 심화개념서

★ 2022 개정교육과정 반영

랑데뷰 기출과 변형 (총 5권)
최신 개정판

- 1~4등급 추천(권당 약 400~600여 문항)

Level 1 - 평가원 기출의 쉬운 문제 난이도
Level 2 - 준킬러 이하의 기출+기출변형
Level 3 - 킬러난이도의 기출+기출변형

모든 기출문제 학습 후 효율적인 복습
재수생, 반수생에게 효율적

〈랑데뷰N제 시리즈〉

라이트N제 (총 3권)

- 2~5등급 추천

수능 8번~13번 난이도로 구성

총 30회분의 시험지 타입
- 회차별 공통 5문항, 선택 각 2문항
  총 11문항으로 구성

독학용 일일학습지
또는 과제용으로 적합

랑데뷰N제 쉬사준킬 최신 개정판

- 1~4등급 추천(권당 약 240문항)

쉬운4점~준킬러 문항 학습에 특화
실전개념 및 스킬 등이 포함된
문제와 해설로 구성

기출문제 학습 후 독학용
또는 학원교재로 적합

랑데뷰N제 킬러극킬 최신 개정판

- 1~2등급 추천(권당 약 120문항)

준킬러~킬러 문항 학습에 특화
실전개념 및 스킬 등이 포함된
문제와 해설로 구성

모의고사 1등급 또는 1등급 컷에
근접한 2등급학생의 독학용

〈랑데뷰 모의고사 시리즈〉 1~4등급 추천

랑데뷰 폴포 수학1,2

- 1~3등급 추천(권당 약 120문항)

공통영역 수1,2에서 출제되는
4점 유형 정리

과목당 엄선된 6가지 테마로 구성
테마별 고퀄리티 20문항

독학용 또는 학원교재로 적합

최신 개정판
싱크로율 99% 모의고사

싱크로율 99%의 변형문제로 구성되어
평가원 모의고사를 두 번 학습하는 효과

랑데뷰☆수학모의고사 시즌1~2

매년 8월에 출간되는 봉투모의고사

실전력을 높이기 위한
100분 풀타임 모의고사 연습에 적합

랑데뷰 시리즈는 **전국 서점** 및 **인터넷서점**에서 구입이 가능합니다.

수능 대비 수학 문제집 **랑데뷰N제 시리즈**는 다음과 같은 난이도 구분으로 구성됩니다.

1단계 - 랑데뷰 쉬삼쉬사 [pdf : 아톰에서 판매]

⇨ 기출 문제 [교육청 모의고사 기출 3점 위주]와 자작 문제로 구성되었습니다.
어려운 3점, 쉬운 4점 문항

교재 활용 방법

① 오르비 아톰의 전자책 판매에서 pdf를 구매한다.
② 3점 위주의 교육청 모의고사의 기출 문제와 조금 어렵게 제작된 자작문제를 푼다.
③ 3~5등급 학생들에게 추천한다.

2단계 - 랑데뷰 쉬사준킬 [종이책]

⇨ 변형 자작 문항(100%)
쉬운 4점과 어려운 4점, 준킬러급 난이도 변형 자작 문항 (쉬사준킬의 모든 교재의 문항수가 200문제
이상)이 출제유형별로 탑재되어 있음

교재 활용 방법

① 랑데뷰 [기출과 변형] 문제집과 같은 순서로 유형별로 정리되어 기출과 변형을 풀어본 후 과제용으로
  풀어보면 효과적이다.
② [기출과 변형]과 병행해도 좋다. [기출과 변형]의 단원별로 Level1, level2까지만 완료 한 후 쉬사준킬의
  해당 단원 풀기
③ 준킬러 문항을 풀어내는 시간을 단축시키기 위한 교재이다. N회독 하길 바란다.
④ 학원 교재로 사용되면 효과적이다.
⑤ 1~4등급 학생들에게 추천한다.

3단계 - 랑데뷰 킬러극킬 [종이책]

⇨ 변형 자작 문항(100%)
킬러급 난이도 변형 자작 문항(킬러극킬의 모든 교재의 문항수가 100문제 이상)이 탑재되어 있음

교재 활용 방법

① 랑데뷰 [기출과 변형]의 Level3의 문제들을 완벽히 완료한 후 시작하도록 하자.
② 킬러 문항의 해결에 필요한 대부분의 아이디어들이 킬러극킬에 담겨 있다.
③ 1등급 학생들과 그 이상의 실력을 갖춘 학생들에게 추천한다.

조급해하지 말고 자신을 믿고 나아가세요. 길은 있습니다. [휴민고등수학 김상호T]

출제자의 목소리에 귀를 기울이면, 길이 보입니다. [이호진고등수학 이호진T]

부딪혀 보세요. 아직 오지 않은 미래를 겁낼 필요 없어요. [평촌다수인수학학원 도정영T]

괜찮아, 틀리면서 배우는거야 [반포파인만고등관 김경민T]

해뜨기전이 가장 어둡잖아. 조금만 힘내자! [한정아수학학원 한정아T]

하기 싫어도 해라. 감정은 사라지고, 결과는 남는다. [떠매수학 박수혁T]

Step by step! 한 계단씩 밟아 나가다 보면 그 끝에 도달할 수 있습니다. [가나수학전문학원 황보성호T]

너의 死活걸고. 수능수학 잘해보자. 반드시 해낸다. [오정화대입전문학원 오정화T]

넓은 하늘로의 비상을 꿈꾸며 [장선생수학학원 장세완T]

괜찮아 잘 될 거야~ 너에겐 눈부신 미래가 있어!!! [수지 수학대가 김영식T]

진인사대천명(盡人事待天命) : 큰 일을 앞두고 사람이 할 수 있는 일을 다한 후에 하늘에 결과를 맡기고 기다린다. [수학만영어도학원 최수영T]

자신의 능력을 믿어야 한다. 그리고 끝까지 굳세게 밀고 나아가라. [오라클 수학교습소 김 수T]

그래 넌 할 수 있어! 네 꿈은 이루어 질거야! 끝까지 널 믿어! 너를 응원해! [수학공부의장 이덕훈T]

Do It Yourself [강동희수학 강동희T]

인내는 성공의 반이다 인내는 어떠한 괴로움에도 듣는 명약이다 [MQ멘토수학 최현정T]

계속 하다보면 익숙해지고 익숙해지면 쉬워집니다. [혁신청람수학 안형진T]

남을 도울 능력을 갖추게 되면 나를 도울 수 있는 사람을 만나게 된다. [최성훈수학학원 최성훈T]

지금 잠을 자면 꿈을 꾸지만 지금 공부 하면 꿈을 이룬다. [이미지매쓰학원 정일권T]

1등급을 만드는 특별한 습관 랑데뷰수학으로 만들어 드립니다. [이지훈수학 이지훈T]

지나간 성적은 바꿀 수 없지만 미래의 성적은 너의 선택으로 바꿀 수 있다. 그렇다면 지금부터 열심히 해야 되는 이유가 충분하지 않은가? [칼수학학원 강민구T]

작은 물방울이 큰바위를 뚫을수 있듯이 집중된 노력은 수학을 꿰뚫을수 있다. [제우스수학 김진성T]

자신과 타협하지 않는 한 해가 되길 바랍니다. [답길학원 서태욱T]

무슨 일이든 할 수 있다고 생각하는 사람이 해내는 법이다. [대전오엠수학 오세준T]

부족한 2% 채우려 애쓰지 말자. 랑데뷰와 함께라면 저절로 채워질 것이다. [김이김학원 이정배T]

네가 원하는 꿈과 목표를 위해 최선을 다 해봐! 너를 응원하고 있는 사람이 꼭 있다는 걸 잊지 말고~ [매천필즈수학원 백상민T]

'새는 날아서 어디로 가게 될지 몰라도 나는 법을 배운다'는 말처럼 지금의 배움이 앞으로의 여러분들 날개를 펼치는 힘이 되길 바랍니다. [가나수학전문학원 이소영T]

꿈을향한 도전! 마지막까지 최선을... [서영만학원 서영만T]

앞으로 펼쳐질 너의 찬란한 이십대를 기대하며 응원해. 이 시기를 잘 이겨내길 [굿티쳐강남학원 배용제T]

괜찮아 잘 될 거야! 너에겐 눈부신 미래가 있어!! 그대는 슈퍼스타!!! [수지 수학대가 김영식T]

"최고의 성과를 이루기 위해서는 최악의 상황에서도 최선을 다해야 한다!!" [사인수학학원 필재T]

랑데뷰
N 제

하루 중 90%는 겸손하게 10%는 자신있게...

목차

1 | 수열의 극한 ...... 009 p

2 | 미분법 ...... 031 p

3 | 적분법 ...... 095 p

빠른 정답 ...... 147 p

상세 해설 ...... 151 p

랑데뷰
N 제

하루 중 90%는 겸손하게 10%는 자신있게...

수열의 극한

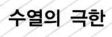

1

01 일차함수 $f(x)$와 y축에 접하고 중심이 A인 원 C_1과 함수 $f(x)$와 x축에 접하고 중심이 B인 원 C_2이 외접하고 있다. 원 C_1의 반지름을 r_1, 원 C_2의 반지름을 r_2라 할 때 A에서 y축에 내린 수선의 발을 A′, B에서 x축에 내린 수선의 발을 B′라 할 때, $\overline{\mathrm{OB}'} = 1$이다.

$\displaystyle\lim_{n\to\infty}\frac{r_1{}^{n+1}+r_2{}^{n}}{r_1{}^{n}+r_2{}^{n-2}} = \frac{1}{4}$ 를 만족시키는 r_1, r_2에 대하여 $|r_1 - r_2| = p$이다. $12p$의 값을 구하시오. (단, O는 원점이고 p는 상수이다.) [4점]

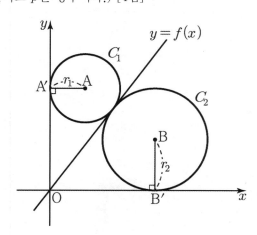

02 첫째항과 공차가 모두 양수인 등차수열 $\{a_n\}$과 $b_1 = 2a_1$인 등차수열 $\{b_n\}$에 대하여

$$\lim_{n \to \infty} \frac{a_n}{b_n} = \left| \lim_{n \to \infty} \left(\sqrt{\sum_{k=1}^{n} a_k} - b_n \right) \right| = 2$$

일 때, $3b_{10}$의 값을 구하시오. [4점]

03 등차수열 $\{a_n\}$과 아래 조건을 만족하는 수열 $\{b_n\}$이 있다. 2 이상의 모든 자연수 k에 대하여 다음 조건을 만족시킬 때, $a_{10} + b_{10}$의 값을 구하시오. [4점]

(가) $b_1 = 0$, $b_n \leq 0$ $(n = 2, 3, 4, \cdots)$이고 $\displaystyle\int_{b_n}^{b_{n+1}}\left(x + \frac{1}{2}\right)dx = n$이다.

(나) $\displaystyle\lim_{n \to \infty}\left(\frac{-|a_k| + 2}{b_{k+1} + 3}\right)^n$과 $\displaystyle\lim_{n \to \infty}\sum_{i=1}^{n}\left(\frac{1}{a_k + b_{2k}}\right)^i$의 값이 존재하지 않는다.

(단, $a_k + b_{2k} \neq 0$)

---

04 모든 항이 실수인 두 수열 $\{a_n\}$, $\{b_n\}$이 모든 자연수 n에 대하여

$$\left\{\left(\frac{1}{2}\right)^n (2-i)\right\}^n = a_n + b_n \times i$$

를 만족시킨다.

$$p_n = \frac{a_{n+1}b_{n+1}}{(2a_n + b_n)(a_n - 2b_n)}, \quad q_n = \frac{a_{n+1}^2 - b_{n+1}^2}{(3a_n - b_n)(a_n + 3b_n)}$$

라 할 때, $\displaystyle \lim_{n \to \infty} \dfrac{-4p_n + \left(\dfrac{1}{16}\right)^{n-1}}{q_n + \left(\dfrac{1}{32}\right)^n}$ 의 값을 구하시오. (단, $i = \sqrt{-1}$) [4점]

05 등비수열 $\{a_n\}$이 다음 조건을 만족시킬 때, 모든 a_1의 곱은 $\dfrac{q}{p}$이다. $p+q$의 값을 구하시오. (단, p와 q는 서로소인 자연수이다.) [4점]

> (가) $a_1 > 0$이고 $\displaystyle\sum_{n=1}^{\infty} a_n = a_1 + 1$이다.
>
> (나) $\displaystyle\lim_{n\to\infty} \frac{(25a_3)^n + (9a_3)^{n+1}}{(25a_3)^{n+1} + (9a_2)^n} = \frac{9}{16}a_1$

06 수열 $\{a_n\}$은 등비수열이고, 수열 $\{b_n\}$을 모든 자연수 n에 대하여

$$b_n = \begin{cases} 1 & (|a_n| \le 1) \\ \dfrac{1}{a_n} & (|a_n| > 1) \end{cases}$$

이라 할 때, 수열 $\{b_n\}$은 다음 조건을 만족시킨다.

(가) 급수 $\displaystyle\sum_{n=1}^{\infty} b_{2n-1}$은 수렴하고 그 합은 1이다.

(나) 급수 $\displaystyle\sum_{n=1}^{\infty} b_{2n}$은 수렴하고 그 합은 $\dfrac{5}{2}$이다.

$b_3 = 1$, $b_5 = -\dfrac{3}{4}$일 때, $\left| \displaystyle\sum_{n=1}^{\infty} \dfrac{1}{a_n} \right|$의 값을 구하시오. [4점]

07 자연수 k와 정의역이 $\{x \mid x \geq 1\}$인 함수

$$f(x) = \sum_{n=1}^{\infty} \frac{k(x-1)^{k-2}}{x^{n+k}}$$

이 다음 조건을 만족시킬 때, 급수 $30 \times \sum_{n=1}^{\infty} \dfrac{f(k)}{k^{n-2}}$의 합을 구하시오. [4점]

어떤 실수 a에 대하여 $\displaystyle\lim_{x \to a+} f(x)$의 값은 존재하고 $\displaystyle\lim_{x \to a+} f(x) - f(a) > 0$이다.

최고차항의 계수가 1이고 $x = -1$에서 최솟값을 갖는 이차함수 $f(x)$에 대하여 함수 $g(x)$를

$$g(x) = \begin{cases} f(x) & (x \leq 0) \\ -f(x) & (x > 0) \end{cases}$$

라 하자. 함수 $g(x)$에 대하여 첫째항이 -2 이하의 정수이고 공비가 음수인 등비수열 $\{a_n\}$이 다음 조건을 만족시킬 때, $a_4 = \dfrac{q}{p}$이다. $p + q$의 값을 구하시오. (단, p와 q는 서로소인 자연수이다.) [4점]

(가) $\displaystyle\lim_{n \to \infty} \left| g(a_{n+1}) - g(a_n) \right| = 8$

(나) $g(a_n)$의 최댓값은 존재하지 않고 $g(a_2) = -4$이다.

09 두 양의 실수 t, a $(a > 1)$에 대하여 삼차함수 $f(x) = a(x-t)(x-4t)^2 - a$가 있다. 함수 $g(x)$를

$$g(x) = \begin{cases} f(x) & (x < 3t) \\ f(6t-x) & (x \geq 3t) \end{cases}$$

라 하고 함수 $h(x)$를

$$h(x) = \lim_{n \to \infty} \frac{a^{2n}\{g(x)-a\}}{\{g(x)\}^{2n} + a^{2n}}$$

라 할 때, 두 함수 $g(x)$와 $h(x)$가 다음 조건을 만족시킨다.

(가) 방정식 $g(x) = a$의 실근의 개수는 3이상이다.

(나) 구간 $(2t, 4t)$에서 함수 $h(x)$는 미분가능하다.

$\displaystyle\lim_{x \to 5t-} h(x) = -4$일 때, $f(a) + g(2a)$의 값을 구하시오. [4점]

10

수열 $\{a_n\}$은 등비수열이고, 수열 $\{b_n\}$을 모든 자연수 n에 대하여

$$b_n = \begin{cases} -\alpha & (a_n \leq -2) \\ a_n & (-2 < a_n < 2) \\ \alpha & (a_n \geq 2) \end{cases}$$

이라 할 때, 수열 $\{b_n\}$은 다음 조건을 만족시킨다.

(가) 급수 $\displaystyle\sum_{n=1}^{\infty} b_{3n-2}$은 수렴하고, 그 합은 $-\dfrac{2}{9}$이다.

(나) 급수 $\displaystyle\sum_{n=1}^{\infty} b_{3n-1}$은 수렴하고, 그 합은 $\dfrac{10}{9}$이다.

(다) 급수 $\displaystyle\sum_{n=1}^{\infty} b_{3n}$은 수렴하고, 그 합은 $-\dfrac{14}{9}$이다.

$b_4 = 2$일 때, $\displaystyle\sum_{n=1}^{\infty} |a_n|$의 값을 구하시오. (단, α는 양의 상수이다.) [4점]

11 $x \neq -1$인 모든 실수에서 정의된 함수

$$f(x) = \lim_{n \to \infty} \frac{x^{2n-1} - 3x^{2n} + 2}{2x^{2n-1} + x^{2n} + 1}$$

에 대하여 직선 $y = nx + 2n - 3$이 함수 $y = f(x)$의 그래프와 서로 다른 두 점에서 만날 때, 10보다 작은 자연수 n의 값의 합을 구하시오. [4점]

12 그림과 같이 $\overline{AB_1} = 2$, $\overline{B_1C_1} = 4$, $\angle AB_1C_1 = \dfrac{2\pi}{3}$인 평행사변형 $AB_1C_1D_1$이 있다. 세 점 A, B_1, D_1을 지나는 원이 선분 B_1C_1과 만나는 점 중에서 B_1이 아닌 점을 E_1이라 하자. 점 A를 지나지 않는 호 D_1E_1과 두 선분 E_1C_1, C_1D_1로 둘러싸인 부분과 선분 B_1E_1과 호 B_1E_1으로 둘러싸인 부분에 색칠하여 얻은 그림을 R_1이라 하자. 그림 R_1에서 세 점 A, B_1, D_1을 지나는 원이 선분 AC_1과 만나는 점 중에서 A가 아닌 점을 C_2라 하자. 점 C_2를 지나고 선분 AD_1과 평행한 직선이 선분 AB_1과 만나는 점을 B_2라 하고, 점 C_2를 지나고 선분 AB_1과 평행한 직선이 선분 AD_1과 만나는 점을 D_2라 하자. 세 점 A, B_2, D_2를 지나는 원이 선분 B_2C_2와 만나는 점 중에서 B_2가 아닌 점을 E_2라 하자. 점 A를 지나지 않는 호 D_2E_2와 두 선분 E_2C_2, C_2D_2로 둘러싸인 부분과 선분 B_2E_2과 호 B_2E_2으로 둘러싸인 부분에 색칠하여 얻은 그림을 색칠하여 얻은 그림을 R_2라 하자. 이와 같은 과정을 계속하여 n번째 얻은 그림 R_n에 색칠한 부분의 넓이를 S_n이라 할 때, $\displaystyle\lim_{n \to \infty} S_n = \dfrac{q}{p}\sqrt{r}$이다. $p+q+r$의 값을 구하시오. (단, p와 q는 서로소인 자연수이고 r은 자연수이다.) [4점]

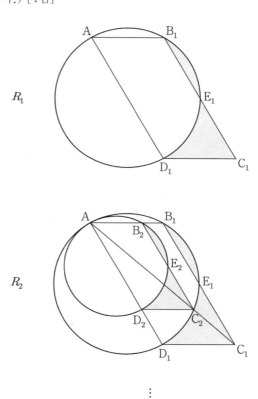

13 이차함수 $f(x)=x^2+a$와 상수 k $(k>0)$에 대하여 함수 $g(x)$를

$$g(x)=\lim_{n\to\infty}\frac{2f(x)}{k|f(x)|^n+1}$$

로 정의하자.

$$\lim_{x\to\alpha}g(x)=2g(\alpha)\ (\text{단, }g(\alpha)\neq0)$$

를 만족시키는 상수 α가 존재할 때, 함수 $g(x)$가 $x=\beta$에서 불연속이다. 모든 실수 β를 작은 수부터 크기순으로 나열한 것을 β_1, β_2, $\cdots$, β_m (m은 자연수)라 할 때, $m+g(\beta_m)$의 값을 구하시오. [4점]

14 실수 a에 대하여 x에 대한 방정식

$$2\sin^2 x + \cos x = a \ (0 \le x < 2\pi)$$

의 서로 다른 실근의 개수를 $f(a)$라 하자. 자연수 n에 대하여 다음 조건을 만족시키는 상수 p, q가 있다.

(가) $\displaystyle\lim_{n \to \infty} f\left(1 + \frac{1}{n}\right) + \lim_{n \to \infty} f\left(1 - \frac{1}{n}\right) + f(1) = p$

(나) $\displaystyle\lim_{n \to \infty} f\left(q + \frac{1}{n}\right) + \lim_{n \to \infty} f\left(q - \frac{1}{n}\right) + f(q) = 6$

$16(p + q)$의 값을 구하시오. (단, $q > 1$) [4점]

그림과 같이 자연수 n에 대하여 곡선

$$T_n : y = \frac{1}{3n}x^2 \ (x \geq 0)$$

위에 있고 원점 O와의 거리가 $2n$인 점을 P_n이라 하고, 점 P_n에서 x축에 내린 수선의 발을 H_n이라 하자. 중심이 P_n이고 점 H_n을 지나는 원을 C_n이라 할 때, 곡선 T_n과 원 C_n의 교점 중 원점에 가까운 점을 A_n이라 하자. 원점을 지나고 원 C_n에 접하는 직선 중 x축이 아닌 직선을 l이라 하고 직선 l과 원 C_n의 교점을 Q_n이라 하자. 중심이 y축 위에 있고 원 C_n과 점 Q_n에서 만나는 원을 D_n이라 할 때, 원 D_n이 y축과 만나는 점 중 O에 가까운 점을 R_n이라 하자. 곡선 T_n, 선분 P_nH_n, 호 A_nH_n으로 둘러싸인 부분의 넓이를 $f(n)$, 선분 OR_n, 호 R_nQ_n, 호 Q_nA_n, 곡선 T_n으로 둘러싸인 부분의 넓이를 $g(n)$이라 할 때,

$$\lim_{n \to \infty} \frac{g(n) - f(n)}{n^2} = \frac{q}{p}\sqrt{3} + \frac{\pi}{r}$$ 이다. $p + q + r$의 값을 구하시오. (단, p와 q는 서로소인 자연수이고 r은 0이 아닌 정수이다.) [4점]

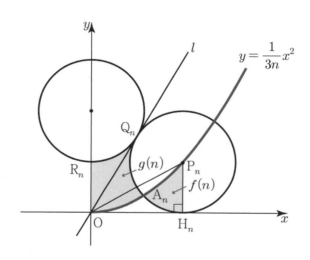

16

자연수 n에 대하여 삼차함수 $f(x) = x(x - \sqrt{n})(x - 3n)$이 극소가 되는 x를 α_n이라 하고 $x = 0$에서 접선이 $y = f(x)$와 만나는 점의 x좌표 중 0이 아닌 점을 β_n이라 하자.

$a_n = \dfrac{2}{3}\beta_n - \alpha_n$일 때, $\displaystyle\lim_{n \to \infty} \dfrac{a_n}{\sqrt{n}} = \dfrac{q}{p}$이다. $p^3 q$의 값을 구하시오. (단, p와 q는 서로소인 자연수이다.) [4점]

17 모든 항이 1 이상인 수열 $\{a_n\}$에 대하여 수열 $\left\{\sqrt{a_n + \dfrac{a_n}{n^3}} - \sqrt{a_n - \dfrac{a_n}{n^3}}\right\}$의 값이 0이 아닌

값으로 수렴할 때, 수열 $\left\{n^p \times \left(\sqrt{1 + \left(\dfrac{1}{a_n}\right)^2} - \sqrt{1 - \left(\dfrac{1}{a_n}\right)^2}\right)\right\}$이 수렴하도록 하는 자연수 p의

최댓값을 구하시오. [4점]

18 함수 $f(x)=-x^2+2x+1$에 대하여 함수 $g(x)$가 다음 조건을 만족시킨다.

(가) $0 \leq x < 4$일 때, $g(x)=\begin{cases} f(x) & (0 \leq x < 2) \\ -f(4-x)+2 & (2 \leq x < 4) \end{cases}$ 이다.

(나) 모든 실수 x에 대하여 $g(x+4)=g(x)$이다.

자연수 n에 대하여 직선 $y=\dfrac{x+1}{2n}$이 함수 $y=g(x)$와 만나는 서로 다른 점의 개수를 a_n이라 하자. $\displaystyle\sum_{n=1}^{\infty} \dfrac{1}{a_n a_{n+1} a_{n+2}}$의 값은? [4점]

① $\dfrac{1}{20}$ ② $\dfrac{1}{30}$ ③ $\dfrac{1}{40}$ ④ $\dfrac{1}{50}$ ⑤ $\dfrac{1}{60}$

19 자연수 n에 대하여 다음 조건을 만족시키는 정사각형의 개수를 S_n이라 하자.

> (가) 정사각형은 한 변의 길이가 1이고 꼭짓점의 x좌표와 y좌표가 모두 정수이다.
> (나) 연립부등식 $\sqrt{x} \le y \le \sqrt{x+n^2}$, $0 \le x \le 4n^2$, $0 \le y \le 2n$을 만족시키는 점 (x, y) 중에는 정사각형의 내부에 있는 점이 있다.

$\displaystyle\lim_{n \to \infty} \dfrac{S_{n+1} - S_n}{n^2}$의 값을 구하시오. [4점]

랑데뷰
N 제

하루 중 90%는 겸손하게 10%는 자신있게 ...

미분법

2

20 음이 아닌 실수 전체 집합에서 연속인 함수 $f(x)$가

$$f(x) = \begin{cases} \pi \tan \dfrac{\pi}{4} x & (0 \le x < 1) \\ f(2-x) & (1 \le x < 2) \end{cases}$$

이고, 모든 자연수 n에 대하여 $2n \le x < 2n+2$일 때 $2^n f(x) = f(x-2)$가 성립한다. 실수 전체의 집합에서 도함수가 연속이고 $g(0) = 0$인 함수 $g(x)$가 다음 조건을 만족시킨다.

(가) $|g'(x)| = f(x)$
(나) 4보다 큰 임의의 두 실수 a, b에 대하여 $g'(a)g'(b) \ge 0$이다.

$\displaystyle\lim_{n \to \infty} g(2n) = 4\ln 2$일 때, 모든 $f(3)$의 값의 곱은 m이다. $\dfrac{m}{(\ln 2)^2}$의 값을 구하시오. [4점]

21

함수 $f(x) = \sin x + 1$ $(\frac{\pi}{2} \le x \le \frac{5}{2}\pi)$와 원점 O 그리고 좌표평면 위의 점 $A(1, 1)$가 있다. 실수 $t(0 < t < 2)$에 대하여 함수 $f(x)$의 그래프와 직선 $y = t$가 만나는 두 점을 각각 P, Q라 하고, 곡선 $y = f(x)$ 위의 점 P에서의 접선과 점 Q에서의 접선의 교점을 R이라 할 때, 삼각형 OAR의 넓이를 $g(t)$라 하자. 함수 $g(t)$가 $t = t_1$에서 극값을 가질 때, $g'\left(t_1 + \frac{1}{2}\right)$의 값은? [4점]

① $-\dfrac{\sqrt{3}}{3}\pi$ ② $-\dfrac{2\sqrt{3}}{9}\pi$ ③ $-\dfrac{\sqrt{3}}{9}\pi$ ④ $\dfrac{\sqrt{3}}{9}\pi$ ⑤ $\dfrac{2\sqrt{3}}{9}\pi$

22 최고차항의 계수가 2인 삼차함수 $f(x)$와 실수 전체의 집합에서 정의된 함수
$g(x) = \dfrac{2x - 10}{(x-5)^2 + 1} + 4$가 다음 조건을 만족시킨다.

(가) $f(x)$는 4보다 크거나 같은 극솟값을 갖는다.
(나) 함수 $(g \circ f)(x)$의 모든 극솟값은 서로 같다.
(다) 함수 $f(x)$는 $x = 5$에서 극값을 갖는다.

함수 $h(x) = (f \circ g)(x)$에서 $h(x)$의 극솟값의 개수가 극댓값의 개수보다 많을 때, 함수 $f(x)$의 극댓값은? [4점]

① 3   ② 4   ③ 5   ④ 6   ⑤ 7

23 좌표평면에 $P(\cos\theta, \sin\theta)$ $(0 < \theta < \pi)$와 $Q(1, 0)$이 있고 점 A는 선분 PQ 위에, 점 B는 선분 OQ 위를 움직이며 선분 AB가 $\triangle OPQ$의 넓이를 이등분한다. 선분 AB 중 가장 짧은 것의 길이를 l이라고 할 때, $l^2 = f(\theta)$라 하자. $f(\theta)$의 최댓값을 M이라 할 때, $8M$의 값을 구하시오. [4점]

24 함수 $f(x) = x \ln x - x$와 이차함수 $g(x)$에 대하여

$$f'(1) = g'(1), \quad f'(e) = g'(e)$$

이고, 다음 조건을 만족시킨다.

> $x > 0$에서 함수 $h(x) = f(g(x)) - g(g(x))$가 극솟값 m을 갖고, 방정식 $h(x) = m$의 서로 다른 실근의 개수는 3이다.

$g(0)$의 최솟값은? [4점]

① $\dfrac{e-1}{2e-2}$　　② $\dfrac{e-2}{2e-2}$　　③ $\dfrac{2e}{2e-2}$　　④ $\dfrac{2e-1}{2e-2}$　　⑤ $\dfrac{e-3}{2e-2}$

25

함수 $f(x) = (a \sin x - 1)^2$ $(0 \leq x < 2\pi)$와 이차함수 $g(x) = x^2 + bx$ 가 다음 조건을 만족시킬 때, $g(a-b)$ 의 값을 구하시오. (단, $a > 0$, b 는 상수) [4점]

> (가) $f(x) > f\left(\dfrac{\pi}{2}\right)$ 의 해는 $\dfrac{7\pi}{6} < x < \dfrac{11\pi}{6}$ 이다.
>
> (나) $(g \circ f)(x) = 0$ 의 서로 다른 실근의 개수는 5 이다.

함수 $f(x)$가 다음 조건을 만족시킨다.

> (가) $f(x) = x^2 - x \ (0 \leq x < 1)$
> (나) 모든 양의 실수 x에 대하여 $f(x+1) = -2f(x)$이다.

함수 $f(x)$에 대하여 함수 $g(x)$를

$$g(x) = \lim_{h \to 0} \frac{f(x+h) - f(x-h)}{h}$$

라 할 때, 함수 $g(x)$에 대하여 함수 $h(x)$를

$$h(x) = \lim_{t \to 0-} \{g(x+t) - g(x-t)\} + 2g(x)$$

라 하자. $\displaystyle\sum_{n=1}^{\infty} \frac{60}{h(n)}$ 의 값을 구하시오. (단, n은 자연수이다.) [4점]

27 그림과 같이 좌표평면 위의 점 $C(1, 0)$을 지나고 기울기가 -1인 직선을 l, 곡선 $y = ax^2$ $(a > 1)$이 직선 l과 만나는 두 점을 각각 A, B라 하자. $\angle AOB$의 크기를 $\theta(a)$라 할 때, $\theta'(2) = -\dfrac{q}{p}$이다. $p+q$의 값을 구하시오. (단, p와 q는 서로소인 자연수이다.) [4점]

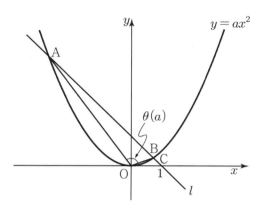

28 삼차함수 $f(x)= x^3 - 3x$와 최고차항의 계수가 양수인 사차함수 $g(x)$에 대하여 함수 $h(x)$가

$$h(x)= (f \circ g)(x)$$

이다. 함수 $h(x)$가 다음 조건을 만족시킨다.

(가) 함수 $g(x)$는 $x = 0$에서 최솟값 -4를 갖는다.

(나) 함수 $h(x)$가 극대가 되는 양수 x의 최솟값은 4이다.

(다) $h'(3)= 0$

$g(5)= \dfrac{q}{p}$ 일 때, $p + q$의 값을 구하시오. (단, p와 q는 서로소인 자연수이다.) [4점]

29 $0 \leq k \leq 8$인 유리수 k에 대하여 함수 $f(x) = 4\cos^2 x + 2k\sin x$가 있다. 함수 $f(x)$의 극댓값이 정수가 되도록 하는 모든 k의 값의 합을 구하시오. [4점]

30 양의 실수 a와 함수 $f(x) = \dfrac{2x}{x^2+1}$ 에 대하여 함수 $g(x)$를

$$g(x) = \begin{cases} -ax^2 + 4a & (x < 2) \\ f(x-1) + 1 & (x \geq 2) \end{cases}$$

에 대하여 x에 대한 방정식 $g(g(x)) = g(x)$의 실근의 개수를 $h(a)$라 하자. 함수 $h(a)$가 $a = k_1$과 $a = k_2$에서 불연속일 때, $f\left(h\left(\dfrac{k_1 + k_2}{2}\right)\right) \times \displaystyle\lim_{a \to k_2+} f(h(a)) = \dfrac{q}{p}$ 이다. $p + q$의 값을 구하시오.

(단, $k_1 < k_2$이고 p와 q는 서로소인 자연수이다.) [4점]

31   두 함수

$$f(x) = e^{a-x}, \ g(x) = -x^2 + tx + 1$$

이 있다. 실수 t에 대하여 함수 $g(x) - f(x)$의 최댓값이 1이 되도록 하는 a의 값을 $h(t)$라 할 때, $\left| h'\left(-\dfrac{3}{2}\right) \right|$의 값을 구하시오. [4점]

32 함수 $f(x) = \cos \dfrac{2\pi}{|x|+1}$ 와 $g(4) = 0$ 이고 최고차항의 계수가 양수인 사차함수 $g(x)$에 대하여 함수 $h(x)$가

$$h(x) = (f \circ g)(x)$$

이다. 함수 $|g(x)|$는 $x = 0$에서만 미분가능하지 않고 함수 $h(x)$가 극솟값 $\dfrac{1}{2}$을 가질 때, $g(7) = \dfrac{q}{p}$ 이다. $p+q$의 값을 구하시오. (단, p와 q는 서로소인 자연수이다.) [4점]

33 최고차항의 계수가 $\dfrac{1}{2}$ 이고 상수항이 음수인 삼차함수 $f(x)$에 대하여 함수 $h(x)$를

$$h(x) = \cos(\pi f(x))$$

라 하자. 방정식 $h(x) = 0$의 실근 중 양수인 것을 작은 것부터 크기순으로 모두 나열할 때, n번째 수를 a_n이라 하자. $h(x)$와 자연수 m이 다음 조건을 만족시킨다.

(가) 함수 $h(x)$는 $x = a_3$에서 극댓값을 갖고 $x = a_5$에서 극솟값을 갖는다.

(나) $f(a_m) = f(a_{m-4}) = |f(0)|$

$3 \times (a_m - 3)^2 \times a_m$의 값을 구하시오. [4점]

34 그림과 같이 길이가 1인 선분 AB를 지름으로 하는 반원의 호 AB 위의 점 P에서의 접선을 l이라 하자. 점 A를 중심으로 하고 반지름의 길이가 선분 AP인 원 C를 그릴 때 선분 AB와 만나는 점을 C라 하고 직선 l과 만나는 점을 D라 하자. $\angle \text{PAB} = \theta$라 할 때, 원 C의 호 PC와 선분 BC, 반원의 호 PB로 둘러싸인 부분의 넓이를 $f(\theta)$, 원 C의 호 PD와 선분 DP로 둘러싸인 활꼴의 넓이를 $g(\theta)$라 하자. 함수 $h(\theta)$가 $h(\theta) = 8f(\theta) + 4g(\theta) - 2\theta$일 때, $-12 \times h'\left(\dfrac{\pi}{12}\right)$의 값을 구하시오. [4점]

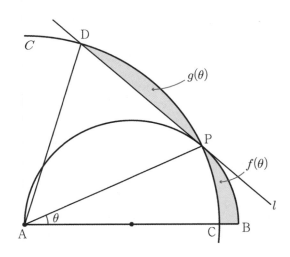

35 최고차항의 계수가 $\dfrac{1}{2}$인 삼차함수 $f(x)$와 상수 a에 대하여 실수 전체의 집합에서 정의된 함수 $g(x)$를

$$g(x)=\begin{cases} \ln|f(x)| & (f(x)\neq 0) \\ a & (f(x)=0) \end{cases}$$

이라 할 때, 함수 $g(x)$가 두 상수 p와 q $(p<q)$에 대하여 다음 조건을 만족시킨다.

(가) 방정식 $g(x)=0$의 서로 다른 실근의 개수는 7이다.

(나) 부등식 $g(x)>0$의 해집합은 $\{\,x\,|\,x<p$ 또는 $x>q\,\}$이다.

$p+q=6$일 때, $\{f(a)\}^2$의 값을 구하시오. [4점]

36 실수 t와 최고차항의 계수가 1인 삼차함수 $f(x)$에 대하여 방정식

$$f(3\cos^2 x) = t$$

의 실근의 개수를 $g(t)$라 하자. 실수 $k\left(0 < k < \dfrac{\pi}{2}\right)$에 대하여 닫힌구간 $[k, 2\pi + k]$에서 함수 $f(3\cos^2 x)$의 최댓값을 α, 최솟값을 β라 할 때, $g(\alpha) = 5$, $g(\beta) = 4$이다. $f'(3) = 0$일 때, $\alpha - \beta$의 값을 구하시오. [4점]

37 함수 $f(x) = a\cos^2 x + b\cos x \ (a > 0, \ -a < b < 0)$에 대하여 닫힌구간 $[-\pi, \pi]$에서 정의된 함수

$$g(x) = \begin{cases} f(x) & (-\pi \leq x < 0) \\ e^{f(x)} + c & (0 \leq x \leq \pi) \end{cases} \quad (\text{단, } c\text{는 상수이다.})$$

가 다음 조건을 만족시킨다.

(가) 함수 $g(x)$는 $x = 0$에서 연속이다.

(나) 열린구간 $(-\pi, \pi)$에서 함수 $g(x)$의 극댓값은 1이고 닫힌구간 $[-\pi, \pi]$에서 함수 $g(x)$의 최댓값은 $e^5 + c$이다.

함수 $g(x)$의 최솟값은? [4점]

① $e^{-\frac{1}{3}} + 2 - e$ ② $e^{-\frac{1}{3}} + 1 - e$ ③ $e^{-\frac{1}{3}} - 1 - e$

④ $e^{-\frac{2}{3}} + 2 - e$ ⑤ $e^{-\frac{2}{3}} + 1 - e$

38 다음 그림과 같이 양수 k에 대하여 직선 $y = k \ (0 < k < 1)$가 두 함수 $y = \log_2(1-x)$,

$y = \log_2(1+x)$의 그래프와 만나는 점을 각각 A, B라 하고, 점 B를 지나고 x축에 수직인

직선이 $y = \log_2(1-x)$의 그래프와 만나는 점을 C라 하자. $\displaystyle\lim_{k \to 0+} \dfrac{\overline{\mathrm{BC}}}{\overline{\mathrm{AB}}}$의 값은? [4점]

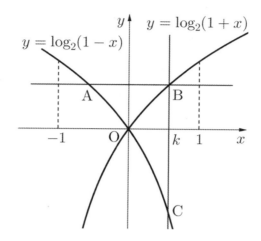

① $\dfrac{1}{2\ln 2}$ ② $\dfrac{1}{\ln 2}$ ③ $\dfrac{2}{\ln 2}$ ④ 1   ⑤ $\ln 2$

39

상수 k에 대하여 함수 $\left| k \ln x^{\frac{1}{x}} + mx \right|$ 가 양의 실수 전체의 집합에서 미분가능하도록 하는 m의 최솟값은 $\dfrac{4}{e}$이다. 이때, k^2의 값을 구하시오. $\left(\text{단, } \lim_{x \to \infty} \ln x^{\frac{1}{x}} = 0, \ m > 0 \right)$ [4점]

40 원점 O를 지나는 두 직선 $y = \dfrac{1}{2}x$, $y = -x$와 직선 $y = mx - m - 1$이 만나는 두 점을 각각 A,

B라 하고 직선 $y = mx - m - 1$이 x축의 양의 방향과 이루는 각의 크기를 θ라 하자. 점 A는
제1사분면에 있고, 삼각형 OAB가 이등변삼각형이 되도록 하는 모든 θ의 값의 합을 α라 할 때,
$\tan\alpha$의 값은? [4점]

① $\dfrac{21 + 10\sqrt{10}}{26}$

② $\dfrac{19 + 10\sqrt{10}}{26}$

③ $\dfrac{9 + 5\sqrt{10}}{13}$

④ $\dfrac{8 + 5\sqrt{10}}{13}$

⑤ $\dfrac{9 + 4\sqrt{10}}{13}$

41 다음 극한값을 구하시오. [4점]

(1) $\lim\limits_{x \to 0+} \dfrac{2\tan\dfrac{x}{2} - \tan x}{x^3}$ 의 값은?

① $-\dfrac{1}{8}$ ② $-\dfrac{1}{6}$ ③ $-\dfrac{1}{4}$ ④ $-\dfrac{1}{2}$ ⑤ -1

(2) $\lim\limits_{x \to 0} \dfrac{\cos x - \sqrt{1 - \tan^2 x}}{x^4}$ 의 값은?

① $\dfrac{1}{8}$ ② $\dfrac{1}{6}$ ③ $\dfrac{1}{4}$ ④ $\dfrac{1}{2}$ ⑤ 1

(3) $\lim\limits_{x \to 0+} \dfrac{1}{\sin x}\left(\dfrac{1}{\sin x} - \dfrac{1}{x}\right)$ 의 값은?

① $\dfrac{1}{6}$ ② $\dfrac{1}{3}$ ③ $\dfrac{1}{2}$ ④ $\dfrac{2}{3}$ ⑤ 1

42 다음 그림과 같이 빗변 AC 의 길이가 1 이고 ∠BAC = θ 인 직각삼각형 ABC 가 있다. 점 B 를 중심으로 하고 점 C 를 지나는 원이 선분 AC 와 만나는 점 중 점 C 가 아닌 점을 D 라 하고, 선분 AB 와 만나는 점을 점 E 라 하자. 점 A 를 중심으로 하고 점 D 를 지나는 원이 선분 AB 와 만나는 점을 점 F 라 할 때, 호DE, 호DF, 선분EF 로 둘러싸인 도형의 넓이를 $S(\theta)$ 라 하자.

$$\lim_{\theta \to 0+} \frac{\frac{1}{4}\pi \sin^2\theta - S(\theta)}{\theta^3} \text{ 의 값은? } \left(\text{단, } 0 < \theta < \frac{\pi}{4} \right) \text{ [4점]}$$

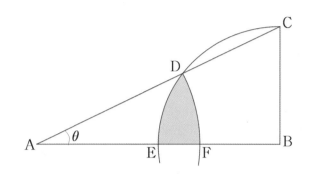

① $\dfrac{1}{3}$ ② $\dfrac{2}{3}$ ③ 1 ④ $\dfrac{4}{3}$ ⑤ $\dfrac{5}{3}$

43 함수

$$f(x) = (x+a)^2 e^x + b$$

가 다음 조건을 만족시킨다.

(가) 함수 $|f(x)|$가 $x = c$에서 극대 또는 극소가 되도록 하는 모든 실수 c의 개수는 5이다.

(나) 닫힌구간 $\left[0, -\dfrac{a}{3}\right]$에서 함수 $|f(x)|$의 최댓값과 닫힌구간 $[0, -a]$에서 함수 $|f(x)|$의 최댓값은 같다.

---

a에 관한 b의 최솟값을 $g(a)$라 할 때, $g'\left(-\dfrac{5}{2}\right) = \alpha e^{\beta}$이다. $\alpha \times \beta$의 값을 구하시오. (단, $\displaystyle\lim_{x \to -\infty} x^2 e^x = 0$, $a \leq -2$, α, β는 유리수이다.) [4점]

44 홀수 n에 대하여, 양의 실수 전체에서 정의된 함수 $f(x)$를

$$f(x) = (-1)^{\frac{n+1}{2}} \{x^2 - 2nx + n^2 - 1\} \ (n-1 < x \le n+1)$$

이라 하자. 함수 $g(x) = |f(x)| - f(x)$에 대하여 함수 $h(x)$를

$$h(x) = \lim_{h \to 0+} \left| \frac{g(e^{x+h}) - g(e^x)}{h} \right|$$

이라 할 때, 함수 $h(x)$가 $x = a$에서 미분가능하지 않은 a의 값 중에서 열린구간 $(0, \ln t)$에 속하는 모든 값을 작은 수부터 크기순으로 나열한 것을 $a_1, a_2, \cdots, a_{10}$이라 하자. $\displaystyle\sum_{k=1}^{10} k h(a_k)$의 값을 구하시오. (단, t는 자연수이다.) [4점]

45

$-k \leq x \leq k$에서 정의된 함수 $y = 2\sin x$ 의 그래프를 원점을 중심으로 양의 방향으로 $45°$ 회전시켜서 얻은 곡선은 $-a \leq x \leq a$에서 정의된 어떤 함수 $y = f(x)$ 의 그래프가 된다. k의 값이 최대일 때, a 의 값은? (단, a와 k는 양수이다.) [4점]

① $\dfrac{\sqrt{2}\,\pi}{3}$

② $\dfrac{\sqrt{6}}{3} - \dfrac{\sqrt{2}\,\pi}{6}$

③ $\dfrac{\sqrt{6}}{3} + \dfrac{\sqrt{2}\,\pi}{6}$

④ $\dfrac{\sqrt{6}}{2} - \dfrac{\sqrt{2}\,\pi}{6}$

⑤ $\dfrac{\sqrt{6}}{2} + \dfrac{\sqrt{2}\,\pi}{6}$

46 양의 실수 t와 함수 $f(x)=\cos\left(\dfrac{\pi}{5}x\right)$에 대하여 점 $(t,\ f(t))$를 지나고 x축에 평행한 직선이 곡선 $y=f(x)$와 만나는 점 중에서 x좌표가 t보다 큰 점의 x좌표의 최솟값을 t_1이라 할 때, $g(t)=t_1-t$라 하자. 함수 $g(t)$와 곡선 $y=e^{t-k}+9$의 교점의 개수가 2이게 하는 모든 자연수 k의 값을 크기순으로 나열한 수를 $k_1,\ k_2,\ \cdots,\ k_m$이라 할 때, $m\times f'\left(\dfrac{3k_1}{k_m}\right)$의 값은? [4점]

① $-\dfrac{2\sqrt{2}\,\pi}{5}$ ② $-\dfrac{\sqrt{2}\,\pi}{2}$ ③ $-\dfrac{4\sqrt{2}\,\pi}{15}$

④ $-\dfrac{4\sqrt{3}\,\pi}{15}$ ⑤ $-\dfrac{\sqrt{3}\,\pi}{2}$

47 세 상수 a, b, c에 대하여 함수

$$f(x)=\begin{cases} \dfrac{1}{9}e^{3x-3}-\dfrac{2}{3}ae^{2x-2}+a^2e^{x-1} & (x<c) \\ x^3-(3a-1)x^2+(3a^2-2a)x+b & (x\geq c) \end{cases}$$

가 다음 조건을 만족시킨다.

(가) 함수 $f(x)$는 실수 전체의 집합에서 연속이다.
(나) 함수 $f(x)$의 역함수가 존재한다.

$f(2)$의 값은? [4점]

① 2   ② $\dfrac{20}{9}$ ③ $\dfrac{22}{9}$ ④ $\dfrac{8}{3}$ ⑤ $\dfrac{26}{9}$

48 함수 $f(x)=\cos\dfrac{\pi}{2}x$와 세 실수 $a,\ b,\ c\ (a>0,\ b\neq0,\ c>1)$에 대하여 함수 $g(x)$를

$$g(x)=a\ln(f(x)+c)+b\,f(x)$$

라 하자. 함수 $g(x)$가 모든 정수 n에 대하여 다음 조건을 만족시킨다.

(가) $g'(n)=0$

(나) 함수 $g(x)$의 극댓값은 $2a$이고 두 극솟값의 합은 $4\ln\!\left(e^4-1\right)$이다.

$g\!\left(\dfrac{bc}{a}\right)$의 값을 구하시오. [4점]

49 $x \geq 0$에서 정의된 함수 $f(x)$가 다음 조건을 만족시킨다.

(가) $0 \leq x < 1$ 일 때, $f(x) = \sin 2\pi x$이다.

(나) 모든 자연수 n에 대하여 $2^{n-1} - 1 \leq x < 2^n - 1$ 일 때, $f(x) = f(2x+1)$

최고차항의 계수가 1인 사차함수 $g(x)$에 대하여 함수 $h(x) = g(f(x))$는 양의 실수 전체의 집합에서 이계도함수 $h''(x)$를 갖고, $h''(x)$는 양의 실수 전체의 집합에서 연속이다. 함수 $h(x)$가 $x = 6$에서 극대일 때, $g'(1)$의 값으로 가능한 모든 자연수의 합을 구하시오. [4점]

50 최고차항의 계수가 π인 이차함수 $f(x)$에 대하여 함수 $g(x)=\dfrac{2}{3-\sin(f(x))}$이 $x=\alpha$에서 극대 또는 극소일 때, $g(x)$는 다음 조건을 만족시킨다.

> (가) $g(\alpha)=\dfrac{4}{5}$
>
> (나) $g'(1+x)+g'(1-x)=0$

$\dfrac{g'(3)}{g'(0)}=\dfrac{q}{p}$라 할 때, $p+q$의 값을 구하시오. $\left(\text{단, } 0<f(\alpha)<\dfrac{\pi}{2},\ p,\ q\text{는 서로소인}\right.$

자연수이다. $\Big)$ [4점]

51 최고차항의 계수가 $a\,(a > 0)$인 이차함수 $f(x)$에 대하여 $g(x) = f'(x)\ln f(x)$ 이 다음 조건을 만족시킨다.

(가) $f(0) = f(2)$

(나) 모든 실수 x에 대하여 $f'(x)\{g(x) - f'(x)\} \geq 0$이다.

함수 $f(x)$의 최솟값을 m이라 할 때, $\displaystyle\int_{m}^{b} g(x)dx \geq 0$을 만족시키는 실수 b의 최댓값은 $pe + q$이다. $p^2 + q^2$의 값을 구하시오. (단, $b < m$, p, q는 정수이다.) [4점]

52 $f(0)=1$, $f'(0)=0$인 사차함수 $f(x)$와 함수 $g(x)=\dfrac{ax}{x^2+1}$가 다음 조건을 만족시킨다.

(가) 함수 $f(x)$의 치역은 $\{y\,|\,y\le M\}$이고 방정식 $f(x)=1$의 서로 다른 실근의 개수는
     2이며 $x>0$에서 부등식 $f(x)-x\ge 1$의 해가 존재한다.

(나) 함수 $|f(x)-g(f(x))|$는 $x=\alpha$에서 미분가능하지 않다.

(다) 함수 $|kg(x)-f(kg(x)-1)|$는 $x=\beta$에서 미분가능하지 않다.

α의 개수가 5가 되도록 하는 함수 $g(x)$에 대하여 $|k|>1$이면 β의 개수가 3이다. $f(b)=M$일

때, $g(b)=\dfrac{q}{p}$이다. $p+q$의 값을 구하시오. (단, p, q는 서로소인 자연수이다.) [4점]

53 함수 $g(x) = -\dfrac{2e^x}{e^{2x}+1} + k$에 대하여 함수 $f(x)$를

$$f(x) = x^2 + g(t)$$

라 하자. 모든 실수 t에 대하여 방정식 $f(f(x)) = x$의 실근의 개수가 2일 때, $80\,k^2$의 값을 구하시오. [4점]

54 함수 $f(x)=x^2-1$와 실수 전체의 집합에서 미분가능한 역함수가 존재하는 함수 $g(x)=2e^{ax^3+bx}-1$이 있다. 함수 $g(x)$의 역함수 $g^{-1}(x)$에 대하여 함수 $h(x)$를

$$h(x)=\begin{cases} (f \circ g^{-1})(x) & (x<0 \text{ or } x>1) \\ x^2+cx & (0 \le x \le 1) \end{cases}$$

이라 하자. 함수 $h(x)$는 실수 전체의 집합에서 미분가능하다. $\ln(g(2)+1)$의 값을 구하시오. (단, a, b, c는 상수이고 $a>0$이다.) [4점]

55 최고차항의 계수가 1인 다항함수 $f(x)$와 집합 $X = \{x \mid x$는 $0,\ 1$이 아닌 모든 실수$\}$에서 정의된
함수 $g(x) = \ln\{xf(x)\}$가 다음 조건을 만족시킨다.

(가) $\displaystyle\lim_{x \to 1} \frac{(x-1)^3}{f(x)}$이 존재한다.

(나) 방정식 $f(x) = 0$의 실근은 0과 1뿐이고 허근은 존재하지 않는다.

(다) 함수 $|xg'(x)|$는 $x = \dfrac{1}{2}$에서 연속이고 미분가능하지 않다.

함수 $g(x)$의 극대점이 $(\alpha,\ k)$라 할 때, $\alpha \times e^{-k}$의 값을 구하시오. [4점]

56 양수 k에 대하여 $x \geq 0$에서 정의된 함수 $f(x) = k(x+1)e^{-x}$의 역함수를 $g(x)$라 하자. 두 곡선 $y = f(x)$와 $y = g(x)$의 교점의 개수가 1이기 위한 k의 최댓값은? [4점]

① 1

② $\dfrac{\sqrt{5}+1}{2}$

③ $e^{\frac{\sqrt{5}+1}{2}}$

④ $\dfrac{\sqrt{5}+1}{2}e^{\frac{\sqrt{5}-1}{2}}$

⑤ $\dfrac{\sqrt{5}-1}{2}e^{\frac{\sqrt{5}+1}{2}}$

57 실수 k에 대하여 함수

$$f(x) = e^x + ex + k$$

의 역함수를 $g(x)$라 하자. 방정식

$$\{f'(g(x)) - e\}\{2f'(x) - 2e^x + x^2 - e\} = x[\{f'(g(x)) - e\}^2 + e]$$

가 닫힌구간 $[1,\ e]$에서 실근을 갖기 위한 k의 최솟값을 m, 최댓값을 M이라 할 때, $M+m$의 값은? [4점]

① e ② $1-e$ ③ $2e-1$

④ $2-3e$ ⑤ $-e$

58 최고차항의 계수가 1인 사차함수 $f(x)$와 최고차항의 계수가 양수인 삼차함수 $g(x)$가 다음 조건을 만족시킨다.

> (가) 방정식 $f(x) - g(x) = 0$의 실근은 $x = 0$과 $x = \alpha$ 뿐이다. (단, $\alpha \neq 0$)
> (나) 모든 실수 x에 대하여 $f(x) \geq g(x)$이다.
> (다) $\displaystyle\lim_{x \to 0} \frac{f(\sin x)}{g(1 - \cos x)} = -1$

$f(\alpha)$의 값은? [4점]

① 13   ② 14   ③ 15   ④ 16   ⑤ 17

59 실수 a에 대하여 $f(a) > 0$이고, 최고차항의 계수가 -1인 삼차함수 $f(x)$가 있다. 구간 (a, ∞)에서 정의된 함수 $g(x)$를

$$g(x) = \frac{f(x)}{x - a}$$

라 할 때, 두 함수 $f(x)$, $g(x)$가 다음 조건을 만족시킨다.

(가) 함수 $f(x)$는 $x = \dfrac{5}{3}$에서 극솟값을 갖는다.

(나) 곡선 $y = f(x)$위의 점 $(1, f(1))$에서의 접선과 점 $(5, f(5))$에서의 접선은 점 $(a, 0)$을 지난다.

(다) 방정식 $|g(x)| + g(t) = 0$이 서로 다른 세 실근을 갖게 하는 실수 t의 개수는 2이다.

$f(1) < 0$일 때, $f(a) - f'(a)$의 값을 구하시오. [4점]

60 최고차항의 계수가 a $(a > 0)$인 삼차함수 $f(x)$는 다음 조건을 만족시킨다.

> (가) $f(0) = f(k) = f'(k) = 0$이다.
>
> (나) $\displaystyle\int_0^k f(x)dx = 1$
>
> (다) $x_1 < x_2$인 임의의 두 실수 x_1, x_2에 대하여 $f(x_2) - f(x_1) + 3ax_2 - 3ax_1 \geq 0$이다.

$f(6)$의 최솟값을 구하시오. (단, $k \neq 0$) [4점]

61 최고차항의 계수가 1인 삼차함수 $f(x)$와 함수 $f(x)$를 평행이동하여 얻은 함수 $g(x)$는 다음 조건을 만족시킨다.

(가) 1이 아닌 모든 실수 x에 대하여 $f(\pi^x) > f(\pi)$이다.

(나) 임의의 실수 x에 대하여 $f'(x)$의 최솟값이 $-\dfrac{16}{27}\pi^2$이다.

(다) 함수 $h(x) = \begin{cases} f(x) & (x < 0) \\ g(x) & (x \geq 0) \end{cases}$ 는 실수 전체에서 미분가능하고 역함수를 갖는다.

이때, $h\left(\dfrac{5}{9}\pi\right) - h\left(-\dfrac{\pi}{3}\right) = \dfrac{q}{p}\pi^3$이다. $q - p$의 값을 구하시오. (단, p, q는 서로소인 자연수이다.)

[4점]

62 최고차항의 계수가 $\dfrac{1}{8}$인 사차함수 $f(x)$에 대하여 함수 $g(x)=e^{f(x)}-f(x)$는 다음 조건을 만족시킨다.

(가) $g(1)=1$

(나) 함수 $g(x)$는 $x=\alpha$, $x=0$, $x=\beta$ $(\alpha<0<\beta)$에서만 극값을 갖는다.

(다) 함수 $y=|g(x)-g(\gamma)|$가 미분가능하지 않은 점의 개수가 1이 되는 γ $(\gamma>\beta)$가 존재한다.

$f(\gamma)=2$일 때, $f(5\beta)$의 값을 구하시오. [4점]

63 $-\dfrac{\pi}{2} < x < \dfrac{\pi}{2}$ 에서 증가하고 미분가능한 함수 $f(x)$는 곡선 위의 점 $\left(0, \dfrac{1}{2}\right)$에서 x축에 평행한 접선을 갖는다. 상수 a와 함수 $f(\tan x)$의 역함수 $g(x)$가 다음 조건을 만족시킨다.

(가) 함수 $g(x)$는 $x \neq a$인 모든 실수 x에서 미분가능하다.

(나) $g(0) + g(1) = 0$

(다) $\displaystyle \lim_{x \to 0} \dfrac{g(x+1) - \dfrac{\pi}{4}}{g(x) + \dfrac{\pi}{4}} = \dfrac{1}{2}$

$f'(-1) = 2$일 때, $f'(2a)$의 값을 구하시오. [4점]

함수 $f(x) = \begin{cases} xe^x & (x < 0) \\ xe^{-x} & (x \geq 0) \end{cases}$ 와 실수 a에 대하여

$$f(a) - f(t) = f'(a)(a - t)$$

를 만족시키는 서로 다른 실수 t의 개수를 $g(a)$라 하자. 함수 $g(a)$가 $a = \alpha$에서 불연속인 모든 α를 작은 수부터 크기순으로 나열한 것을 $\alpha_1,\ \alpha_2,\ \cdots,\ \alpha_m(m$은 자연수)라 할 때, $f(\alpha_m) - f(\alpha_1)$의 값은? [4점]

① $\dfrac{4}{e}$ ② $\dfrac{3}{e^2}$ ③ $\dfrac{1}{e^2}$ ④ $\dfrac{4}{e^2}$ ⑤ $\dfrac{5}{e}$

최고차항의 계수가 1인 사차함수 $f(x)$에 대하여 함수 $g(x)$는

$$g(x) = \begin{cases} xf(x) & (x \geq 0) \\ xf(-x) & (x < 0) \end{cases}$$

이고 $g(x)$의 역함수를 $h(x)$라 할 때, $g(x)$와 $h(x)$는 다음 조건을 만족시킨다.

(가) 함수 $|g(x) - h(x)|$는 실수 전체에서 미분가능하다.

(나) 방정식 $g(x) - h(x) = 0$의 근을 작은 수부터 차례대로 나열하면 α_1, α_2, α_3 이다.

(다) $k(x) = \{h(x)\}^2$이라 할 때, $k'(\alpha_3) = \dfrac{4}{3}$이다.

$f(1) = 2$일 때, $9f(2)$의 값을 구하시오. [4점]

66 최고차항의 계수가 1인 이차함수 $f(x)$에 대하여 함수 $g(x)$를

$$g(x) = f(x)e^{x-1}$$

이라 하자.

실수 t에 대하여 함수 $y = |g(x) - g(t)|$가 미분가능하지 않은 실수 x의 개수를 $h(t)$라 할 때, 함수 $h(t)$는 $t = \alpha$에서만 불연속이고 $g(\alpha) = 2$이다. 함수 $y = |g(x) - t|$가 미분가능하지 않은 실수 x의 개수를 $k(t)$라 하자. 함수 $k(t)$가 불연속인 t의 값을 크기가 작은 수부터 차례로 β_1, β_2, $\cdots$, β_n이라 할 때, $\beta_n \times f(\alpha - \beta_1)$의 값을 구하시오. [4점]

67 자연수 n에 대하여 열린구간 $(3n-3, 3n)$에서 함수

$$f(x) = (2x-3n)\cos 2x + (2x^2 - 6nx + 4n^2 - 1)\sin 2x$$

가 $x = \alpha$에서 극대 또는 극소가 되는 모든 α의 개수를 a_n이라 하자.

$a_m = 1$이 되도록 하는 자연수 m을 작은 수부터 크기순으로 나열한 것을 m_1, m_2, m_3, $\cdots$이라

할 때, $\displaystyle\sum_{k=1}^{m_2} a_k$의 값은? (단, $\pi \fallingdotseq 3.14$) [4점]

① 29　　　　② 31　　　　③ 33　　　　④ 35　　　　⑤ 37

68 함수 $p(x)=\ln(ax+2)$와 함수 $q(x)=b\left(x+\dfrac{1}{a}\right)^2+c$에 대하여 열린구간 $\left(-\dfrac{2}{a},\ \infty\right)$에서 정의된 함수 $f(x)$는

$$f(x)=\begin{cases} p(x) & (p(x) \geq q(x)) \\ q(x) & (p(x) < q(x)) \end{cases}$$ 이고 정의된 구간에서 연속이다.

$\displaystyle\lim_{h\to 0}\dfrac{f(k+h)-f(k-h)}{h}=0$ 을 만족시키는 모든 실수 k의 값의 합이 0일 때, c의 값은?

(단, $a>0$, $b<0$) [4점]

① $\ln 3$　　　② $\ln 3+\dfrac{1}{6}$　　　③ $\ln 3+\dfrac{1}{3}$　　　④ $\ln 3+\dfrac{1}{2}$　　　⑤ $\ln 3+1$

69 최고차항의 계수가 1인 삼차함수 $f(x)$와 함수 $g(x) = e^x f(x)$는 다음 조건을 만족시킨다.

(가) $g(x)$는 $x = 0$에서 극값을 갖는다.

(나) $|g(x) - g(2)|$는 $x = a$ $(a < 0)$에서만 미분가능하지 않다.

(다) $0 \le x_1 < x_2 \le 2$인 임의의 두 실수 x_1, x_2에 대하여
$$g(x_2) - kx_2 \le g(x_1) - kx_1 \text{이다.}$$

이때, k의 최솟값을 m이라 하면 $g(2) \times m = -pe^q$이다. $p^2 + q^2$의 값을 구하시오. (단. p, q는 자연수이다.) [4점]

70 이차함수 $f(x)$와 음이 아닌 두 실수 a, b에 대하여 실수 전체의 집합에서 정의된 함수 $g(x)$는

$$g(x) = \ln(f(x) + a) + e^{-f(x)} - b$$

이다. 함수 $f(x)$와 $g(x)$가 다음 조건을 동시에 만족시킨다.

(가) $f(1) = f'(1) = 0$

(나) 모든 $x_1, x_2 \in [c, \infty)$에 대하여 $(x_1 - x_2)(g(x_1) - g(x_2)) \geq 0$을 만족시키는 상수 c의 최솟값은 2이다.

(다) 모든 실수 x에 대하여 $g(x) \geq 0$이다.

이때, a와 b의 곱 ab의 최댓값이 $p\left(e^2 - \dfrac{1}{e^2}\right) + q$이다. $f(pq)$의 값을 구하시오. (단, $f(x)$의 최고차항의 계수와 p, q는 정수이다.) [4점]

71 그림과 같이 사각형 ACDB 가 한 원에 내접하고 있다.

$\overline{CD} = \sqrt{7}$ 이고, $\angle CBD = \alpha$, $\angle ADC = \beta$라 할 때, $\cos\alpha = \dfrac{3}{4}$, $\sin\beta = \dfrac{3}{4}$이다. 선분

AC와 점 D를 포함하지 않는 호 AC에 내접하는 원 T의 넓이의 최댓값이 $\pi\left(\dfrac{q}{p} - \dfrac{\sqrt{7}}{2}\right)$일 때,

$p + q$의 값을 구하시오. (단, p, q는 서로소인 자연수이고 $\angle CBD = \alpha$, $\angle ADC = \beta$은
예각이다.) [4점]

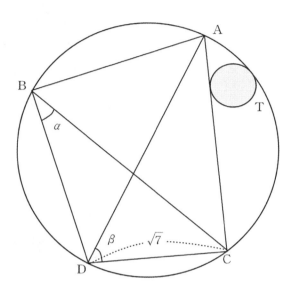

72 그림과 같이 직선 l 위에 중심이 있고 반지름의 길이가 각각 2, 1, 2인 세 원 C_1, C_2, C_3가 있다. 두 원 C_1과 C_2는 점 M에서만 만나고 두 원 C_2와 C_3는 점 N에서만 만난다. 원 C_1 위의 점 P와 원 C_3 위의 점 Q에 대하여 직선 MP와 직선 NQ의 교점을 R이라 하면 $\angle PRQ = \theta$이다. $\overline{MP} \times \overline{NQ} \times \cos\theta$의 최댓값을 M, 최솟값을 m이라 하자. $M - m$의 값은? [4점]

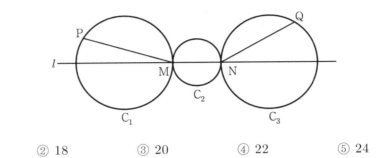

① 16 ② 18 ③ 20 ④ 22 ⑤ 24

73 실수 전체의 집합에서 미분가능한 함수 $f(x)$가 모든 실수 x에 대하여 다음 조건을 만족시킨다.

> (가) $f(x) > 0$
>
> (나) $\{f(x)\}^3 = \dfrac{2x f(x)}{x^2+1} + a f(x) - 2$

실수 a의 최솟값을 구하시오. [4점]

74 $g(x) = ae^x - e^{bx} \left(-\dfrac{1}{4} \leq x \leq \dfrac{1}{4} \right)$인 함수 $g(x)$가 $g(x+1) = g(x) + \dfrac{18}{2 + \cos x}$을

만족시킨다. 함수 $f(x) = \dfrac{|x-1|}{e^{|x|}}$에 대하여 함수 $h(x)$가 $h(x) = (g \circ f)(x)$일 때, 함수

$h''(x)$는 실수 전체의 집합에서 연속이다. 이때, $a \times b \times g(1)$의 값을 구하시오. (단, a, b는 양의

실수이다.) [4점]

75 이차함수 $f(x)$에 대하여 실수 전체의 집합에서 정의된 함수

$$g(x) = \frac{1}{2}x + \ln f(x)$$

가 다음 조건을 만족시킨다.

(가) 함수 $|g(x) - 3\ln 2|$ 는 실수 전체의 집합에서 미분가능하다.
(나) 모든 실수 x에 대하여 $g'(x) - g'(2) \leq 0$이 성립한다.

$\dfrac{f(-4)}{e}$ 의 값을 구하시오. [4점]

76 양의 실수 전체의 집합에서 정의된 함수

$$f(x)= \begin{cases} e^x - 1 & (0 < x \leq 2) \\ \sqrt{x-2} + t & (x > 2) \end{cases}$$

와 함수 $g(x) = ax - 1$이 있다. 모든 양의 실수 x에 대하여 $(x-2)\{f(x) - g(x)\} \leq 0$를 만족시키는 a의 최댓값을 $h(t)$라 하자. 함수 $h(t)$의 정의역이 $\{t \mid t \leq \alpha\}$일 때, α의 최댓값은? (단, a, t는 실수) [4점]

① $\dfrac{1}{10}$　　　　② $2e - \dfrac{1}{4e} - 1$　　　　③ 1

④ $2e - \dfrac{1}{4e}$　　　　⑤ $2e + \dfrac{1}{4e}$

77 함수 $f(x)$가 다음 조건을 만족시킨다.

(가) $f(x) = \dfrac{5x}{x^2+1}$ $(-2 \leq x < 2)$

(나) 모든 실수 x에 대하여 $f(x) = f(x+4)$이다.

함수 $f(x)$와 최고차항의 계수가 1인 사차함수 $g(x)$에 대하여 함수 $|g(|f(x)|)|$가 열린구간 $(4n, 4n+4)$에서 미분가능하다. $g(0) = g(2) = 0$이고 $g(-1) > 30$일 때, $g(1)$의 최댓값을 M이라 하자. $4M^2$의 값을 구하시오. (단, n은 정수이다.) [4점]

78 실수 전체의 집합에서 미분가능한 함수 $f(x)$가 다음 조건을 만족한다.

> (가) $f(x) = \sin x \ (|x| \leq p)$
> (나) $f(x + 2p) = f(x) + 2\sin p$
> (다) $f(x)$의 모든 극값의 곱은 0이다.

방정식 $f(x) = 0$의 양수인 해의 개수가 3일 때 $p = p_1$, 해의 개수가 7일 때 $p = p_2$라 하자. 이때, $\cos(p_1 - p_2) = \dfrac{3\sqrt{a} + b}{32}$ 이다. 자연수 a, b의 합 $a + b$의 값을 구하시오. (단, $0 \leq p < \pi$)

[4점]

79 함수 $f(x) = |e^x - 1|$과 다음 조건을 만족하는 사차함수 $g(x)$가 있다.

$g(2) \times g(3) \leq 0$

함수 $f(x) - f(g(x))$가 모든 실수 x에서 미분가능할 때, $g(-1)$의 최솟값을 m, 최댓값을 M이라 한다. $4(M-m)$의 값을 구하시오. [4점]

80 다음 그림은 $y = \dfrac{3\sqrt{2}}{4(x^2+1)}$ 의 그래프를 나타낸 것이다.

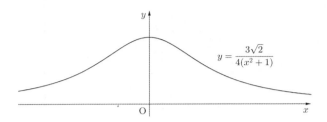

위 그래프를 원점을 중심으로 시계방향으로 $45°$ 회전시킨 함수를 $f(x)$라 하고 함수 $g(x) = x^3 - x^2 - 4x + 4$라 할 때, 함수 $f(x)$와 $g(x)$에 대하여 함수 $p(x)$와 $q(x)$을

$$p(x) = g(f(x)), \quad q(x) = f(g(x))$$

라 하자. $\displaystyle\lim_{x \to \infty} \dfrac{p(x)+q(x)}{g(x)} = a$, $\{p(q(a+1))\}' = b$일 때, $a+b$의 값을 구하시오. [4점]

81 최고차항의 계수가 양수인 사차함수 $f(x)$에 대하여 함수 $g(x)$, $h(x)$, $p(x)$, $q(x)$는 다음과 같이 정의된다.

$$g(x)= \begin{cases} f(x) & (x \geq 0) \\ -h(x) & (x < 0) \end{cases}, \quad h(x)= \begin{cases} g(x-1) & (x \geq 0) \\ -g(-x) & (x < 0) \end{cases}$$

$$p(x)= \begin{cases} f(x) & (f'(x) \geq 0) \\ q(x) & (f'(x) < 0) \end{cases}, \quad q(x)= \begin{cases} f(x) & (f'(x) \geq 0) \\ \{p(x)\}^2 + p(x) - 4 & (f'(x) < 0) \end{cases}$$

함수 $h(x)$는 실수 전체의 집합에서 미분가능하고 함수 $p(x)$는 실수 전체의 집합에서 연속이다. 이때, $f(2)$의 값을 구하시오. [4점]

랑데뷰
N   제

하루 중 90%는 겸손하게 10%는 자신있게...

적분법

82 상수 a $(0 < a < 5)$에 대하여 실수 전체에서 도함수가 연속인 함수 $f(x)$가 다음 조건을 만족시킨다.

(가) $|f'(x)| = \sin x$

(나) 모든 실수 t에 대하여

$$\int_0^t f(x)dx = \int_{3\pi}^{t+3\pi} \{f(x) - a\}dx \text{ 이다.}$$

$f(0) = 0$이고 $f(0) < f(2\pi)$일 때, $a \times \displaystyle\int_{6\pi}^{\frac{19\pi}{2}} f(t)dt$의 값은? [4점]

① $44\pi - 1$　　② $45\pi - 2$　　③ $46\pi - 3$　　④ $47\pi - 4$　　⑤ $48\pi - 5$

83

자연수 n에 대하여 함수 $f_n(x) = \displaystyle\int_0^{\frac{\pi}{2}} (x\sin t + \cos 2nt)^2\, dt$ 일 때, 모든 실수 x에 대하여 $f_1(x) \geq cx^2$을 만족하는 c의 최댓값을 k라고 하자. $g_n(x) = f_n(x) - kx^2$에서 $g_n(x)$를 최소로 하는 x를 a_n이라고 하고 $S_n = \displaystyle\sum_{i=1}^n a_i$이라 할 때, $\displaystyle\lim_{n \to \infty} S_n = m$이다. $\dfrac{16}{\pi} \times m$의 값을 구하시오. [4점]

84 양수 t에 대하여 함수 $f(x)$를

$$f(x) = (\,|\,x-1\,|\,-t)e^x$$

이라 하자. 실수 전체의 집합에서 미분가능하고 다음 조건을 만족시키는 모든 함수 $F(x)$에 대하여 $F(0)$의 최솟값을 $m(t)$라 하자.

임의의 실수 x에 대하여 $F(x) = \displaystyle\int f(x)\,dx$ 이고 $F(x) + f(x) \geq 0$ 이다.

$m\left(\dfrac{3}{2}\right) - m\left(\dfrac{1}{3}\right) = pe^2 + qe + r$ 일 때, $-36(p+q+r)$의 값을 구하시오. (단, $\displaystyle\lim_{x \to -\infty} xe^x = 0$이고, p, q와 r는 유리수이다.) [4점]

85

실수 전체의 집합에서 연속인 함수 $f(x)$와 함수 $g(x) = \begin{cases} \dfrac{\cos(\pi x) + 1}{2} & (-1 \leq x \leq 1) \\ 0 & (x > 1,\ x < -1) \end{cases}$ 가

상수 p에 대하여 다음 조건을 만족시킨다.

자연수 n에 대하여 $-\dfrac{1}{n} \leq x \leq \dfrac{1}{n}$에서 증가하는 함수 $f(x)$의 최댓값이 M, 최솟값이

m일 때, $\dfrac{m}{p} \leq n \displaystyle\int_{-1}^{1} g(nx) f(x)\,dx \leq \dfrac{M}{p}$ 이다.

함수 $h(x) = \begin{cases} g'(x) & (-1 \leq x \leq 1) \\ 0 & (x > 1,\ x < -1) \end{cases}$ 에 대하여 $\displaystyle\lim_{n \to \infty} n^2 \int_{-1}^{1} h(nx) \ln(1 + e^{x+1})\,dx$ 의 값을

α 라 할 때, $\dfrac{3(e+1)}{e}\alpha + 5p$의 값을 구하시오. [4점]

86

양수 $k \left(0 < k < \dfrac{3}{2} \right)$에 대하여 함수 $f(x)$를

$$f(x) = (x-k)e^{-|x|}$$

라 하자. 실수 전체의 집합에서 미분가능하고 다음 조건을 만족시키는 모든 함수 $F(x)$에 대하여 $F(0)$의 최솟값을 $g_1(k)$, 최댓값을 $g_2(k)$라 하자.

모든 실수 x에 대하여 $F'(x) = f(x)$이고 $0 \leq F(x) + f(x) < 4$이다.

$g_1 \left(\dfrac{1}{4} \right) - g_1 \left(\dfrac{1}{2} \right) + g_2 \left(\dfrac{1}{4} \right) = p e^q$일 때, $\dfrac{p}{q^2}$의 값을 구하시오. (단, p와 q는 유리수이다.) [4점]

87 그림과 같이 양의 실수 전체 집합에서 감소하고 미분가능한 함수 $f(x)$와 양의 실수 t에 대하여 곡선 $y = te^{-x}$의 그래프의 교점의 y좌표를 $g(t)$라 하자.

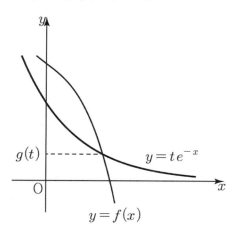

$f(\ln 3) = 2$, $f(\ln 5) = 1$, $\displaystyle\int_5^6 \dfrac{\ln|g(t)|}{t}dt = -6(\ln 2)^2$일

때, $\displaystyle\int_{\ln 3}^{\ln 5} \ln|f(x)|\,dx = \dfrac{q}{p}(\ln 2)^2$이다. $p+q$의 값을 구하시오. (단, p와 q는 서로소인 자연수이다.) [4점]

88 $0 < x < \pi$에서 정의된 두 함수 $f(x) = \sin 2x$, $g(x) = \dfrac{a}{\sin x}$ $(a > 0)$의 그래프가 점

$\mathrm{B}(b, f(b))$에서 접한다. 곡선 $y = g(x)$와 직선 $y = f(b)$가 만나는 점 중 B가 아닌 점을 C라 할 때, 점 C의 x좌표는 c이다. 곡선 $y = g(x)$와 두 직선 $x = b$, $x = c$ 및 x축으로 둘러싸인 부분의 넓이는? [4점]

① $\dfrac{4\sqrt{3}}{9} \ln(2 + \sqrt{3})$　　　② $\dfrac{4\sqrt{3}}{9} \ln(2 - \sqrt{3})$　　　③ $\dfrac{2\sqrt{3}}{9} \ln(2 + \sqrt{3})$

④ $\dfrac{2\sqrt{3}}{9} \ln(2 - \sqrt{3})$　　　⑤ $\dfrac{4\sqrt{3}}{3} \ln(2 + \sqrt{3})$

89   일차함수 $f(x)$와 실수 t에 대하여 함수

$$g(x)= f(x)e^{\int_0^x f(t)dt}$$

이 다음 조건을 만족시킬 때, $f(-2)$의 값을 구하시오. $\left(\text{단, } \lim_{x \to \infty} g(x) = 0\right)$ [4점]

(가) 함수 $g(x)$의 최댓값은 $g(0)$이다.

(나) 실수 k에 대하여 방정식 $|g(x)|= k$의 서로 다른 실근의 개수를 $h(k)$라 할 때, 함수 $h(k)$가 불연속인 모든 k의 합은 2이다.

매개변수 t로 나타내어진 곡선

$$x = t - \sin t,\ y = 1 - \cos t\ (0 < t < 2\pi)$$

위의 점 $t = a\ (0 < a < 2\pi)$에서의 접선을 l이라 할 때, 직선 l의 y절편을 $f(a)$라 하자. $\displaystyle\int_{\frac{\pi}{3}}^{\frac{2\pi}{3}} (1 - \cos a)f'(a)\,da$의 값은? [4점]

① $\dfrac{\pi^2}{6} - 1$ ② $\dfrac{\pi^2}{4} - 1$ ③ $\dfrac{\pi^2}{3} - 1$ ④ $\dfrac{\pi^2}{2} - 1$ ⑤ $\pi^2 - 1$

91

실수 전체 집합에서 미분가능한 함수 $f(x)$는 $f(0)=0$이고 모든 실수 x에 대하여 $f'(x) > 0$이다. 함수 $f(x)$에 대하여 함수 $g(x)$가

$$g(x) = \int_0^x \sqrt{1 + \left(\frac{d}{dt} f^{-1}(t)\right)^2}\, dt - \int_0^x \sqrt{1 + \left(\frac{d}{dt} f(t)\right)^2}\, dt$$

가 $g(3)=g'(3)=0$을 만족시킬 때, $f'(3)+f^{-1}(3)$의 값을 구하시오. [4점]

92 최고차항의 계수가 양수이고 두 극값의 차가 2인 삼차함수 $f(x)$와 두 정수 a $(a > 0)$, b에 대하여 실수 전체의 집합에서 연속인 함수 $g(x)$를

$$g(x) = \frac{f(x) + b}{\{f(x)\}^2 + a}$$

라 할 때, x에 대한 방정식 $g(x) = t$의 서로 다른 실근의 개수를 $n(t)$라 하자. $n(t) = 2$가 되도록 하는 실수 t의 개수는 2일 때, $a + b$의 값을 구하시오. [4점]

93

그림과 같이 길이가 2인 선분 AB를 지름으로 하는 반원 위에 한 점 P를 ∠PAB = θ가 되도록 잡는다. 선분 AB의 중점을 O라 하고, 점 P에서 선분 AB에 내린 수선의 발을 H라 하자. 점 H을 지나고 선분 PB에 평행한 직선이 선분 AP와 만나는 점을 C라 하고 선분 OP와 선분 BC의 교점을 Q라 하자. 사각형 AOQC의 넓이를 $f(\theta)$, 삼각형 PQB의 넓이를 $g(\theta)$라 할 때,

$$\int_0^{\frac{\pi}{6}} \{f(\theta) - g(\theta)\}\,d\theta = \frac{q}{p} \text{이다. } p+q \text{의 값을 구하시오. (단, } p\text{와 } q\text{는 서로소인 자연수이다.)}$$

[4점]

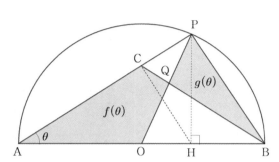

94 닫힌구간 $[0, 4]$에서 연속이고 다음 조건을 만족시키는 모든 함수 $f(x)$에 대하여 $\left| \int_0^4 f(x)dx \right|$의 최솟값은? [4점]

(가) $0 \le x \le 1$일 때, $f(x) = \sin\left(\dfrac{3\pi}{2}x\right)$이다.

(나) 2이하의 각각의 자연수 n에 대하여
$$f(n+t) = f(n) + f(t) \ (0 < t \le 1)$$
또는
$$f(n+t) = f(n) - f(t) \ (0 < t \le 1)$$
이다.

(다) $f(4) = 0$이고 $f(3+t) = f(3) - f(t) \ (0 < t \le 1)$ 이다.

① $\dfrac{\pi}{2}$ ② 2   ③ 3   ④ π ⑤ 4

95 양수 k ($1 \le k < e$)에 대하여 $f(x) = x \ln(k + x^2)$의 역함수를 $g(x)$라 하고, 두 곡선 $y = f(x)$, $y = g(x)$가 만나는 점의 x좌표를 작은 수부터 크기순으로 나타내면 a_1, a_2, a_3이라 하자.

$\displaystyle\int_{a_1}^{a_3} \left| \frac{x}{f'(g(x))} \right| dx = 1 - \ln k$일 때, $10k$의 값을 구하시오. [4점]

96 구간 $[0, \infty)$에서 연속이고 $f(x) \neq 0$인 양수 x에 대하여 미분가능한 함수 $f(x)$가 다음 조건을 만족시킨다.

(가) 구간 $[0, 1]$에서 $f(x) = \sin \pi x$이다.

(나) 모든 자연수 n에 대하여 $0 < x < 2^{n-1}$일 때,

$$f'\left(\sum_{a=1}^{n} 2^{a-1} + 2x\right) = f'\left(\sum_{a=1}^{n} 2^{a-1} - x\right)$$이다.

(단, a는 자연수)

함수 $g(x) = \displaystyle\int_{b}^{x} |f(t)| \, dt$에 대하여 열린구간 $(0, 127)$에서 방정식 $(g^{-1})'(0)g'(x) = 1$의 서로 다른 실근의 개수가 7일 때, $\displaystyle\int_{b}^{0} \pi f(x) \, dx$의 값을 구하시오. (단, b는 유리수이다.) [4점]

97 실수 전체의 집합에서 미분가능한 두 함수 $f(x)$, $g(x)$가 모든 실수 x에 대하여 다음 조건을 만족시킨다.

(가) $g(x+1)+g(x) = \dfrac{\pi x \sin(\pi x)}{e^x}$

(나) $g(x) = \displaystyle\int_0^x \left\{ f(t)e^{-t} - f(t+1)e^{-t} + g(t+1) \right\} dt$

$\displaystyle\int_0^1 f(x)dx = 1$일 때, 자연수 k에 대하여 $\displaystyle\int_1^{k+1} f(x)dx = 50$를 만족하는 모든 k의 값의 합을 구하시오. [4점]

98 양의 실수 전체의 집합에서 증가하고 연속인 함수 $f(x)$ 가 다음 조건을 만족시킨다.

(가) 모든 양의 실수 x 에 대하여 $f(x) < 0$ 이다.

(나) $t > 1$인 임의의 실수 t 에 대하여 세 점 $(0, \ 0)$, $(t-1, \ f(t-1))$, $(t+1, \ f(t+1))$을 꼭짓점으로 하는 삼각형의 넓이가 $\dfrac{1}{t}$ 이다.

(다) $\displaystyle\int_1^3 \frac{f(x)}{x}\,dx = \ln\frac{3}{4}$

$\displaystyle\int_{\frac{7}{3}}^{\frac{19}{3}} \frac{f(x)}{x}\,dx = 2\ln\left(\frac{q}{p}\right) + \ln\frac{7}{19}$ 라 할 때, $q-p$의 값을 구하시오. (단, p와 q는 서로소인

자연수이다.) [4점]

99 닫힌구간 $[0, \pi]$에서 정의된 함수 $f(x) = \cos x$의 역함수를 $g(x)$라 하자.

$\displaystyle\int_0^x t(2x-t)g''(x-t)dt = x^2 - x$을 만족시키는 실수 x의 값을 α라 할 때, 5α의 값을

구하시오. (단, $\alpha \neq 0$) [4점]

닫힌구간 $[-1,\,1]$에서 정의된 $g(x) = \dfrac{2x}{x^2+1}$에 대하여 함수 $g(x)$의 역함수를 $g^{-1}(x)$라 하자. 닫힌구간 $[-1,\,1]$에서 정의된 함수 $f(x)$가

$$f(x) = \int_{-1}^{1} \left| x - g^{-1}(t) \right| \, dt$$

일 때, $\displaystyle\int_{-1}^{1} \left| x\left(\dfrac{f(x)}{2} - 1 + \ln 2 \right) \right| dx = a \ln 2 + b$이다. $a^2 + b^2$의 값을 구하시오. (단, a, b는 정수이다.) [4점]

101

상수 a, b에 대하여 실수 전체에서 연속인 함수 $f(x)$는 다음 조건을 만족시킨다.

> (가) $f(x) = f(x+2)$
>
> (나) $f(x) = \begin{cases} e^{ax} & (0 \le x < 1) \\ e^{bx+2} & (1 \le x \le 2) \end{cases}$

함수 $f(x)$에 대하여 $g(x) = \displaystyle\int_{x}^{x+k} f(t)\,dt$ $(0 < k < 2)$이고 함수 $h(x) = (x - e + 1)^2 + \dfrac{1}{2}$이다.

두 함수 $h(x)$와 $g(x)$의 합성함수 $h(g(x))$가 $0 < p_1 < p_2 < 2$인 p_1, p_2에서 동일한 극댓값을 가질 때, $(a-b)^2 p_1 p_2$의 값을 구하시오. [4점]

102 실수 전체의 집합에서 연속인 함수 $f(x)$가 다음 조건을 만족시킨다.

(가) $x \neq a$인 모든 실수 x에 대하여 $(x-a)f(x) = \sin x$이다.

(나) 함수 $f(x)$의 $x > 0$에서의 첫 번째 극값을 m이라 할 때, 방정식 $f(x) - m = 0$의
실근의 개수는 12개다.

$\displaystyle\int_0^a |\sin x| \, dx = k$일 때, k^2의 최솟값을 구하시오. (단, 중근은 1개의 근이다.) [4점]

103 다음 조건을 만족하는 최고차항의 계수가 1인 삼차함수 $f(x)$에 대하여 실수 전체에서 미분가능한

함수 $g(x)$가 $g(x) = \begin{cases} \dfrac{kx}{2+f(x)} & (x > 0) \\ -f(-x) & (x \leq 0) \end{cases}$ 이다.

부등식 $\left\{ f(x) - x + 2 \right\} \left\{ f\left(\dfrac{1}{x} \right) - \dfrac{1}{x} + 2 \right\} \leq 0$의 해집합은 $\{1\}$이다.

$g(x)$의 최댓값을 M이라 할 때, $\displaystyle\int_{g'(-1)}^{k} x g(x)\, dx - \int_{g(-1)}^{M} g(x)\, dx = \alpha$이다. e^{α}의 값을 구하시오.

[4점]

104 최고차항의 계수가 1인 이차함수 $f(x)$가 $f(2) = 0$을 만족시킨다. 함수 $g(x)$가

$g(x) = \left| e^{f(x)} - t \right| - \left| e^{f(x)+\ln 2} - 2 \right|$ 이고 함수 $g(x)$는 실수 전체의 집합에서 미분가능할 때, t의

최댓값을 M 이라 하자. $\displaystyle\int_0^M f(x)\,dx$의 값은? (단, $t > 0$) [4점]

① $-\dfrac{2}{3}$　　　② $\dfrac{1}{3}$　　　③ $\dfrac{4}{3}$　　　④ $\dfrac{7}{3}$　　　⑤ $\dfrac{10}{3}$

105 함수 $f(x)$는 다음 조건을 만족시킨다.

(가) 모든 실수 x에 대하여 $f(x) > 0$이다.

(나) $f(x+1) = f(x)$

(다) $\displaystyle\int_0^1 f(x)dx = 1$

$0 < x < 2$일 때, 함수 $f(x)$에 대하여 함수 $g(x)$를

$$g(x) = \int_{x-1}^{x+1} \{\pi \, |\sin(\pi t)| - |1-t| \, f(t)\} dt$$

라 하자. 함수 $g(x)$의 극댓값을 구하시오. [4점]

106 열린구간 $\left(0, \dfrac{\pi}{2}\right)$에서 정의된 함수 $f(x)=\ln(\tan x)$와 실수 전체의 집합에서 도함수 $g'(x)$가 연속인 함수 $g(x)$가 있다. 함수 $g(x)$는 다음 조건을 만족시킨다.

(가) $g(1)=-1$

(나) $g(x)+g(1+\sqrt{3}-x)=0$

(다) $\displaystyle\int_{1}^{\sqrt{3}} \dfrac{g(x)}{x^4}dx = \dfrac{8\sqrt{3}-9}{27}$

함수 $h(x)$를

$$h(x)=\int_{0}^{|f(x)|} g'\left(e^t\right)dt$$

라 할 때, $\displaystyle\int_{\frac{\pi}{6}}^{\frac{\pi}{3}} \tan^2 x\, h'(x)\, dx$의 값을 구하시오. [4점]

107 0을 제외한 모든 실수에서 연속인 함수 $f(x)$가 있다. 임의의 실수 t에 대하여 함수 $g(x)$를

$g(x) = \left| \dfrac{4x}{x^2+1} - t \right| + f(t)$라 할 때, 다음 조건을 만족시킨다.

(가) $\lim\limits_{x \to 0} f(x)$의 값은 존재한다.

(나) 함수 $g(x)$가 극값을 가질 때의 모든 극값의 곱은 $\{f(t)\}^2$이다.

이때, $\displaystyle\int_0^3 x f(x)\,dx = -\dfrac{q}{p}$이다. $p+q$의 값을 구하시오. (단, p, q는 서로소인 자연수이다.) [4점]

108 이차함수 $f(x) = x^2 + 1$와 상수 a, b에 대하여 함수 $g(x)$를

$$g(x) = e^{f(x)} + a f(x) + b$$

이라 하자.

실수 t에 대하여 직선 $y = |g(t)|$와 함수 $y = |g(x)|$의 그래프가 만나는 점의 개수를 $h(t)$라 하자. 두 함수 $g(x)$, $h(t)$가 다음 조건을 만족시킨다.

(가) 함수 $g(x)$는 $x = 0$에서 극댓값을 갖는다.
(나) 함수 $h(t)$가 $t = k$에서 불연속인 k의 값의 개수는 7이다.

$\int_0^1 f'(x)g(x)dx = \dfrac{1}{2}e^2 - 2e$ 일 때, $b - a = pe^2 + qe$이다. $p^2 + q^2$의 값을 구하시오. (단, p와 q는 유리수이다.) [4점]

109

$x > 0$인 모든 실수에서 정의된 함수 $f(x) = \dfrac{2x^2}{x^2+1} + \ln x$에 대하여 이차함수 $g(x)$와 양수 k는 다음 조건을 만족시킨다.

> 함수 $h(x) = \left| g(x) - f\left(\dfrac{x}{k}\right) \right|$는 $x = k$에서 최솟값 $\dfrac{1}{2}g(k)$를 갖고,
>
> 닫힌구간 $\left[\dfrac{3k}{4}, \dfrac{5k}{4} \right]$에서 최댓값 $\dfrac{7}{25} + \ln(4e)$을 갖는다.

$g\left(\dfrac{k}{2}\right) = p + q\ln 3$ 일 때 $p \times q$의 값을 구하시오. $\left(\text{단, } f''(x) < 0, \ g(k) > 1, \ p, \ q \text{는}\right.$ 유리수이고 $\left. 0.51 < \ln\dfrac{5}{3} < 0.52 \right)$ [4점]

110 $x \neq 0$인 실수에서 정의된 $f(x)$가 미분가능하고

$$xf(x) = (\sin^3\theta + 2)x^3 - \int_1^x f(t)\,dt$$

을 만족한다. 함수 $f(x)$의 최솟값을 $g(\theta)$라 하자.

열린구간 $(0, 2\pi)$에서 정의된 $g(\theta)$에 대하여 실수 t에 대한 함수 $\sqrt{|g(\theta) - t|}$는 $\theta = k$에서 미분가능하지 않다. 이때, 모든 실수 k의 개수를 $h(t)$라 하자. 함수 $h(t)$에 대하여 합성함수 $(s \circ h)(t)$가 실수 전체의 집합에서 연속이 되도록 하는 최고차항의 계수가 1인 삼차함수 $s(x)$가 있다. $h\left(\dfrac{\sqrt{3}}{2}\right) = a$, $h(\sqrt{3}) = b$, $h\left(\dfrac{3\sqrt{3}}{2}\right) = c$라 할 때, $s(a+3) - s(b+2) + c$의 값을 구하시오. [4점]

111 최고차항의 계수가 1인 사차함수 $f(x)$가 다음 조건을 만족한다.

(가) 모든 실수 x에 대하여 $3f'(x) = (x+1)f''(x)$이다.

(나) $\displaystyle\int_{-2}^{0} \left\{ \tan\left(\frac{x+1}{2} \right) + 1 \right\} f(x)\,dx = 0$

$5 \times f(1)$의 값을 구하시오. [4점]

112 실수 t에 대하여 함수 $f(x)$를

$$f(x) = \begin{cases} 2|x-t|-1 & \left(|x-t| \le \dfrac{1}{2}\right) \\ 0 & \left(|x-t| > \dfrac{1}{2}\right) \end{cases} \text{이라 할 때,}$$

어떤 짝수 k에 대하여 함수

$$g(t) = \int_{k}^{k+8} f(x)\sin(\pi x)dx$$

가 다음 조건을 만족시킨다.

함수 $g(t)$가 $t = \alpha$에서 극대이고 $g(\alpha) > 0$인 모든 α를 작은 수부터 크기순으로 나열한 것을 α_1, α_2, $\cdots$, α_m(m은 자연수)라 할 때, $\displaystyle\sum_{i=1}^{m} \alpha_i = 26$이다.

$k + \pi^2 \displaystyle\sum_{i=1}^{m} g(\alpha_i)$의 값을 구하시오. [4점]

113 실수 전체의 집합에서 미분가능한 함수 $\{f(x)\}^2$에 대하여 곡선 $y = \{f(x)\}^2$ 위의 점 $(t, \{f(t)\}^2)$에서의 접선의 y절편을 $g(t)$라 하자. 연속함수 $g(t)$의 그래프는 $t > 1$일 때, 열린구간 $(t-1, t+1)$에서 증가하고 세 점 $(0, 0)$, $(t-1, g(t-1))$, $(t+1, g(t+1))$을 꼭짓점으로 하는 삼각형의 넓이는 t이다. 함수 $f(x)$는 다음을 만족시킨다.

$$\int_{\sqrt{2}-1}^{\sqrt{2}+1} \frac{\{f(x)\}^2}{x}\,dx = \frac{3}{5},$$

$$f(\sqrt{2}+1) = \frac{\sqrt{6\ln 3 + 2\ln 35 + 20}}{\sqrt{5}},$$

$$f(\sqrt{2}-1) = \frac{\sqrt{3 - \ln 11}}{\sqrt{5}}$$

$y = \{f(x)\}^2$의 $x = 1$에서 $x = 11$까지의 평균변화율이 $\dfrac{5}{2}$일 때, $\displaystyle\int_{1}^{11} \frac{\{f(x)\}^2}{x}\,dx$의 값을 구하시오. (단, $t > 1$일 때, 닫힌구간 $[t-1, t+1]$에서 $g(t+1) < 0$이다.) [4점]

114 실수 전체의 집합에서 연속이고 $f(1)=1$인 함수 $f(x)$가 다음 조건을 만족시킨다.

(가) $f(x) = \displaystyle\int_{1}^{x+1} \cos(2\pi f(t))dt$ (단, $-1 \le x \le 1$)

(나) 모든 실수 x에 대하여 $f(x) + f(-2-x) = 2f(-1)$

$\displaystyle\int_{-3}^{2} f(x)dx - f(-4)$의 값을 구하시오. [4점]

115 $f(x)>0$인 실수 전체의 집합에서 미분가능한 함수 $f(x)$가 다음 조건을 만족시킬 때, $f(1)$의 값은? [4점]

(가) 모든 실수 x에 대하여 $\dfrac{f'(x)}{2\{f(x)\}^3} = \dfrac{2f'(2x-1)}{\{f(2x-1)\}^3}$ 이다.

(나) $f(2)=1$, $f(9)=2$

---

① $\sqrt[3]{7}$ ② $\dfrac{\sqrt{7}}{3}$ ③ $\sqrt{7}$

④ $\dfrac{\sqrt{7}}{4}$ ⑤ $\dfrac{\sqrt[4]{7}}{4}$

116 두 함수 $f(x)$와 $g(x)$가

$$f(x) = \begin{cases} 1 & (x \le 0) \\ e^x & (x > 0) \end{cases}, \quad g(x) = \begin{cases} 0 & (x \le 0) \\ x & (x > 0) \end{cases} \text{이다.}$$

양의 실수 a, b, c $(a < b < 2)$에 대하여, 함수 $h(x)$와 $k(x)$를

$$h(x) = \frac{f(x)f(x-2)}{f(x-a)f(x-b)},$$

$$k(x) = c\left\{ g(x) - g\left(x - \frac{1}{2}\right) - g\left(x - \frac{3}{2}\right) + g(x - 2) \right\} + 1$$

라 정의하자. 모든 실수 x에 대하여 $1 \le h(x) \le k(x)$이다.

$\displaystyle\int_a^b \{k(x) - h(x)\}dx$의 값이 최소일 때, $\displaystyle\int_0^2 \{k(x) - h(x)\}dx$의 최솟값을 m이라 한다.

$b - a$의 값이 최대일 때, $3(a + b + c) + 4m$의 값을 구하시오. [4점]

117 실수 전체의 집합에서 미분가능한 함수 $f(x)$가 최고차항의 계수가 양수인 이차함수 $g(x)$에 대하여 다음 조건을 만족시킨다.

(가) $x \leq 0$일 때, $f(x) = e^x g(x)$이다.

(나) 모든 실수 x에 대하여 $f(-x) = f(x)$이다.

함수 $h(x) = \left| \int_1^x f(t)\,dt \right|$는 극댓값이 $\dfrac{14}{e} - 4$이고 $x = \alpha$ $(\alpha < 0)$에서만 미분가능하지 않다.

$h(g(1)) = \dfrac{p}{e^2} + \dfrac{q}{e}$일 때, $p^2 + q^2$의 값을 구하시오. (단, p와 q는 유리수이다.) [4점]

118 최고차항의 계수가 1인 이차함수 $f(x)$에 대하여 $g(x) = e^{-f(x)}$라 하자. 실수 t에 대하여 $y = g(x)$ 위의 점 $(t, g(t))$에서의 접선이 y축과 만나는 점을 $(0, h(t))$라 하자. $g(x)$와 $h(t)$는 다음 조건을 만족시킨다.

(가) $g(x)$의 최댓값은 3이다.

(나) $h(t)$의 최댓값을 M, 최솟값을 m이라 할 때, $Mm = -\dfrac{28}{e}$이다.

정적분 $\displaystyle\int_{k-1}^{k} g(x)\,dx$ 의 값을 최대로 하는 k의 값은 α 또는 β이다. $\alpha^2 + \beta^2 = \dfrac{q}{p}$일 때 $p + q$의 값을 구하시오. (단, p와 q는 서로소인 자연수이다.) [4점]

119 $x \geq -\dfrac{\pi}{2}$ 인 모든 실수에서 미분가능한 함수 $f(x)$ 가 다음 조건을 만족시킨다.

(가) $-\dfrac{\pi}{2} \leq x \leq \dfrac{\pi}{2}$ 일 때, $f(x) = a\sin bx + c$ 이다. (단, a, b, c 는 상수이고 $a \neq 0$)

(나) $x \geq -\dfrac{\pi}{2}$ 인 모든 실수 x 에 대하여 $f(x) = 2 + \displaystyle\int_0^x \sqrt{4f(t) - \{f(t)\}^2 - 3}\, dt$ 이다.

$|a|$ 의 값이 최대일 때, $\displaystyle\int_{-\frac{\pi}{2}}^{2\pi} f(x)dx$ 의 값은 $\dfrac{q}{p}\pi$ 이다. $p+q$ 의 값을 구하시오. (단, p 와 q 는 서로소인 자연수이다.) [4점]

120 수열 $\{a_n\}$이 $a_1 = 0$, $a_{n+1} = a_n + 2^n$이다. $x \geq 0$에서 정의된 함수 $f(x)$가 모든 자연수 n에 대하여

$$f(x) = \frac{1}{2^{n-2}} \sin\left(\frac{\pi(x - a_n)}{2^{n-1}}\right) \ (a_n \leq x \leq a_{n+1}) \text{이다.}$$

양의 실수 전체의 집합에서 정의된 함수 $f(x)$에 대하여 다음 조건을 만족시키는 연속함수 $g(x)$가 있다.

(가) 함수 $y = g(x)$의 그래프 위의 점 $(t, g(t))$와 x축 사이의 거리는 $|f(t)|$이다.

(나) $\displaystyle \lim_{h \to 0} \frac{g(1+h) - g(1)}{h} < 0$

함수 $g(x)$에 대하여 함수 $h(x)$를 $h(x) = (x - k)\displaystyle\int_k^x g(t)dt \ (x > 0)$ 라 하자. $x > 0$인 모든 실수 x에 대하여 $h(x) \geq 0$가 되도록 하는 양의 상수 k의 최솟값을 m이라 할 때, m^2의 값을 구하시오. [4점]

121 함수 $f(x) = e^{-x^2+1} - 1$에 대하여 열린구간 $(0,\, 3\ln 2)$에서 정의된 함수 $y = g(x)$를 매개변수 t $(t > 2)$를 이용하여 나타내면

$$\begin{cases} x = \ln(t-2) \\ y = \displaystyle\int_k^t f(x-k)\,dx \end{cases}$$

이다. 함수 $g(x)$가 다음 조건을 만족시킨다.

함수 $g(x)$가 극댓값과 극솟값을 모두 갖도록 하는 모든 정수 k를 작은 수부터 크기순으로 나열한 것을 $k_1,\, k_2,\, k_3,\, \cdots,\, k_m$ (m은 자연수)라 하고 k_i $(i = 1, 2, 3, \cdots, m)$에 대하여 $g(x)$의 극댓값과 극솟값의 차를 $h(k_i)$라 할 때, $\displaystyle\sum_{i=1}^{m} h(k_i) = \alpha \int_0^1 f(x)\,dx$ 이다. (단, α는 상수이다.)

$\alpha + m + \displaystyle\sum_{i=1}^{m} k_i$의 값을 구하시오. [4점]

122 좌표평면에서 점 O을 중심으로 하고 반지름의 길이가 1인 원 C와 두 점 $A(-1,\ 0)$, $B(0,\ -1)$가 있다. 원 C 위의 제1사분면의 점 P에 대하여 점 P의 x좌표를 t라 하고 선분 PB와 x축이 만나는 교점을 C라 할 때 선분 BC의 길이를 $f(t)$라 하자. $\displaystyle\int_{\frac{1}{2}}^{\frac{\sqrt{3}}{2}} t \times \{f(t)\}^2\,dt$의 값은? (단, O는 원점이다.) [4점]

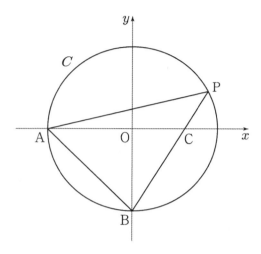

① $\sqrt{3} - 1 + 2\ln\left(4 - 2\sqrt{3}\right)$　　② $\sqrt{3} - 1 + 2\ln\left(6 - 3\sqrt{3}\right)$

③ $2\sqrt{3} - 1 + 2\ln\left(4 - 2\sqrt{3}\right)$　　④ $2\sqrt{3} - 1 + 2\ln\left(6 - 3\sqrt{3}\right)$

⑤ $2\sqrt{3} - 1 + 2\ln\left(8 - 4\sqrt{3}\right)$

123 실수 전체의 집합에서 연속인 함수 $f(x)$가 닫힌구간 $[0, 1]$에서

$$f(x) = 4x^3 + k$$

로 정의된 함수 $f(x)$가 모든 실수 a에 대하여 $\displaystyle\int_0^2 f(|x+a|)dx = 4$을 만족시킨다.

실수 t $(1 < t < 5)$에 대하여 $y = f(x)$의 그래프와 직선 $y = t$가 만나는 점의 x좌표 중 양수인 것을 작은 수부터 크기순으로 모두 나열할 때, n번째 수를 x_n이라 하고

$$c_n = \int_{\frac{17}{16}}^{\frac{3}{2}} \frac{t}{f'(x_n)}dt$$

라 하자. $\displaystyle\sum_{n=1}^{99} c_n = \frac{q}{p}$일 때, $p+q$의 값을 구하시오. (단, p와 q는 서로소인 자연수이다.) [4점]

124 최고차항의 계수가 1인 이차함수 $f(x)$에 대하여 실수 전체의 집합에서 정의된 함수

$$g(x) = e^{f(x) + f'(x)}$$

이 있다. 상수 a와 함수 $g(x)$가 다음 조건을 만족시킨다.

> (가) 모든 실수 x에 대하여 $\displaystyle\int_{a}^{2a+x} g(t)dt = \int_{2a-x}^{4a+2} g(t)dt$이다.
>
> (나) 함수 $g(x)$의 최솟값은 1이다.

$\displaystyle\int_{-4}^{0} \{f(x) - ax + 6\}\{f'(x) - a\}g(x)dx = m$일 때, $\ln\left(\dfrac{m-1}{15}\right)$의 값을 구하시오. (단, m은 상수이다.) [4점]

125

$[0,\ 1]$에서 정의된 $g(x)=-2x^3+3x^2$에 대하여 함수 $g(x)$의 역함수를 $g^{-1}(x)$라 하자.

열린구간 $(0,\ 1)$에서 정의된 함수 $f(x)$를

$$f(x)=\int_0^1 \left| x-g^{-1}(t) \right| dt$$

와 같이 정의하고 열린구간 $(0,\ 1)$에서 정의된 함수 $h(x)$를

$$h(x)=\int_0^x \left| f(x)-f(s) \right| ds$$

와 같이 정의하자. 함수 $h(x)$는 $x=\alpha$에서 극댓값 M을 갖고, $x=\beta$에서 극솟값을 갖는다. 자연수 $p,\ q$에 대하여 $\alpha\times\beta\times M=\dfrac{q}{p}$일 때, $p+q$의 값을 구하시오. [4점]

랑데뷰 N제

수능 수학 킬러 문항 대비를 위한 필독서

미적분 – 킬러극킬 해설편

smart is sexy

황보백 지음

orbi books

랑데뷰
N 제

킬러극킬
미 적 분

랑데뷰
N 제

하루 중 90%는 겸손하게 10%는 자신있게...

빠른 정답

1	2	2	37	3	11	4	68	5	353
6	8	7	15	8	17	9	12	10	32

11	27	12	76	13	4	14	178	15	11
16	8	17	12	18	⑤	19	4	20	15

21	③	22	③	23	4	24	④	25	52
26	10	27	37	28	129	29	56	30	72

31	1	32	12	33	18	34	12	35	81
36	4	37	6	38	②	39	64	40	③

41	(1) ③ (2) ④ (3) ①	42	⑤	43	1	44	994	45	④
46	⑤	47	③	48	8	49	28	50	123

51	5	52	169	53	5	54	3	55	8
56	⑤	57	⑤	58	④	59	84	60	8

61	149	62	8	63	4	64	④	65	329
66	4	67	④	68	③	69	13	70	98

71	39	72	②	73	4	74	28	75	20
76	②	77	9	78	106	79	27	80	90

81	30

82	②	83	18	84	42	85	2	86	32
87	15	88	①	89	10	90	①	91	4

92	1	93	35	94	②	95	10	96	38
97	133	98	87	99	4	100	5	101	3

102	144	103	100	104	④	105	3	106	1
107	17	108	5	109	12	110	25	111	79

112	18	113	11	114	2	115	③	116	10
117	305	118	155	119	15	120	16	121	38

122	②	123	335	124	16	125	163

랑데뷰
N   제

하루 중 90%는 겸손하게 10%는 자신있게...

상세 해설

01 정답 2

[출제자 : 이소영T]

[그림 : 배용제T]

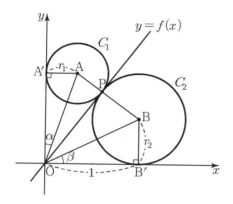

위 그림에서 $\angle AOA' = \alpha$, $\angle BOB' = \beta$라 하자.

$\overline{OB'} = 1$이고 두 원의 접점을 P라 하면

$\overline{OB'} = \overline{OP} = \overline{OA'} = 1$이므로 $\tan\alpha = r_1$, $\tan\beta = r_2$이다.

또한, $\angle AOA' = \angle AOP$, $\angle POB = \angle BOB'$이므로

$\alpha + \beta = \dfrac{\pi}{4}$가 된다.

(i) $r_1 > r_2$일 경우

$\lim\limits_{n\to\infty} \dfrac{r_1^{\,n+1} + r_2^{\,n}}{r_1^{\,n} + r_2^{\,n-2}} = \dfrac{1}{4}$

$\lim\limits_{n\to\infty} \dfrac{r_1 + \left(\dfrac{r_2}{r_1}\right)^n}{1 + \left(\dfrac{r_2}{r_1}\right)^{n-2}} = \dfrac{1}{4}$

$r_1 = \dfrac{1}{4}$이므로 $\tan\alpha = \dfrac{1}{4}$이다.

$\tan\beta = \tan\left(\dfrac{\pi}{4} - \alpha\right) = \dfrac{1 - \tan\alpha}{1 + \tan\alpha} = \dfrac{1 - \dfrac{1}{4}}{1 + \dfrac{1}{4}} = \dfrac{3}{5}$이므로

$r_2 = \dfrac{3}{5}$이 되므로 $r_1 > r_2$을 만족하지 않는다.

(ii) $r_1 < r_2$일 경우

$\lim\limits_{n\to\infty} \dfrac{r_1^{\,n+1} + r_2^{\,n}}{r_1^{\,n} + r_2^{\,n-2}} = \dfrac{1}{4}$

$\lim\limits_{n\to\infty} \dfrac{r_1\left(\dfrac{r_1}{r_2}\right)^n + 1}{\left(\dfrac{r_1}{r_2}\right)^n + r_2^{\,-2}} = \dfrac{1}{4}$

$r_2^{\,2} = \dfrac{1}{4}$

$r_2 = \dfrac{1}{2}$이므로 $\tan\beta = \dfrac{1}{2}$이다.

$\tan\alpha = \tan\left(\dfrac{\pi}{4} - \beta\right) = \dfrac{1 - \tan\beta}{1 + \tan\beta} = \dfrac{1 - \dfrac{1}{2}}{1 + \dfrac{1}{2}} = \dfrac{1}{3}$이므로

$r_1 = \dfrac{1}{3}$이 되므로 $r_1 < r_2$를 만족한다.

(iii) $r_1 = r_2$일 경우

$r_1 = r_2 = \tan\dfrac{\pi}{8}$이 된다.

$\tan\left(\dfrac{\pi}{8} + \dfrac{\pi}{8}\right) = \dfrac{2\tan\dfrac{\pi}{8}}{1 - \tan^2\dfrac{\pi}{8}} = 1$

$\tan\dfrac{\pi}{8} = r_1$이라 하면 $2r_1 = 1 - r_1^{\,2}$

$r_1^{\,2} + 2r_1 - 1 = 0$

$r_1^{\,2} = 1 - 2r_1$ ······ ㉠

$r_1 = -1 + \sqrt{2}$ (단, $r_1 > 0$)

$r_1 = r_2$이므로 $\lim\limits_{n\to\infty} \dfrac{r_1^{\,n+1} + r_1^{\,n}}{r_1^{\,n} + r_1^{\,n-2}} = \dfrac{1}{4}$이 성립하는지

확인해보자.

$\lim\limits_{n\to\infty} \dfrac{r_1^{\,n+1} + r_1^{\,n}}{r_1^{\,n} + r_1^{\,n-2}} = \dfrac{r_1 + 1}{1 + \dfrac{1}{r_1^{\,2}}} = \dfrac{r_1^{\,2}(1 + r_1)}{r_1^{\,2} + 1}$

㉠을 대입하면

$= \dfrac{(1 - 2r_1)(1 + r_1)}{2 - 2r_1}$

$= \dfrac{1 - r_1 - 2r_1^{\,2}}{2 - 2r_1}$

$= \dfrac{-1 + 3r_1}{2 - 2r_1}$

$= \dfrac{-1 + 3(\sqrt{2} - 1)}{2 - 2(\sqrt{2} - 1)}$

$= \dfrac{-4 + 3\sqrt{2}}{4 - 2\sqrt{2}} \neq \dfrac{1}{4}$이므로 만족하지 않는다.

따라서 (ii)의 경우에서 $r_1 = \tan\alpha = \dfrac{1}{3}$,

$r_2 = \tan\beta = \dfrac{1}{2}$이므로 $r_2 - r_1 = \dfrac{1}{6} = p$이므로 $12p = 2$이다.

02 정답 37

등차수열 $\{a_n\}$은 첫째항을 a, 공차를 d라 하면 등차수열은

최고차항의 계수가 d인 n에 관한 일차식이므로

$a_n = dn + a - d$라 할 수 있다.

따라서

$\displaystyle\sum_{k=1}^{n} a_k = \sum_{k=1}^{n}(dk + a - d) = d\dfrac{n(n+1)}{2} + (a - d)n$

$= \dfrac{d}{2}n^2 + \left(a - \dfrac{d}{2}\right)n$

한편, 등차수열 $\{b_n\}$은 $\lim\limits_{n\to\infty}\dfrac{a_n}{b_n}=2$에서 공차가 $\dfrac{1}{2}d$이다.

$b_1=2a_1=2a$이므로

$b_n=\dfrac{1}{2}dn+2a-\dfrac{1}{2}d$

이다.

$\left|\lim\limits_{n\to\infty}\left(\sqrt{\sum\limits_{k=1}^{n}a_k}-b_n\right)\right|=2$에서 $\lim\limits_{n\to\infty}\left(\sqrt{\sum\limits_{k=1}^{n}a_k}-b_n\right)=\pm\,2$이다.

(i) $\lim\limits_{n\to\infty}\left(\sqrt{\sum\limits_{k=1}^{n}a_k}-b_n\right)=2$일 때,

$\lim\limits_{n\to\infty}\left(\sqrt{\sum\limits_{k=1}^{n}a_k}-b_n\right)$

$=\lim\limits_{n\to\infty}\left\{\sqrt{\dfrac{d}{2}n^2+\left(a-\dfrac{d}{2}\right)n}-\left(\dfrac{1}{2}dn+2a-\dfrac{1}{2}d\right)\right\}$

$=\lim\limits_{n\to\infty}\dfrac{\left(\dfrac{d}{2}-\dfrac{1}{4}d^2\right)n^2+\left(a-\dfrac{d}{2}-2ad+\dfrac{1}{2}d^2\right)n+\left(2a-\dfrac{1}{2}d\right)^2}{\sqrt{\dfrac{d}{2}n^2+\left(a-\dfrac{d}{2}\right)n}+\left(\dfrac{1}{2}dn+2a-\dfrac{1}{2}d\right)}=2$

에서

$\dfrac{d}{2}-\dfrac{1}{4}d^2=0$

$\dfrac{1}{4}d(2-d)=0$

$d>0$이므로 $d=2$이다.

따라서

$=\lim\limits_{n\to\infty}\dfrac{(1-3a)n+(2a-1)^2}{\sqrt{n^2+(a-1)n}+(n+2a-1)}=2$

$\dfrac{1-3a}{2}=2$

$\therefore\ a=-1$

$a>0$라는 가정에 모순이다.

(ii) $\lim\limits_{n\to\infty}\left(\sqrt{\sum\limits_{k=1}^{n}a_k}-b_n\right)=-2$일 때,

$\lim\limits_{n\to\infty}\left(\sqrt{\sum\limits_{k=1}^{n}a_k}-b_n\right)$

$=\lim\limits_{n\to\infty}\left\{\sqrt{\dfrac{d}{2}n^2+\left(a-\dfrac{d}{2}\right)n}-\left(\dfrac{1}{2}dn+2a-\dfrac{1}{2}d\right)\right\}$

$=\lim\limits_{n\to\infty}\dfrac{\left(\dfrac{d}{2}-\dfrac{1}{4}d^2\right)n^2+\left(a-\dfrac{d}{2}-2ad+\dfrac{1}{2}d^2\right)n+\left(2a-\dfrac{1}{2}d\right)^2}{\sqrt{\dfrac{d}{2}n^2+\left(a-\dfrac{d}{2}\right)n}+\left(\dfrac{1}{2}dn+2a-\dfrac{1}{2}d\right)}$

$=-2$

에서

$\dfrac{d}{2}-\dfrac{1}{4}d^2=0$

$\dfrac{1}{4}d(2-d)=0$

$d>0$이므로 $d=2$이다.

따라서

$=\lim\limits_{n\to\infty}\dfrac{(1-3a)n+(2a-1)^2}{\sqrt{n^2+(a-1)n}+(n+2a-1)}=-2$

$\dfrac{1-3a}{2}=-2$

$\therefore\ a=\dfrac{5}{3}$

따라서

$b_n=\dfrac{1}{2}dn+2a-\dfrac{1}{2}d$에서 $b_n=n+\dfrac{7}{3}$이다.

$3b_{10}=3\times\left(10+\dfrac{7}{3}\right)=37$이다.

03 정답 11

[출제자 : 이소영T]

[검토자 : 이지훈T]

(가) $b_1=0$, $b_n\leq 0$ $(n=2,3,4,\cdots)$이고

$\displaystyle\int_{b_n}^{b_{n+1}}\left(x+\dfrac{1}{2}\right)dx=n$이므로

$\left[\dfrac{1}{2}x^2+\dfrac{1}{2}x\right]_{b_n}^{b_{n+1}}=n$

$\dfrac{1}{2}\left(b_{n+1}{}^2-b_n{}^2\right)+\dfrac{1}{2}\left(b_{n+1}-b_n\right)=n$

$b_{n+1}{}^2-b_n{}^2+b_{n+1}-b_n=2n$ …… ㉠

$n=1$일 때 $b_2{}^2-b_1{}^2+b_2-b_1=2$

$b_1=0$이므로 $b_2{}^2+b_2-2=0$이므로 $b_2=-2$ $(b_n\leq 0)$이다.

$n=2$부터 대입하면 $b_3=-3$, $b_4=-4\cdots$이므로

$b_n=-n\,(n\geq 2)$이다.(또, ㉠에 대입해보면 성립함을 알 수 있다.

(나)조건에서 $\lim\limits_{n\to\infty}\left(\dfrac{-|a_k|+2}{b_{k+1}+3}\right)^n$과 $\lim\limits_{n\to\infty}\sum\limits_{i=1}^{n}\left(\dfrac{1}{a_k+b_{2k}}\right)^i$의 값이

존재하지 않으므로

등비수열의 극한에서 극한값이 존재하지 않는다면 공비>1 또는

공비≤-1인 경우이다.

따라서 $\dfrac{-|a_k|+2}{b_{k+1}+3}>1$ 또는 $\dfrac{-|a_k|+2}{b_{k+1}+3}\leq-1$이다.

$k=1$일 때도 성립해야 하므로

$\dfrac{-|a_1|+2}{b_2+3}>1$

$-|a_1|+2>1$

$|a_1|<1$ …… ㉡

또는

$\dfrac{-|a_1|+2}{b_2+3}\leq-1$

$-|a_1|+2\leq-1$

$|a_1|\geq 3$ …… ㉢

또, $\lim\limits_{n\to\infty}\sum\limits_{i=1}^{n}\left(\dfrac{1}{a_k+b_{2k}}\right)^i=\sum\limits_{n=1}^{\infty}\left(\dfrac{1}{a_k+b_{2k}}\right)^n$이므로 등비급수가

수렴하지 않으려면 공비≥ 1 또는 공비≤-1인 경우이다.

$k=1$일 때, $\dfrac{1}{a_1+b_2}\leq -1$ 또는 $\dfrac{1}{a_1+b_2}\geq 1$

$\dfrac{1}{a_1-2}\leq -1$ 또는 $\dfrac{1}{a_1-2}\geq 1$

$-1\leq a_1-2<0$ 또는 $0<a_1-2\leq 1$

$1\leq a_1<2$ 또는 $2<a_1\leq 3$이다.

ⓛ, ⓒ을 고려하면 $a_1=3$임을 알 수 있다.

수열 $\{a_k\}$은 등차수열이므로 공차를 d, 초항을 $a_1=3$이라 하면

$a_k=3+(k-1)d$이고, $b_{2k}=-2k$이므로

$a_k+b_{2k}=(d-2)k+3-d$이다.

$\dfrac{1}{(d-2)k+3-d}\leq -1$ 또는 $\dfrac{1}{(d-2)k+3-d}\geq 1$이 되어야 한다.

$d\neq 2$라면 $(d-2)k+3-d>1$ 또는 $(d-2)k+3-d<-1$인 자연수 k가 존재하므로 급수가 수렴한다.

따라서 $d=2$이고 모든 자연수 k에 대하여 $\dfrac{1}{a_k+b_{2k}}=1$이므로 급수는 발산한다.

따라서 $a_n=2n+1$이 된다.

$a_{10}+b_{10}=21+(-10)=11$

04 정답 68

$\left\{\left(\dfrac{1}{2}\right)^n(2-i)\right\}^n=a_n+b_n\times i$에서

$\left\{\left(\dfrac{1}{2}\right)^{n+1}(2-i)\right\}^{n+1}=a_{n+1}+b_{n+1}\times i$이고

$\left\{\left(\dfrac{1}{2}\right)^{n+1}(2-i)\right\}^{n+1}=\left(\dfrac{1}{2}\right)^{(n+1)^2}(2-i)^{n+1}$

$=\left(\dfrac{1}{2}\right)^{n^2+2n+1}(2-i)^{n+1}$

$=\left\{\left(\dfrac{1}{2}\right)^n(2-i)\right\}^n\times\left(\dfrac{1}{2}\right)^{2n+1}(2-i)$

$=(a_n+b_n\times i)\times\left(\dfrac{1}{2}\right)^{2n+1}(2-i)$

$=\left(\dfrac{1}{2}\right)^{2n+1}\{(2a_n+b_n)+(-a_n+2b_n)\times i\}$

이므로

$a_{n+1}=\left(\dfrac{1}{2}\right)^{2n+1}(2a_n+b_n)$, $b_{n+1}=\left(\dfrac{1}{2}\right)^{2n+1}(-a_n+2b_n)$

$\cdots\cdots$ ㉠

㉠의 두 식을 곱하면

$a_{n+1}b_{n+1}=\left(\dfrac{1}{2}\right)^{4n+2}(2a_n+b_n)(-a_n+2b_n)$

이므로

$-p_n=\dfrac{a_{n+1}b_{n+1}}{(2a_n+b_n)(a_n-2b_n)}=-\left(\dfrac{1}{2}\right)^{4n+2}=-\dfrac{1}{4}\left(\dfrac{1}{16}\right)^n \cdots\cdots$

ⓒ

㉠의 두 식의 양변을 각각 제곱하면

$a_{n+1}{}^2=\left(\dfrac{1}{2}\right)^{4n+2}(2a_n+b_n)^2$, $b_{n+1}{}^2=\left(\dfrac{1}{2}\right)^{4n+2}(-a_n+2b_n)^2$

이고

$a_{n+1}{}^2-b_{n+1}{}^2=\left(\dfrac{1}{2}\right)^{4n+2}\{(2a_n+b_n)^2-(-a_n+2b_n)^2\}$

$=\left(\dfrac{1}{4}\right)^{2n+1}(3a_n-b_n)(a_n+3b_n)$

이므로

$q_n=\dfrac{a_{n+1}{}^2-b_{n+1}{}^2}{(3a_n-b_n)(a_n+3b_n)}=\left(\dfrac{1}{4}\right)^{2n+1}=\dfrac{1}{4}\left(\dfrac{1}{16}\right)^n \cdots\cdots$ ㉢

ⓒ, ㉢에서

$\displaystyle\lim_{n\to\infty}\dfrac{-4p_n+\left(\dfrac{1}{16}\right)^{n-1}}{q_n+\left(\dfrac{1}{32}\right)^n}$

$=\displaystyle\lim_{n\to\infty}\dfrac{-4\times\left\{-\dfrac{1}{4}\left(\dfrac{1}{16}\right)^n\right\}+\left(\dfrac{1}{16}\right)^{n-1}}{\dfrac{1}{4}\left(\dfrac{1}{16}\right)^n+\left(\dfrac{1}{32}\right)^n}$

$=\displaystyle\lim_{n\to\infty}\dfrac{\left(\dfrac{1}{16}\right)^n+\left(\dfrac{1}{16}\right)^{n-1}}{\dfrac{1}{4}\left(\dfrac{1}{16}\right)^n+\left(\dfrac{1}{32}\right)^n}$

$=\displaystyle\lim_{n\to\infty}\dfrac{1+16}{\dfrac{1}{4}+\left(\dfrac{16}{32}\right)^n}$

$=\dfrac{1+16}{\dfrac{1}{4}+0}$

$=68$

05 정답 353

(가)에서 $\displaystyle\sum_{n=1}^{\infty}a_n$의 값이 a_1+1로 수렴하므로 등비수열 $\{a_n\}$의 공비를 r이라 하면 $-1<r<1$이다.

$\dfrac{a_1}{1-r}=a_1+1$

$1-r=\dfrac{a_1}{a_1+1}$

$r=1-\dfrac{a_1}{a_1+1}=\dfrac{1}{a_1+1}>0 \cdots\cdots$ ㉠

따라서 $0<r<1$이다.

(나)에서

$\displaystyle\lim_{n\to\infty}\dfrac{(25a_3)^n+(9a_3)^{n+1}}{(25a_3)^{n+1}+(9a_2)^n}$

$$= \lim_{n \to \infty} \frac{(25a_1 r^2)^n + (9a_1 r)^{n+1}}{(25a_1 r^2)^{n+1} + (9a_1 r)^n} \quad \cdots\cdots \text{ⓛ}$$

(i) $25a_1 r^2 > 9a_1 r$일 때,

즉, $r > \dfrac{9}{25}$이므로 $\dfrac{9}{25} < r < 1$일 때,

ⓛ에서 $\dfrac{1}{25a_1 r^2} = \dfrac{9}{16} a_1 \rightarrow (a_1 r)^2 = \dfrac{16}{9 \times 25}$

따라서 $a_1 r = \dfrac{4}{15}$

㉠에서 $\dfrac{4}{15a_1} = \dfrac{1}{a_1 + 1} \rightarrow 4a_1 + 4 = 15a_1$

$\therefore a_1 = \dfrac{4}{11}$

(ii) $25a_1 r^2 = 9a_1 r$일 때,

즉, $r = \dfrac{9}{25}$일 때,

ⓛ에서 $1 = \dfrac{9}{16} a_1 \rightarrow a_1 = \dfrac{16}{9}$

㉠에서 $\dfrac{9}{25} = \dfrac{1}{a_1 + 1} \rightarrow 9a_1 + 9 = 25 \rightarrow a_1 = \dfrac{16}{9}$

$\therefore a_1 = \dfrac{16}{9}$

(iii) $25a_1 r^2 < 9a_1 r$일 때,

즉, $r < \dfrac{9}{25}$이므로 $0 < r < \dfrac{9}{25}$일 때,

ⓛ에서 $9a_1 r = \dfrac{9}{16} a_1 \rightarrow r = \dfrac{1}{16}$

㉠에서 $\dfrac{1}{16} = \dfrac{1}{a_1 + 1}$

$\therefore a_1 = 15$

(i), (ii), (iii)에서 모든 a_1의 곱은

$\dfrac{4}{11} \times \dfrac{16}{9} \times 15 = \dfrac{320}{33}$

따라서 $p = 33$, $q = 320$이므로 $p + q = 353$이다.

06 정답 8

등비수열 $\{a_n\}$의 첫째항을 a_1, 공비를 r라 하자.

$b_5 = -\dfrac{3}{4}$이므로 $a_5 = -\dfrac{4}{3}$이다.

$a_5 = a_1 r^4 < 0$이므로 $a_1 < 0$이다.

(가), (나)에서 수열 $\{b_n\}$의 홀수 번째 항으로 이루어진 항으로 이루어진 급수와 짝수 번째 항으로 이루어진 항으로 이루어진 급수가 각각 수렴하기 때문에 $\lim\limits_{n \to \infty} b_{2n-1} = \lim\limits_{b \to \infty} b_{2n} = 0$이고 $|r| > 1$이어야 한다.

$b_3 = 1$이므로 $b_1 = 1$이다.

(가)에서

$$\sum_{n=1}^{\infty} b_{2n-1} = 1 + 1 + \frac{-\dfrac{3}{4}}{1 - \dfrac{1}{r^2}} = 1$$

$\dfrac{3r^2}{4(r^2-1)} = 1$, $3r^2 = 4r^2 - 4$, $r^2 = 4$

$r = 2$ 또는 $r = -2$이다.

$a_5 = -\dfrac{4}{3}$에서 $a_1 \times 2^4 = -\dfrac{4}{3}$

$\therefore a_1 = -\dfrac{1}{12}$

(i) $r = 2$일 때,

a_1	a_2	a_3	a_4	a_5	a_6	$\cdots$
$-\dfrac{1}{12}$	$-\dfrac{1}{6}$	$-\dfrac{1}{3}$	$-\dfrac{2}{3}$	$-\dfrac{4}{3}$	$-\dfrac{8}{3}$	

$b_2 = 1$, $b_4 = 1$, $b_6 = -\dfrac{3}{8}$, $\dfrac{1}{r^2} = \dfrac{1}{4}$이므로

$$\sum_{n=1}^{\infty} b_{2n} = 1 + 1 + \frac{-\dfrac{3}{8}}{1 - \dfrac{1}{4}} = 2 - \frac{1}{2} = \frac{3}{2}$$로 (나)에 모순이다.

(ii) $r = -2$일 때,

a_1	a_2	a_3	a_4	a_5	a_6	$\cdots$
$-\dfrac{1}{12}$	$\dfrac{1}{6}$	$-\dfrac{1}{3}$	$\dfrac{2}{3}$	$-\dfrac{4}{3}$	$\dfrac{8}{3}$	

$b_2 = 1$, $b_4 = 1$, $b_6 = \dfrac{3}{8}$, $\dfrac{1}{r^2} = \dfrac{1}{4}$이므로

$$\sum_{n=1}^{\infty} b_{2n} = 1 + 1 + \frac{\dfrac{3}{8}}{1 - \dfrac{1}{4}} = 2 + \frac{1}{2} = \frac{5}{2}$$으로 (나)조건을

만족시킨다.

따라서

수열 $\left\{ \dfrac{1}{a_n} \right\}$은 첫째항이 -12이고 공비가 $-\dfrac{1}{2}$인 등비수열이다.

$\therefore \left| \sum_{n=1}^{\infty} \dfrac{1}{a_n} \right| = \left| \dfrac{-12}{1 - \left(-\dfrac{1}{2} \right)} \right| = 8$

07 정답 15

[출제자 : 황보성호T]
[검토자 : 한정아T]

급수 $\displaystyle\sum_{n=1}^{\infty} \dfrac{k(x-1)^{k-2}}{x^{n+k}}$ 은

첫째항이 $\dfrac{k(x-1)^{k-2}}{x^{k+1}}$이고, 공비가 $\dfrac{1}{x}$인 등비급수이다.

정의역에서 $x \geq 1$이므로 $0 < \dfrac{1}{x} \leq 1$이다.

(i) $\dfrac{1}{x} = 1$인 경우(즉, $x = 1$)

$f(1) = 0$

(ii) $0 < \dfrac{1}{x} < 1$인 경우(즉, $x > 1$)

$$f(x) = \frac{\dfrac{k(x-1)^{k-2}}{x^{k+1}}}{1 - \dfrac{1}{x}} = \frac{\dfrac{k(x-1)^{k-2}}{x^{k+1}}}{\dfrac{x-1}{x}} = \frac{k(x-1)^{k-3}}{x^k}$$

따라서 함수 $f(x) = \begin{cases} 0 & (x = 1) \\ \dfrac{k(x-1)^{k-3}}{x^k} & (x > 1) \end{cases}$

이므로 함수 $f(x)$는 $x > 1$인 모든 실수의 집합에서 연속이다.
즉, $t \neq 1$인 모든 실수 t에 대하여 $\lim\limits_{x \to t+} f(x) = f(t)$이므로

$\lim\limits_{x \to a+} f(x) - f(a) > 0$에서 $a = 1$

이때

$k > 3$이면 $\lim\limits_{x \to 1+} f(x) = \lim\limits_{x \to 1+} \dfrac{k(x-1)^{k-3}}{x^k} = \dfrac{k \times 0}{1} = 0$

이므로 조건을 만족시키지 않는다.

$k = 3$이면 $\lim\limits_{x \to 1+} f(x) = \lim\limits_{x \to 1+} \dfrac{3}{x^3} = 3$

이므로 조건을 만족시킨다.

$k < 3$이면 $\lim\limits_{x \to 1+} f(x) = \lim\limits_{x \to 1+} \dfrac{k}{x^k(x-1)^{3-k}} = \infty$

$\therefore k = 3$이고 $f(x) = \begin{cases} 0 & (x = 1) \\ \dfrac{3}{x^3} & (x > 1) \end{cases}$

급수 $\sum\limits_{n=1}^{\infty} \dfrac{f(k)}{k^{n-2}}$은 첫째항이 $\dfrac{f(3)}{3^{-1}}$, 즉 $\dfrac{1}{3}$이고

공비가 $\dfrac{1}{3}$인 등비급수이므로

그 합은 $\dfrac{\dfrac{1}{3}}{1 - \dfrac{1}{3}} = \dfrac{1}{2}$

$\therefore 30 \times \sum\limits_{n=1}^{\infty} \dfrac{f(k)}{k^{n-2}} = 15$

08 정답 17

[그림 : 강민구T]

[검토자 : 오정화T]

이차함수 $f(x)$는 최고차항의 계수가 1이고 $x = -1$에서
최솟값을 가지므로 상수 k에 대하여 $f(x) = x^2 + 2x + k$라 할 수
있다.
따라서

$$g(x) = \begin{cases} x^2 + 2x + k & (x \leq 0) \\ -x^2 - 2x - k & (x > 0) \end{cases}$$

이다.

등비수열 $\{a_n\}$의 첫째항 a_1은 -2이하의 정수이고 공비를 r
$(r < 0)$이라 하면 $a_n = a_1 r^{n-1}$이다. 따라서 $a_n > 0$이면
$a_{n+1} < 0$이고 $a_n < 0$이면 $a_{n+1} > 0$이다.

한편, $\lim\limits_{n \to \infty} \left| a_1^2 r^{2n-2}(r^2+1) + 2a_1 r^{n-1}(r+1) + 2k \right|$에서

$r < -1$일 때 $\lim\limits_{n \to \infty} r^{2n-2} = \infty$이므로 발산이고

$r = -1$이면 수열 $\{a_n\}$의 항들이 a_1, $-a_1$, a_1, $\cdots$으로 2개의
고정값으로 $g(a_1)$의 값이 최솟값이면 $g(a_2)$의 값이 최댓값이고
$g(a_1)$의 값이 최댓값이면 $g(a_2)$의 값이 최솟값으로 최댓값이
존재한다. 따라서

$\lim\limits_{n \to \infty} \left| a_1^2 r^{2n-2}(r^2+1) + 2a_1 r^{n-1}(r+1) + 2k \right|$의 값이 수렴하기

위해서는 $-1 < r < 0$이어야 한다.

(i) $a_n > 0$일 때,

$g(a_n) = -(a_n)^2 - 2a_n - k$

$\qquad = -a_1^2 r^{2n-2} - 2a_1 r^{n-1} - k$

$g(a_{n+1}) = (a_{n+1})^2 + 2a_{n+1} + k$

$\qquad = a_1^2 r^{2n} + 2a_1 r^n + k$

따라서

$g(a_{n+1}) - g(a_n)$

$= a_1^2 r^{2n-2}(r^2+1) + 2a_1 r^{n-1}(r+1) + 2k$

이므로 (가)에서

$\lim\limits_{n \to \infty} \left| g(a_{n+1}) - g(a_n) \right|$

$= \lim\limits_{n \to \infty} \left| a_1^2 r^{2n-2}(r^2+1) + 2a_1 r^{n-1}(r+1) + 2k \right|$

$= 8$

이기 위해서는 $-1 < r < 0$이고 $|2k| = 8$이어야 한다.
따라서 $k = 4$ 또는 $k = -4$이다.

(ii) $a_n < 0$일 때,

$g(a_n) = (a_n)^2 + 2a_n + k$

$\qquad = a_1^2 r^{2n-2} + 2a_1 r^{n-1} + k$

$g(a_{n+1}) = -(a_{n+1})^2 - 2a_{n+1} - k$

$\qquad = -a_1^2 r^{2n} - 2a_1 r^n - k$

따라서

$g(a_{n+1}) - g(a_n)$

$= -a_1^2 r^{2n-2}(r^2+1) - 2a_1 r^{n-1}(r+1) - 2k$

이므로 (가)에서

$\lim\limits_{n \to \infty} \left| g(a_{n+1}) - g(a_n) \right|$

$= \lim\limits_{n \to \infty} \left| -a_1^2 r^{2n-2}(r^2+1) - 2a_1 r^{n-1}(r+1) - 2k \right|$

$= 8$

이기 위해서는 $-1 < r < 0$이고 $|-2k| = 8$이어야 한다.
따라서 $k = 4$ 또는 $k = -4$이다.

(i), (ii)에서 $k = 4$ 또는 $k = -4$이다.

① $k = 4$일 때,

$$g(x)=\begin{cases} x^2+2x+4 & (x \le 0) \\ -x^2-2x-4 & (x > 0) \end{cases}$$

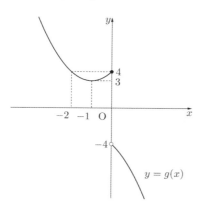

a_1의 값이 -2이하의 정수이므로 $g(a_1) \ge 4$이고,

$-1 < r < 0$에서 $\displaystyle\lim_{n \to \infty}|a_n|=0$이다.

따라서 $\displaystyle\lim_{n \to \infty}g(a_n)=\pm 4$이므로 $g(a_1)$의 값이 최댓값이 되어

조건에 모순이다.

② $k=-4$일 때,
$$g(x)=\begin{cases} x^2+2x-4 & (x \le 0) \\ -x^2-2x+4 & (x > 0) \end{cases}$$

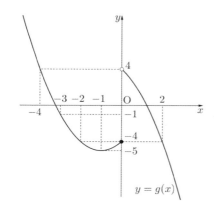

ⓐ $a_1=-2$이면 $g(a_1)=g(-2)=-4$

$0 < a_2=-2r < 2$으로 $-4 < g(a_2) < 4$ $(\because g(2)=-4)$으로

$g(a_2) \ne -4$이다.

ⓑ $a_1=-3$이면 $g(a_1)=g(-3)=-1$

$0 < a_2=-3r < 3$에서 $-11 < g(a_2) < 4$ $(\because g(3)=-11)$으로

$g(a_2)=-4$인 a_2가 존재한다.

$-a_2^2-2a_2+4=-4$

$a_2^2+2a_2-8=0$

$(a_2+4)(a_2-2)=0$

$\therefore a_2=2$

$-3r=2$에서 $r=-\dfrac{2}{3}$이다.

ⓒ $a_1 \le -4$이면 $g(a_1)$의 값이 최댓값이 되어 조건에

모순이다.

따라서 $a_n=-3\left(-\dfrac{2}{3}\right)^{n-1}$이다.

$a_4=-3 \times \left(-\dfrac{8}{27}\right)=\dfrac{8}{9}$

$p=9$, $q=8$이므로 $p+q=17$이다.

09 정답 12

[그림 : 이정배T]

삼차함수 $f(x)=a(x-t)(x-4t)^2-a$의 그래프는 다음 그림과

같다.

$t>0$, $a>1$

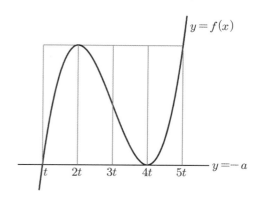

$g(x)=\begin{cases} f(x) & (x < 3t) \\ f(6t-x) & (x \ge 3t) \end{cases}$ 에서 곡선 $y=f(6t-x)$는 곡선

$y=f(x)$를 y축에 대하여 대칭이동한 후 x축의 방향으로

$6t$만큼 평행이동한 것이다. 즉, 두 곡선 $y=f(x)$,

$y=f(6t-x)$는 직선 $x=3t$에 대하여 대칭이다. 따라서

$x < 3t$일 때 곡선 $y=g(x)$는 $y=f(x)$와 같고, $x \ge 3t$일 때

곡선 $y=g(x)$는 곡선 $y=f(x)$를 $x=3t$에 대칭이동한 것과

같다.

그러므로 함수 $y=g(x)$의 그래프는 다음 그림과 같다.

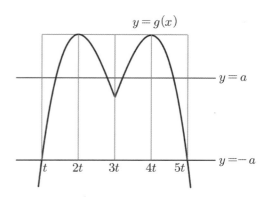

(가)에서 $y=g(x)$와 $y=a$의 그래프의 교점의 개수가

3이상이므로 $g(3t)=f(3t) \le a \cdots \small\textcircled{\tiny ㄱ}$

한편,

$$h(x)=\lim_{n \to \infty}\frac{a^{2n}\{g(x)-a\}}{\{g(x)\}^{2n}+a^{2n}}$$

$$= \lim_{n \to \infty} \frac{g(x)-a}{\left\{\dfrac{g(x)}{a}\right\}^{2n}+1}$$

$a > 1$이므로

(i) $|g(x)| > a$일 때, $h(x) = 0$

(ii) $|g(x)| < a$일 때, $h(x) = g(x) - a$

(iii) $g(x) = a$일 때, $h(x) = 0$

(iv) $g(x) = -a$일 때, $h(x) = -a$

(i)~(iv)에서 함수 $h(x)$의 그래프는 아래 그림과 같고

(나)에서 구간 $(2t, 4t)$에서 함수 $h(x)$가 미분가능하기 위해서는
$x = 3t$에서 미분가능하면 된다.

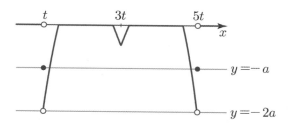

그림과 같이 $g(3t) = f(3t) < a$이면 함수 $h(x)$가 $t = 3a$에서
뾰족점을 포함해서 미분가능하지 않는다.

따라서 $f(3t) \geq a$이어야 한다. ···ⓛ

ⓐ, ⓛ에서 $f(3t) = a$이다.

$f(3t) = a \times 2t \times (-t)^2 - a = a$

$t^3 = 1$

$\therefore t = 1$

따라서 $f(x) = a(x-1)(x-4)^2 - a$이다.

한편, $\lim_{x \to 5t-} h(x) = \lim_{x \to 5-}\{g(x) - a\} = -2a = -4$에서 $a = 2$이다.

그러므로

$f(x) = 2(x-1)(x-4)^2 - 2$

$f(a) = f(2) = 2 \times 1 \times 4 - 2 = 6$, $g(2a) = g(4) = f(2) = 6$이다.

따라서

$f(a) + g(2a) = 12$

10 정답 32

[출제자 : 오세준T]

조건 (가), (나), (다)에 의해

$\lim_{n \to \infty} b_{3n-2} = \lim_{n \to \infty} b_{3n-1} = \lim_{n \to \infty} b_{3n} = 0$이므로

등비수열 $\{a_n\}$의 공비를 r이라 하면 $-1 < r < 1$이다.

이때, $0 \leq r < 1$이면 조건 (가), (다)를 만족하지 않으므로
$-1 < r < 0$이고 수열 $\{a_n\}$의 홀수항은 음수, 짝수항은
양수임을 알 수 있다.

$b_4 = 2$이므로 $a_4 = k(k \geq 2)$라 하면

$a_3 = \dfrac{k}{r} < -2$이므로 $b_3 = -\alpha$

$a_2 = \dfrac{k}{r^2} > 2$이므로 $b_2 = \alpha$

$a_1 = \dfrac{k}{r^3} < -2$이므로 $b_1 = -\alpha$

$n \geq 5$이면 $a_n = b_n$이다.

조건 (가)에서 수열 $\{b_{3n-2}\}$은

$b_1 = -\alpha$, $b_4 = a_4 = k$, $b_7 = a_7 = kr^3$, $\cdots$이므로

$\sum_{n=1}^{\infty} b_{3n-2} = -\alpha + \dfrac{k}{1-r^3} = -\dfrac{2}{9}$

$\dfrac{k}{1-r^3} = -\dfrac{2}{9} + \alpha$　　　··· ㉠

조건 (나)에서 수열 $\{b_{3n-1}\}$은

$b_2 = \alpha$, $b_5 = a_5 = kr$, $b_8 = a_8 = kr^4$, $\cdots$이므로

$\sum_{n=1}^{\infty} b_{3n-1} = \alpha + \dfrac{kr}{1-r^3} = \dfrac{10}{9}$

$\dfrac{kr}{1-r^3} = \dfrac{10}{9} - \alpha$　　　　··· ㉡

조건 (다)에서 수열 $\{b_{3n}\}$은

$b_3 = -\alpha$, $b_6 = a_6 = kr^2$, $b_9 = a_9 = kr^5$, $\cdots$이므로

$\sum_{n=1}^{\infty} b_{3n} = -\alpha + \dfrac{kr^2}{1-r^3} = -\dfrac{14}{9}$

$\dfrac{kr^2}{1-r^3} = -\dfrac{14}{9} + \alpha$　　··· ㉢

㉠, ㉡, ㉢은 공비가 r인 등비수열이므로

$\left(\dfrac{10}{9} - \alpha\right)^2 = \left(-\dfrac{2}{9} + \alpha\right)\left(-\dfrac{14}{9} + \alpha\right)$

$\dfrac{100}{81} - \dfrac{20}{9}\alpha + \alpha^2 = \dfrac{28}{81} - \dfrac{16}{9}\alpha + \alpha^2$, $\dfrac{4}{9}\alpha = \dfrac{72}{81}$

$\therefore \alpha = 2$

이를 ㉠, ㉡에 각각 대입하여 정리하면

$\dfrac{k}{1-r^3} = \dfrac{16}{9}$, $\dfrac{kr}{1-r^3} = -\dfrac{8}{9}$

$\dfrac{16}{9}r = -\dfrac{8}{9}$

$\therefore r = -\dfrac{1}{2}$, $k = 2$

따라서 수열 $\{a_n\}$은 $a_4 = k = 2$, $r = -\dfrac{1}{2}$이므로 $a_1 = -16$이고

수열 $\{|a_n|\}$은 첫째항이 16, 공비가 $\dfrac{1}{2}$인 등비수열이다.

$\therefore \sum_{n=1}^{\infty} |a_n| = \dfrac{16}{1-\dfrac{1}{2}} = 32$

[다른 풀이] - 황보성호T

조건 (가), (나), (다)에 의해

$\lim_{n \to \infty} b_{3n-2} = \lim_{n \to \infty} b_{3n-1} = \lim_{n \to \infty} b_{3n} = 0$이므로

등비수열 $\{a_n\}$의 공비를 r이라 하면 $-1 < r < 1$이다.

이때, $0 \leq r < 1$이면 조건 (가), (다)를 만족하지 않으므로

$-1<r<0$이고 수열 $\{a_n\}$의 홀수항은 음수, 짝수항은 양수임을 알 수 있다.

$b_4=2$이므로 수열 $\{b_n\}$의 정의에 의해

$a_4=k$라 하면 $k\geq 2$이고, $\alpha=2$임을 알 수 있다.

그리고 $a_3=\dfrac{k}{r}<-2$이므로 $b_3=-2$

$a_2=\dfrac{k}{r^2}>2$이므로 $b_2=2$

$a_1=\dfrac{k}{r^3}<-2$이므로 $b_1=-2$

$n\geq 5$이면 $a_n=b_n$이다.

조건 (가)에서 수열 $\{b_{3n-2}\}$은

$b_1=-2$, $b_4=2$, $b_7=a_7=kr^3$, $\cdots$ 이므로

$$\sum_{n=1}^{\infty}b_{3n-2}=-2+2+\dfrac{kr^3}{1-r^3}=-\dfrac{2}{9}$$

즉, $\dfrac{kr^3}{1-r^3}=-\dfrac{2}{9}$ $\qquad\cdots$ ㉠

조건 (나)에서 수열 $\{b_{3n-1}\}$은

$b_2=2$, $b_5=a_5=kr$, $b_8=a_8=kr^4$, $\cdots$ 이므로

$$\sum_{n=1}^{\infty}b_{3n-1}=2+\dfrac{kr}{1-r^3}=\dfrac{10}{9}$$

즉, $\dfrac{kr}{1-r^3}=-\dfrac{8}{9}$ $\qquad\cdots$ ㉡

조건 (다)에서 수열 $\{b_{3n}\}$은

$b_3=-2$, $b_6=a_6=kr^2$, $b_9=a_9=kr^5$, $\cdots$ 이므로

$$\sum_{n=1}^{\infty}b_{3n}=-2+\dfrac{kr^2}{1-r^3}=-\dfrac{14}{9}$$

즉, $\dfrac{kr^2}{1-r^3}=\dfrac{4}{9}$ $\qquad\cdots$ ㉢

㉡, ㉢, ㉠은 공비가 r인 등비수열이므로 $r=-\dfrac{1}{2}$

이를 ㉡에 대입하여 정리하면

$$\dfrac{-\dfrac{1}{2}k}{1-\left(-\dfrac{1}{2}\right)^3}=-\dfrac{8}{9},\ \dfrac{-\dfrac{1}{2}k}{\dfrac{9}{8}}=-\dfrac{8}{9},\ k=2$$

따라서 등비수열 $\{a_n\}$은 $a_4=k=2$, $r=-\dfrac{1}{2}$이므로

$a_1=-16$이고,

수열 $\{|a_n|\}$은 첫째항이 16, 공비가 $\dfrac{1}{2}$인 등비수열이다.

$$\therefore \sum_{n=1}^{\infty}|a_n|=\dfrac{16}{1-\dfrac{1}{2}}=32$$

---

11 정답 27

(i) $x^2>1$일 때, 즉, $x<-1$ 또는 $x>1$

$$f(x)=\lim_{n\to\infty}\dfrac{x^{2n-1}-3x^{2n}+2}{2x^{2n-1}+x^{2n}+1}$$

$$=\lim_{n\to\infty}\dfrac{\dfrac{1}{x}-3+\dfrac{2}{x^{2n}}}{\dfrac{2}{x}+1+\dfrac{1}{x^{2n}}}$$

$$=\dfrac{\dfrac{1}{x}-3}{\dfrac{2}{x}+1}=\dfrac{-3x+1}{x+2}$$

$$=\dfrac{7}{x+2}-3$$

(ii) $x^2<1$일 때, 즉, $-1<x<1$

$$f(x)=\lim_{n\to\infty}\dfrac{x^{2n-1}-3x^{2n}+2}{2x^{2n-1}+x^{2n}+1}=2$$

(iii) $x=1$일 때, $f(1)=\dfrac{1-3+2}{2+1+1}=0$

(i), (ii), (iii)에서

$$f(x)=\begin{cases}\dfrac{7}{x+2}-3 & (x<-1,\ x>1)\\ 2 & (-1<x<1)\\ 0 & (x=1)\end{cases}$$

직선 $y=nx+2n-3=n(x+2)-3$은

$y=\dfrac{7}{x+2}-3$의 점근선의 교점 $(-2,3)$을 지나고 기울기 n이 자연수이므로 $x<-2$에서 항상 교점 1개가 존재하므로 $x>-2$에서 한 점에서 만나면 교점개수가 2가 된다.

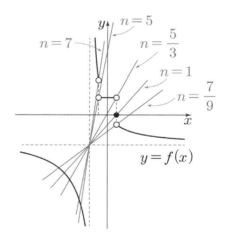

그림에서

$n>7$, $\dfrac{5}{3}<n<5$, $n=1$, $0<n<\dfrac{7}{9}$일 때, $y=f(x)$와 $y=nx+2n-3$은 두 점에서 만난다.

따라서 10보다 작은 자연수의 합은

$1+2+3+4+8+9=27$

12 정답 76

평행사변형 $AB_1C_1D_1$에서 $\overline{AD_1}=4$, $\angle D_1AB_1=\dfrac{\pi}{3}$이므로

$\angle AB_1D_1=\dfrac{\pi}{2}$이다.

따라서 선분 AD_1이 원의 지름이고, 선분 AD_1의 중점을 M이라 하면 삼각형 MAB_1은 한 변의 길이가 2인 정삼각형이다. 이때

$\angle MB_1E_1=\dfrac{\pi}{3}$이므로 삼각형 MB_1E_1도 한 변의 길이가 2인 정삼각형이다.

즉, $\angle D_1ME_1=\angle B_1ME_1=\dfrac{\pi}{3}$이다.

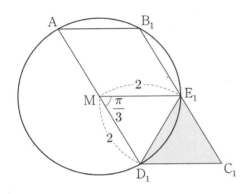

따라서 선분 B_1E_1과 호 B_1E_1으로 둘러싸인 활꼴 부분의 넓이는 선분 D_1E_1과 호 D_1E_1으로 둘러싸인 활꼴 부분의 넓이와 같다.
따라서 그림 R_1에서 색칠된 부분의 넓이는 삼각형 $C_1D_1E_1$의 넓이와 같다.

그러므로 $S_1=\dfrac{1}{2}\times 2\times 2\times\dfrac{\sqrt{3}}{2}=\sqrt{3}$

한편, 그림 R_1과 그림 R_2에 색칠된 부분의 닮음비는

$\dfrac{\overline{AC_2}}{\overline{AC_1}}$이다. $\cdots$ ㉠

삼각형 AB_1C_1에서 코사인법칙을 적용하면

$\overline{AC_1}^2=2^2+4^2-2\times 2\times 4\times\cos\dfrac{2\pi}{3}=28$

$\therefore \overline{AC_1}=2\sqrt{7}$

한편, 그림 R_2에서 사각형 $AC_2E_1B_1$이 원에 내접하므로
$\angle C_1E_1C_2=\angle C_1AB_1$이다.

따라서 $\triangle C_1E_1C_2 \backsim \triangle C_1AB_1$ (AA닮음)

$\overline{C_1E_1} : \overline{C_1C_2}=\overline{C_1A} : \overline{C_1B_1}$

$\therefore \overline{C_1B_1}\times\overline{C_1E_1}=\overline{C_1A}\times\overline{C_1C_2}$

$\overline{C_1E_1}=2$, $\overline{B_1C_1}=4$에서 $4\times 2=2\sqrt{7}\times\overline{C_1C_2}$

$\overline{C_1C_2}=\dfrac{4}{\sqrt{7}}=\dfrac{4\sqrt{7}}{7}$

따라서 $\overline{AC_2}=2\sqrt{7}-\dfrac{4\sqrt{7}}{7}=\dfrac{10}{7}\sqrt{7}$

㉠에서 닮음비는 $\dfrac{\dfrac{10}{7}\sqrt{7}}{2\sqrt{7}}=\dfrac{5}{7}$

따라서 공비는 $\left(\dfrac{5}{7}\right)^2=\dfrac{25}{49}$

그러므로

$\lim\limits_{n\to\infty}S_n=\dfrac{\sqrt{3}}{1-\dfrac{25}{49}}=\dfrac{49}{24}\sqrt{3}$

$p=24$, $q=49$, $r=3$이므로 $p+q+r=76$이다.

13 정답 4

$g(x)=\lim\limits_{n\to\infty}\dfrac{2f(x)}{k|f(x)|^n+1}$

$=\begin{cases} 0 & (|f(x)|>1) \\ 2f(x) & (|f(x)|<1) \\ \dfrac{2}{k+1} & (f(x)=1) \\ \dfrac{-2}{k+1} & (f(x)=-1) \end{cases}$

$\lim\limits_{x\to\alpha}g(x)=2g(\alpha)$은 함수 $g(x)$가 $x\to\alpha$일 때, 극한값이 존재하지만 함숫값과 달라 $x=\alpha$에서 불연속이다. 가능한 $f(x)$는 꼭짓점이 $(0,-1)$일 때 즉, $\alpha=0$뿐이다.

따라서 $f(x)=x^2-1$이고 $|f(x)|<1$일 때,

$g(x)=2f(x)=2x^2-2$이므로 $\lim\limits_{x\to 0}g(x)=-2$이다.

$|f(x)|=-1$일 때, $g(x)=\dfrac{-2}{k+1}$이므로 $g(0)=\dfrac{-2}{k+1}$

$\lim\limits_{x\to\alpha}g(x)=2g(\alpha)$에서 $-2=2\times\dfrac{-2}{k+1}$에서 $k=1$

따라서 $f(x)=x^2-1$, $g(x)=\begin{cases} 0 & (|f(x)|>1) \\ 2x^2-2 & (|f(x)|<1) \\ 1 & (f(x)=1) \\ -1 & (f(x)=-1) \end{cases}$ 이고 다음

그림과 같다.

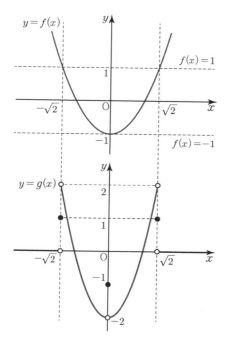

$a=-1$, $\alpha=0$, $k=1$이고

함수 $g(x)$는 $\beta_1=-\sqrt{2}$, $\beta_2=0$, $\beta_3=\sqrt{2}$에서 불연속이다.

따라서 $g(\beta_m)=g(\beta_3)=1$이므로

$\therefore\ m+g(\beta_m)=3+1=4$

14 정답 178

주어진 방정식 $2\sin^2 x+\cos x=a$ $\cdots(*)$

에서 좌변을 정리하면

$y=2\sin^2 x+\cos x=2(1-\cos^2 x)+\cos x$

$\qquad\qquad =-2\cos^2 x+\cos x+2$

$\cos x=t$라 놓으면

$y=-2t^2+t+2$ $(-1\le t\le 1)$

$\quad=-2\left(t-\dfrac{1}{4}\right)^2+\dfrac{17}{8}$

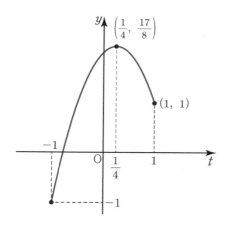

$(*)$의 실근은 우선

$y=-2\left(t-\dfrac{1}{4}\right)^2+\dfrac{17}{8}$와 $y=a$의 교점의 t를 구하고

$\cos x=t$에서 실근 x를 구하면 되므로

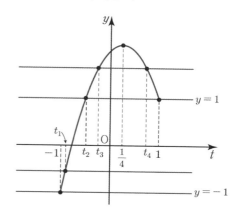

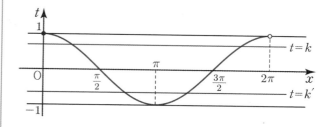

(1) $a>\dfrac{17}{8}$ 또는 $a<-1$일 때, 교점이 없으므로 $f(a)=0$

(2) $a=-1$일 때, $t=-1$이므로 위의 그래프에서 $x=\pi$이므로

$f(-1)=1$

(3) $-1<a<1$일 때, $t=t_1\ (-1<t_1<t_2)$뿐이므로

$f(a)=2$

(4) $a=1$일 때, $t=t_2$, $t=1\ (-1<t_2<0)$이므로

$\cos x=t_2$의 실근은 2개이고, $\cos x=1$의 실근은 $x=0$이므로

$f(1)=3$

(5) $1<a<\dfrac{17}{8}$일 때,

$t=t_3$, $t_4\ (-1<t_3<1,\ -1<t_4<1)$이므로 $f(a)=4$

(6) $a=\dfrac{17}{8}$일 때, $t=\dfrac{1}{4}$이므로 $f(a)=2$

a	$a<-1$	$a=-1$	$-1<a<1$	$a=1$
$f(a)$	0	1	2	3

$1<a<\dfrac{17}{8}$	$a=\dfrac{17}{8}$	$a>\dfrac{17}{8}$
4	2	0

(가)에서 $\displaystyle\lim_{n\to\infty}f\left(1+\dfrac{1}{n}\right)=4$, $\displaystyle\lim_{n\to\infty}f\left(1-\dfrac{1}{n}\right)=2$,

$f(1)=3$이므로 $p=9$

(나)에서 $\displaystyle\lim_{n\to\infty}f\left(q+\dfrac{1}{n}\right)+\lim_{n\to\infty}f\left(q-\dfrac{1}{n}\right)+f(q)=6$을 만족하는

$q>1$인 수는

$\lim\limits_{n\to\infty}f\left(\dfrac{17}{8}+\dfrac{1}{n}\right)=0,\ \lim\limits_{n\to\infty}f\left(\dfrac{17}{8}-\dfrac{1}{n}\right)=4,\ f\left(\dfrac{17}{8}\right)=2$이므로

$\therefore q=\dfrac{17}{8}$

$\therefore\ 16(p+q)=178$

[다른 풀이]

$2\sin^2x+\cos x=a\ (0\le x<2\pi)$에서

$f(x)=2\sin^2x+\cos x$이라 하면

$f'(x)=4\sin x\cos x-\sin x$

$\quad\quad=\sin x(4\cos x-1)$

$f'(x)=0$의 해는 $\sin x=0\to x=0,\ \pi$

$\cos x=\dfrac{1}{4}$을 만족하는 $x=\alpha,\ \beta$

$\left(0<\alpha<\dfrac{\pi}{2},\ \dfrac{3}{2}\pi<\beta<2\pi\right)$라 할 때,

$\sin\alpha=\dfrac{\sqrt{15}}{4},\ \sin\beta=-\dfrac{\sqrt{15}}{4}$

따라서 $f(0)=1,\ f(\pi)=-1,$

$f(\alpha)=2\left(\dfrac{\sqrt{15}}{4}\right)^2+\dfrac{1}{4}=\dfrac{17}{8},\ f(\beta)=2\left(-\dfrac{\sqrt{15}}{4}\right)^2+\dfrac{1}{4}=\dfrac{17}{8}$

x	0	$\cdots$	α	$\cdots$	π	$\cdots$
$f'(x)$	0	$+$	0	$-$	0	$+$
$f(x)$	1	$\nearrow$	$\dfrac{17}{8}$	$\searrow$	-1	$\nearrow$

β	$\cdots$	(2π)
0	$-$	(0)
$\dfrac{17}{8}$	$\searrow$	(1)

$f(x)=2\sin^2x+\cos x$의 그래프는 다음 그림과 같다.

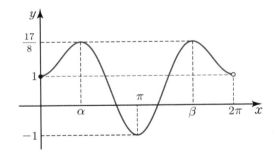

따라서 $f(a)$는 다음 표와 같다.

a	$a<-1$	$a=-1$	$-1<a<1$	$a=1$
$f(a)$	0	1	2	3

$1<a<\dfrac{17}{8}$	$a=\dfrac{17}{8}$	$a>\dfrac{17}{8}$
4	2	0

이하 풀이 동일

[참고] $f(2\pi-x)=2(\sin(2\pi-x))^2+\cos(2\pi-x)$
$\quad\quad=2\sin^2x+\cos x=f(x)$이므로 $f(x)$는 $x=\pi$에
대칭이다.

15 정답 11

[그림 : 최성훈T]

$\overline{OP_n}=2n$이고 점 P_n이 곡선 $y=\dfrac{1}{3n}x^2$위의 점이므로

$P_n(\sqrt{3}\,n,\ n)$이다.

따라서 원 C_n은 반지름의 길이가 n인 원이다.

직각삼각형 OP_nH_n에서 $\angle P_nOH_n=\dfrac{\pi}{6},$

$\angle OP_nH_n=\dfrac{\pi}{3}$이다.

또한 원 D_n의 중심을 B_n이라 할 때,

$\angle P_nOQ_n=\angle B_nOQ_n=\dfrac{\pi}{6}$이므로 세 삼각형 $OP_nH_n,$
$OP_nQ_n,\ OB_nQ_n$은 합동이다.

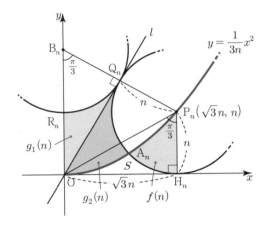

두 선분 $OR_n,\ OQ_n$와 호 Q_nR_n으로 둘러싸인 부분의 넓이를
$g_1(n)$

선분 OQ_n, 곡선 T_n, 호 A_nQ_n으로 둘러싸인 부분의 넓이를
$g_2(n)$

곡선 T_n, 호 A_nH_n, 선분 OH_n으로 둘러싸인 부분의 넓이를
S라 하자.

$g(n)=g_1(n)+g_2(n)$이므로

$g(n)-f(n)$

$=g_1(n)+g_2(n)-f(n)$

$=g_1(n)+g_2(n)+S-f(n)-S$

$=g_1(n)+\{g_2(n)+S\}-\{f(n)+S\}$

이다.

$g_1(n)=\dfrac{1}{2}\times\sqrt{3}\,n\times n-\dfrac{1}{2}\times n^2\times\dfrac{\pi}{3}$

$$= \frac{\sqrt{3}}{2}n^2 - \frac{\pi}{6}n^2$$

$$g_2(n) + S = 2g_1(n) = \sqrt{3}n^2 - \frac{\pi}{3}n^2$$

$$f(n) + S = \int_0^{\sqrt{3}n} \frac{1}{3n}x^2 dx$$

$$= \frac{1}{3n}\left[\frac{1}{3}x^3\right]_0^{\sqrt{3}n} = \frac{\sqrt{3}}{3}n^2$$

따라서
$$g(n) - f(n)$$
$$= \left(\frac{\sqrt{3}}{2}n^2 - \frac{\pi}{6}n^2\right) + \left(\sqrt{3}n^2 - \frac{\pi}{3}n^2\right) - \left(\frac{\sqrt{3}}{3}n^2\right)$$
$$= \frac{7\sqrt{3}}{6}n^2 - \frac{\pi}{2}n^2$$

그러므로 $\displaystyle\lim_{n\to\infty}\frac{g(n)-f(n)}{n^2} = \frac{7}{6}\sqrt{3} - \frac{\pi}{2}$ 이다.

[다른 풀이]

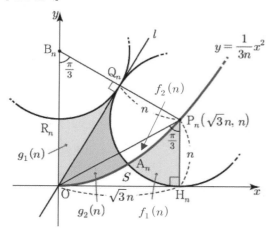

$\overline{OP_n} = 2n$ 이고 $\angle P_n OH_n = \theta$ 라 하면 점 P_n은

$P_n(2n\cos\theta, 2n\sin\theta)$ 이고 $y = \frac{1}{3n}x^2$ 에 대입해서

$\theta = \frac{\pi}{6}$ 임을 알 수 있다.

$f(n) = \{f_1(n) + f_2(n)\} - f_2(n)$ 이고
$g(n) = 2g_1(n) + g_2(n)$ 이므로

$$g(n) - f(n) =$$
$$2g_1(n) + \{g_2(n) + f_2(n)\} - \{f_1(n) + f_2(n)\}$$을 이용해서

계산해보자. $2g_1(n) = \sqrt{3}n^2 - \frac{\pi}{3}n^2$ 과

$$g_2(n) + f_2(n) = \frac{1}{18n}(\sqrt{3}n)^3 = \frac{\sqrt{3}}{6}n^2$$이고

$$f_1(n) + f_2(n) = \frac{1}{2}\times n^2 \times \frac{\pi}{3} = \frac{\pi}{6}n^2$$이므로

$$g(n) - f(n) =$$
$$2g_1(n) + \{g_2(n) + f_2(n)\} - \{f_1(n) + f_2(n)\}$$

$$= \frac{7\sqrt{3}}{6}n^2 - \frac{\pi}{2}n^2$$ 이다.

16 정답 8

[출제자 : 이정배T]

$$f(x) = x(x - \sqrt{n})(x - 3n)$$
$$= x^3 - (3n + \sqrt{n})x^2 + 3n\sqrt{n}\,x$$
$$f'(x) = 3x^2 - 2(3n + \sqrt{n})x + 3n\sqrt{n}$$

$f'(x) = 0$에서 $x = \dfrac{3n + \sqrt{n} \pm \sqrt{9n^2 - 3n\sqrt{n} + n}}{3}$ …… ㉠

함수 $f(x)$는 최고차항의 계수가 1인 삼차함수 이므로

$x = \dfrac{3n + \sqrt{n} + \sqrt{9n^2 - 3n\sqrt{n} + n}}{3}$ 에서 극솟값을 갖는다.

즉, $\alpha_n = \dfrac{3n + \sqrt{n} + \sqrt{9n^2 - 3n\sqrt{n} + n}}{3}$

$f'(0) = 3n\sqrt{n}$ 이므로 $x = 0$에서 $y = f(x)$의 접선은
$y = 3n\sqrt{n}\,x$이고 0이 아닌 또 다른 교점의 x좌표는
$3n + \sqrt{n}$ 이므로 $\beta_n = 3n + \sqrt{n}$ 이다.

이때, $a_n = \dfrac{2}{3}\beta_n - \alpha_n = \dfrac{3n + \sqrt{n} - \sqrt{9n^2 - 3n\sqrt{n} + n}}{3}$, ㉠의

α_n이 아닌 다른 해이므로 $f(x)$는 $x = a_n$에서 극댓값을 갖는다.

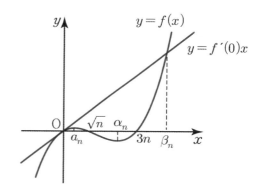

$$\lim_{n\to\infty}\frac{a_n}{\sqrt{n}} = \lim_{n\to\infty}\frac{3n + \sqrt{n} - \sqrt{9n^2 - 3n\sqrt{n} + n}}{3\sqrt{n}}$$

$$= \lim_{n\to\infty}\frac{3\sqrt{n} + 1 - \sqrt{9n - 3\sqrt{n} + 1}}{3}$$

$$= \lim_{n\to\infty}\frac{(3\sqrt{n} + 1)^2 - (9n - 3\sqrt{n} + 1)}{3(3\sqrt{n} + 1 + \sqrt{9n - 3\sqrt{n} + 1})}$$

$$= \lim_{n\to\infty}\frac{3\sqrt{n}}{3\sqrt{n} + 1 + \sqrt{9n - 3\sqrt{n} + 1}}$$

$$= \lim_{n\to\infty}\frac{3}{3 + \dfrac{1}{\sqrt{n}} + \sqrt{9 - \dfrac{3}{\sqrt{n}} + \dfrac{1}{n}}}$$

$$= \frac{1}{2} = \frac{q}{p}$$

따라서 $p = 2$, $q = 1$이므로 $p^3 q = 8$

수열 $\left\{\sqrt{a_n+\dfrac{a_n}{n^3}}-\sqrt{a_n-\dfrac{a_n}{n^3}}\right\}$ 이 수렴하므로

$\displaystyle\lim_{n\to\infty}\left(\sqrt{a_n+\dfrac{a_n}{n^3}}-\sqrt{a_n-\dfrac{a_n}{n^3}}\right)=\alpha \ (\alpha\neq 0)$ 라 하자.

$\sqrt{a_n+\dfrac{a_n}{n^3}}-\sqrt{a_n-\dfrac{a_n}{n^3}}$

$=\dfrac{\left(a_n+\dfrac{a_n}{n^3}\right)-\left(a_n-\dfrac{a_n}{n^3}\right)}{\sqrt{a_n+\dfrac{a_n}{n^3}}+\sqrt{a_n-\dfrac{a_n}{n^3}}}$

$=\dfrac{\dfrac{2a_n}{n^3}}{\sqrt{a_n}\left(\sqrt{1+\dfrac{1}{n^3}}+\sqrt{1-\dfrac{1}{n^3}}\right)}$

$=\dfrac{\sqrt{a_n}}{n^3}\times\dfrac{2}{\sqrt{1+\dfrac{1}{n^3}}+\sqrt{1-\dfrac{1}{n^3}}}$

이고

$\displaystyle\lim_{n\to\infty}\dfrac{2}{\sqrt{1+\dfrac{1}{n^3}}+\sqrt{1-\dfrac{1}{n^3}}}=\dfrac{2}{\sqrt{1}+\sqrt{1}}=1$ 이므로

$\displaystyle\lim_{n\to\infty}\dfrac{\sqrt{a_n}}{n^3}=\alpha$

한편,

$n^p\times\left\{\sqrt{1+\left(\dfrac{1}{a_n}\right)^2}-\sqrt{1-\left(\dfrac{1}{a_n}\right)^2}\right\}$

$=n^p\times\dfrac{\left\{1+\left(\dfrac{1}{a_n}\right)^2\right\}-\left\{1-\left(\dfrac{1}{a_n}\right)^2\right\}}{\sqrt{1+\left(\dfrac{1}{a_n}\right)^2}+\sqrt{1-\left(\dfrac{1}{a_n}\right)^2}}$

$=\dfrac{n^p}{(a_n)^2}\times\dfrac{2}{\sqrt{1+\left(\dfrac{1}{a_n}\right)^2}+\sqrt{1-\left(\dfrac{1}{a_n}\right)^2}}$

$=n^{p-12}\times\left(\dfrac{n^3}{\sqrt{a_n}}\right)^4\times\dfrac{2}{\sqrt{1+\left(\dfrac{1}{a_n}\right)^2}+\sqrt{1-\left(\dfrac{1}{a_n}\right)^2}}\ \cdots\ \bigcirc$

한편, $a_n\geq 1$, $\displaystyle\lim_{n\to\infty}\dfrac{\sqrt{a_n}}{n^3}=\alpha$ 이므로

$\displaystyle\lim_{n\to\infty}\dfrac{n^3}{\sqrt{a_n}}=\lim_{n\to\infty}\dfrac{1}{\dfrac{\sqrt{a_n}}{n^3}}=\dfrac{1}{\alpha}\ \cdots\ \bigcirc$

$\displaystyle\lim_{n\to\infty}\dfrac{\sqrt{a_n}}{n^3}=\alpha$ 에서 $\displaystyle\lim_{n\to\infty}a_n=\infty$ 이므로

$\displaystyle\lim_{n\to\infty}\dfrac{2}{\sqrt{1+\left(\dfrac{1}{a_n}\right)^2}+\sqrt{1-\left(\dfrac{1}{a_n}\right)^2}}=\dfrac{2}{\sqrt{1}+\sqrt{1}}=1\ \cdots\ \bigcirc$

$\bigcirc$, $\bigcirc$, $\bigcirc$ 에서 수열 $\left\{n^p\times\left(\sqrt{1+\left(\dfrac{1}{a_n}\right)^2}-\sqrt{1-\left(\dfrac{1}{a_n}\right)^2}\right)\right\}$ 이

수렴하기 위해서는

$p-12\leq 0$, $p\leq 12$

따라서 자연수 p의 최댓값은 12이다.

[그림 : 이정배T]

$y=-f(4-x)+2$ 는 함수 $y=f(x)$ 를 $(2,1)$에 점대칭 이동한 함수이고 함수 $g(x)$ 가 $0\leq x\leq 4$ 에서의 그래프를 $g(x+4)=g(x)$ 을 만족시키므로 구간의 길이가 4만큼 반복되는 함수의 그래프를 갖는다.

따라서 함수 $g(x)$의 그래프는 다음 그림과 같다.

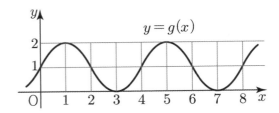

한편, 직선 $y=\dfrac{x+1}{2n}$ 은 기울기가 $\dfrac{1}{2n}$ 이고 $(-1,0)$을 지나고

$\dfrac{x+1}{2n}=2$ 에서 $(4n-1,2)$을 지난다.

(i) $n=1$일 때, $(-1,0)$과 $(3,2)$을 지나는 직선과 곡선 $y=g(x)$이 만나는 점의 개수는 3이다.

$\therefore\ a_1=3$

(ii) $n=2$일 때, $(-1,0)$과 $(7,2)$을 지나는 직선과 곡선 $y=g(x)$이 만나는 점의 개수는 5이다.

$\therefore\ a_2=5$

(iii) $n=3$일 때, $(-1,0)$과 $(11,2)$을 지나는 직선과 곡선 $y=g(x)$이 만나는 점의 개수는 7이다.

$\therefore\ a_3=7$

따라서 $a_n=2n+1$

$\displaystyle\sum_{n=1}^{\infty}\dfrac{1}{a_n a_{n+1} a_{n+2}}$

$\displaystyle=\sum_{n=1}^{\infty}\dfrac{1}{(2n+1)(2n+3)(2n+5)}$

$\displaystyle=\dfrac{1}{4}\sum_{n=1}^{\infty}\left\{\dfrac{1}{(2n+1)(2n+3)}-\dfrac{1}{(2n+3)(2n+5)}\right\}$

$=\dfrac{1}{4}\times\left(\dfrac{1}{3\times 5}-0\right)=\dfrac{1}{60}$

[랑데뷰 세미나(103), (104) 참고]

픽의 정리에 의해 $\sqrt{x}\leq y\leq\sqrt{x+n^2}$,

$0\leq x\leq 4n^2$, $0\leq y\leq 2n$의 내부의 격자점의 개수와 영역의 넓이는 $n\to\infty$일 때 같은 값을 갖는다고 할 수 있다.

또한 $n\to\infty$일 때 영역의 넓이는 한 변의 길이가 1인

정사각형으로 그 영역을 완전히 메울 수 있다. (구분구적법 원리)
조건 (나)를 만족하는 영역은 다음 그림과 같다.

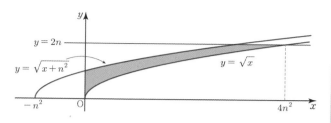

따라서

$$S_n = (4n^2 \times 2n) - \int_0^{4n^2} \sqrt{x}\, dx - \int_n^{2n} (y^2 - n^2) dy$$

$$= 8n^3 - \left(8n^3 - \int_0^{2n} y^2 dy \right) - \left[\frac{1}{3} y^3 - n^2 y \right]_n^{2n}$$

$$= \left[\frac{1}{3} y^3 \right]_0^{2n} - \left(\frac{7}{3} n^2 - n^3 \right)$$

$$= \frac{8}{3} n^3 - \frac{4}{3} n^3 = \frac{4}{3} n^3$$

$$S_{n+1} = \frac{4}{3}(n+1)^3$$

$$S_{n+1} - S_n = \frac{4}{3} \{ (n+1)^3 - n^3 \}$$

$$= \frac{4}{3} (3n^2 + 3n + 1)$$

$$= 4n^2 + 4n + \frac{4}{3}$$

$$\therefore \lim_{n \to \infty} \frac{S_{n+1} - S_n}{n^2} = \lim_{n \to \infty} \frac{4n^2 + \cdots}{n^2} = 4$$

미분법

20 정답 15

[출제자 : 황보성호T]
[그림 : 강민구T]

$0 \le x < 1$일 때, $f(x) = \pi \tan \frac{\pi}{4} x$의 그래프를 그리면 [그림 1]과 같다.

$1 \le x < 2$일 때, $f(x) = f(2-x)$이므로 $x = 1$에 대칭이 되도록 [그림 2]와 같이 그릴 수 있다.

$2 \le x < 4$일 때, $f(x) = \frac{1}{2} f(x-2)$이므로 $0 \le x < 2$의 그림의 절반 크기가 되도록 [그림 3]과 같이 그릴 수 있다.

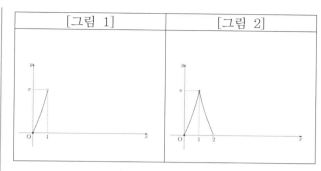

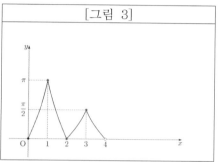

아래 그림과 같이 $2n \le x < 2n+2$인 구간에는
$2n-2 \le x < 2n$인 구간의 그래프의 절반 크기만큼 그려나가면 되므로 아래 그림과 같이 그릴 수 있다.

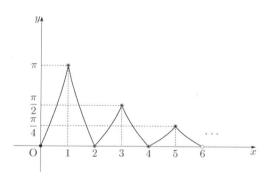

함수 $g'(x)$가 실수 전체의 집합에서 연속이므로
$2n-2 \le x < 2n$인 모든 실수 x에 대하여
$$g'(x) = f(x) \text{ 또는 } g'(x) = -f(x)$$
이다.
이때

$$\int_0^1 f(x) dx = \int_0^1 \pi \tan \frac{\pi}{4} x\, dx = \pi \int_0^1 \frac{\sin \frac{\pi}{4} x}{\cos \frac{\pi}{4} x} dx$$

$$= \pi \left[-\ln \left| \cos \frac{\pi}{4} x \right| \times \frac{4}{\pi} \right]_0^1 = -4 \ln 2^{-\frac{1}{2}} = 2 \ln 2$$

(나)에서 $x > 4$인 모든 실수 x에서 항상 $f(x) \ge 0$이거나 $f(x) \le 0$이어야 한다.
$[4, \infty)$에서 $f(x)$의 면적을 구하면 등비급수에 의하여
$$\frac{\ln 2}{1 - \frac{1}{2}} = 2 \ln 2$$

각 구간 별로 $g'(x)$를 $f(x)$ 또는 $-f(x)$로 보는 경우에 따라 분류하면 아래와 같다.

구분	$[0, 2)$	$[2, 4)$	$[4, \infty)$	$\lim\limits_{n \to \infty} g(2n)$
$g'(x)$	$f(x)$ $(+4\ln2)$	$f(x)$ $(+2\ln2)$	$f(x)$ $(+2\ln2)$	$0+4\ln2+2\ln2+2\ln2=8\ln2$
			$-f(x)$ $(-2\ln2)$	$0+4\ln2+2\ln2-2\ln2=4\ln2$
		$-f(x)$ $(-2\ln2)$	$f(x)$ $(+2\ln2)$	$0+4\ln2+2\ln2-2\ln2=4\ln2$
			$-f(x)$ $(-2\ln2)$	$0+4\ln2-2\ln2-2\ln2=0$
	$-f(x)$ $(-4\ln2)$	$\text{a}f(x)$ $(+2\ln2)$	$f(x)$ $(+2\ln2)$	$0-4\ln2+2\ln2+2\ln2=0$
			$-f(x)$ $(-2\ln2)$	$0-4\ln2+2\ln2-2\ln2=-4\ln2$
		$-f(x)$ $(-2\ln2)$	$f(x)$ $(+2\ln2)$	$0-4\ln2-2\ln2+2\ln2=-4\ln2$
			$-f(x)$ $(-2\ln2)$	$0-4\ln2-2\ln2-2\ln2=-8\ln2$

$\lim\limits_{n \to \infty} g(2n) = 4\ln 2$이 되는 경우는 두 가지 뿐이고,

그 경우에 따른 $f(3)$의 값은 $0+4\ln 2+\ln 2 = 5\ln 2$ 또는

$0+4\ln 2-\ln 2 = 3\ln 2$

즉, $m = 5\ln 2 \times 3\ln 2 = 15(\ln 2)^2$

$\therefore \dfrac{m}{(\ln 2)^2} = 15$

21 정답 ③

[출제자 : 김수T]

[그림 : 서태욱T]

[검토자 : 이호진T]

곡선 $y=f(x)$와 직선 $y=t$가 만나는 두 점 P, Q 중 x좌표가 작은 점을 P, 점 P의

x좌표를 $\alpha(t)$라 하자.

$\sin\alpha(t) + 1 = t$에서

$\alpha'(t)\cos\alpha(t) = 1 \quad \cdots ㉠$

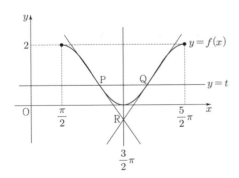

곡선 $y=f(x)$는 직선 $x=\dfrac{3}{2}\pi$에 대하여 대칭이므로 두 점

P, Q도 직선 $x = \dfrac{3}{2}\pi$에 대하여 대칭이다.

따라서 두 점 P, Q에서의 두 접선의 교점 R의 x 좌표는

$\dfrac{3}{2}\pi$이다.

$f'(x) = \cos x$이므로 점 $\text{P}(\alpha(t), t)$에서의 접선의 방정식은

$y = \cos\alpha(t)(x - \alpha(t)) + t$

점 R의 y좌표를 $h(t)$라 하면

$h(t) = \cos\alpha(t)\left(\dfrac{3}{2}\pi - \alpha(t)\right) + t \quad \cdots\cdots ㉡$

이때 $\dfrac{\pi}{2} < \alpha(t) < \dfrac{3}{2}\pi$ 이므로

$h(t) = \cos\alpha(t)\left(\dfrac{3}{2}\pi - \alpha(t)\right) + t$

한편, $\overline{\text{OA}} = \sqrt{2}$이고, 직선 OA의 방정식은 $y = x$

따라서 점 $\text{R}\left(\dfrac{3}{2}\pi, h(t)\right)$와 직선 OA사이의 거리는

$\dfrac{\left|\dfrac{3}{2}\pi - h(t)\right|}{\sqrt{2}}$

삼각형 OAR의 넓이는

$g(t) = \dfrac{1}{2} \times \sqrt{2} \times \dfrac{\left|\dfrac{3}{2}\pi - h(t)\right|}{\sqrt{2}} = \dfrac{1}{2}\left(\dfrac{3}{2}\pi - h(t)\right)$

$\dfrac{3}{2}\pi - h(t) = \dfrac{3}{2}\pi - t - \cos\alpha(t)\left(\dfrac{3}{2}\pi - \alpha(t)\right)$

$> 0 \left(\because \dfrac{3}{2}\pi - t > 0, \ \cos\alpha(t) < 0, \ \dfrac{3}{2}\pi - \alpha(t) > 0\right)$

따라서 $g'(t) = -\dfrac{1}{2}h'(t)$

㉠, ㉡에 의하여

$g'(t) =$
$\dfrac{1}{2}\left(\dfrac{3}{2}\pi\alpha'(t)\sin\alpha(t) + \alpha'(t)\cos\alpha(t) - \alpha(t)\alpha'(t)\sin\alpha(t) - 1\right)$

$= \dfrac{1}{2}\left(\dfrac{3}{2}\pi\alpha'(t)\sin\alpha(t) - \alpha(t)\alpha'(t)\sin\alpha(t)\right)$

$= \dfrac{1}{2}\left(\alpha'(t)\sin\alpha(t)\left(\dfrac{3}{2}\pi - \alpha(t)\right)\right)$

$\dfrac{\pi}{2} < \alpha(t) < \dfrac{3}{2}\pi$ 이고 ㉠에서 $\alpha'(t) < 0$

$g'(t) = 0$에서 $\alpha(t) = \pi$

이때 $t = f(\pi) = 1$이므로 $t_1 = 1$

$t = t_1 + \dfrac{1}{2} = \dfrac{3}{2}$일 때,

$f\left(\alpha\left(\dfrac{3}{2}\right)\right) = \dfrac{3}{2}$ 에서 $\alpha\left(\dfrac{3}{2}\right) = \dfrac{5}{6}\pi$

㉠에 의하여 $\alpha'\left(\dfrac{3}{2}\right)\cos\dfrac{5}{6}\pi = 1$

$\alpha'\left(\dfrac{3}{2}\right)\left(-\dfrac{\sqrt{3}}{2}\right) = 1$

$\alpha'\left(\dfrac{3}{2}\right) = -\dfrac{2}{\sqrt{3}}$

$$g'\left(\frac{3}{2}\right) = \frac{1}{2}\left(\alpha'\left(\frac{3}{2}\right)\sin\alpha(t)\left(\frac{3}{2}\pi - \alpha(t)\right)\right)$$
$$= \frac{1}{2}\times\left(-\frac{2}{\sqrt{3}}\right)\times\frac{1}{2}\times\left(\frac{3}{2}\pi - \frac{5}{6}\pi\right)$$
$$= -\frac{\sqrt{3}}{9}\pi$$

22 정답 ③

[출제자 : 이소영T]

[그림 : 이정배T]

[검토자 : 이진우T]

[문항 수정 및 풀이 : 이정배T]

함수 $g(x)$는 $y=\dfrac{2x}{x^2+1}$을 x축의 방향으로 5만큼 y축의

방향으로 4만큼 평행이동한 함수이다.

$$y' = \frac{2(x^2+1) - 2x\cdot 2x}{(x^2+1)^2} = \frac{-2(x^2-1)}{(x^2+1)^2}$$
$$= \frac{-2(x-1)(x+1)}{(x^2+1)^2}$$

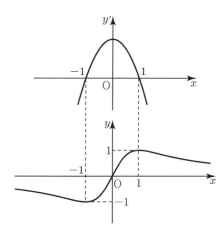

$y=\dfrac{2x}{x^2+1}$의 그래프를 x축의 방향으로 5만큼 y축의 방향으로

4만큼 평행이동하여 함수 $g(x)$를 그리면 아래와 같다.

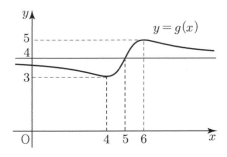

조건 (가), (나)에서 $f(x)=4$에서 함수 $(g\circ f)(x)$는 극솟값을 모두 가져야 하므로 그림과 같다.

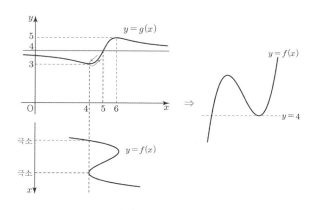

또한 조건 (다)와 함수 $h(x)$의 극솟값의 개수가 극댓값의 개수보다 많을 조건을 만족하는 함수 $f(x)$를 다음과 같이 나누어 살펴본다.

(ⅰ) $f(5)$가 극댓값인 경우

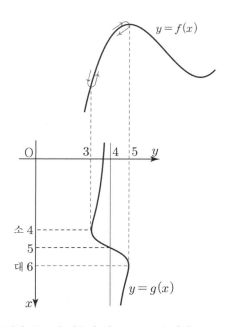

이것은 극대와 극소의 개수가 같으므로 모순이다.

(ⅱ) $f(5)$가 극솟값인 경우

함수 $f(x)$는 $x=\alpha$에서 극대라 하자.

① $\alpha \le 3$이면

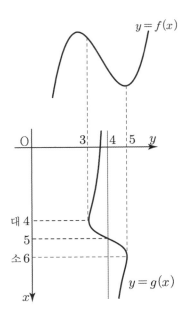

이것은 극대와 극소의 개수가 같으므로 모순이다.

② $3 < \alpha < 4$이면

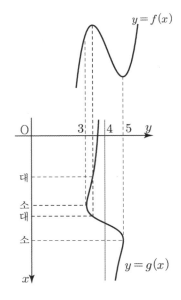

이것은 극대와 극소의 개수가 같으므로 모순이다.

③ $\alpha = 4$이면

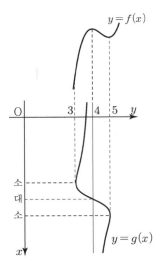

이것은 극소의 개수가 극대의 개수보다 많으므로 조건을 만족한다.

④ $4 < \alpha < 5$이면

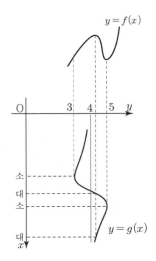

이것은 극대와 극소의 개수가 같으므로 모순이다.

(ⅱ)에 ③에서 $f(x)$는 $x = 4$에서 극대, $x = 5$에서 극솟값 4를 가지므로 삼차함수의 비율관계에서

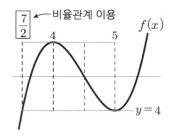

$f(x) = 2\left(x - \dfrac{7}{2}\right)(x-5)^2 + 4 = (2x-7)(x-5)^2 + 4$이다.

$\therefore \ f(4) = 5$

23 정답 4

[출제자 : 김종렬T]

[그림 : 도정영T]

[검토자 : 김진성T]

$$\overline{\mathrm{PQ}} = \sqrt{(\cos\theta-1)^2 + \sin^2\theta}$$

$$= \sqrt{2(1-\cos\theta)} = \sqrt{4\sin^2\frac{\theta}{2}} = 2\sin\frac{\theta}{2} \ (\because 0<\theta<\pi)$$

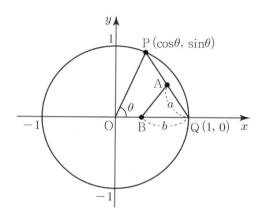

또한 $\triangle\mathrm{QAB} = \frac{1}{2}\triangle\mathrm{OPQ}$ 이므로 $\overline{\mathrm{AQ}} = a$, $\overline{\mathrm{BQ}} = b$ 라고

하면

$$\frac{1}{2}ab\sin\frac{\pi-\theta}{2} = \frac{1}{2}\times\frac{1}{2}\times1^2\times\sin\theta \text{ 이고}$$

$$ab\cos\frac{\theta}{2} = \sin\frac{\theta}{2}\cos\frac{\theta}{2} \text{ 이다.}$$

$$\therefore ab = \sin\frac{\theta}{2} \ \cdots\cdots \ \bigcirc$$

$\triangle\mathrm{ABQ}$ 에서

$$\overline{\mathrm{AB}}^2 = a^2 + b^2 - 2ab\cos\left(\frac{\pi-\theta}{2}\right)$$

$$= a^2 + b^2 - 2\sin^2\frac{\theta}{2} = \frac{\sin^2\frac{\theta}{2}}{b^2} + b^2 - 2\sin^2\frac{\theta}{2} \ (\because \bigcirc)$$

$$f(b) = \frac{\sin^2\frac{\theta}{2}}{b^2} + b^2 - 2\sin^2\frac{\theta}{2} \text{ 라고 하자. } \cdots\cdots \ \bigcirc$$

$$f'(b) = \frac{2b\left(b^2 + \sin\frac{\theta}{2}\right)\left(b^2 - \sin\frac{\theta}{2}\right)}{b^4} \text{ 이고 } f(b)\text{의 그래프는}$$

다음과 같다.

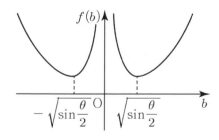

$f(b)$ 는 $b = \sqrt{\sin\frac{\theta}{2}}$ 에서 극솟값을 가지며 최솟값을 가짐을 알

수 있다.

$0<a\leq\overline{\mathrm{PQ}}$ 이므로 $0<\dfrac{\sin\frac{\theta}{2}}{b}\leq 2\sin\frac{\theta}{2}$ 이고 b 의 범위는

$\dfrac{1}{2}\leq b\leq 1$ 이다.

$\dfrac{1}{2}\leq b\leq 1$ 의 범위에서의 $f(b)$ 의 최솟값을 $b = \sqrt{\sin\frac{\theta}{2}}$ 의

값에 따라 구하여 보자.

(i) $\sqrt{\sin\frac{\theta}{2}} < \frac{1}{2}$ 일 때

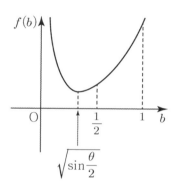

$\sin\frac{\theta}{2} < \frac{1}{4}$, $\overline{\mathrm{PQ}} = 2\sin\frac{\theta}{2} < \frac{1}{2}$ 이므로 $b = \frac{1}{2}$ 일 때, 최소이며

최솟값은

$$f\left(\frac{1}{2}\right) = \frac{\sin^2\frac{\theta}{2}}{\left(\frac{1}{2}\right)^2} + \left(\frac{1}{2}\right)^2 - 2\sin^2\frac{\theta}{2} = 2\sin^2\frac{\theta}{2} + \frac{1}{4}$$

(ii) $\dfrac{1}{2}\leq\sqrt{\sin\frac{\theta}{2}}$ 일 때

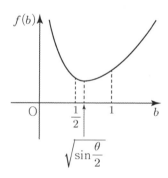

$\dfrac{1}{4}\leq\sin\frac{\theta}{2}$, $\dfrac{1}{2}\leq 2\sin\frac{\theta}{2} = \overline{\mathrm{PQ}}$

이므로 $b = \sqrt{\sin\frac{\theta}{2}}$ 일 때 최소이며 최솟값은

$$f\left(\sqrt{\sin\frac{\theta}{2}}\right) = \frac{\sin^2\frac{\theta}{2}}{\left(\sqrt{\sin\frac{\theta}{2}}\right)^2} + \left(\sqrt{\sin\frac{\theta}{2}}\right)^2 - 2\sin^2\frac{\theta}{2} = 2\sin\frac{\theta}{2} - 2\sin^2$$

이다.

(i), (ii)에 의하여

$\overline{PQ} = 2\sin\dfrac{\theta}{2}$ 이므로 $2\sin\dfrac{\alpha}{2} = \dfrac{1}{2}$ $(0 < \alpha < \pi)$ 라 하면

$$f(\theta) = \begin{cases} 2\sin^2\dfrac{\theta}{2} + \dfrac{1}{4} & (0 < \theta < \alpha) \\ 2\sin\dfrac{\theta}{2} - 2\sin^2\dfrac{\theta}{2} & (\alpha \leq \theta < \pi) \end{cases}$$

$f(\theta)$ 는 $\theta = \alpha$ 에서 연속이고 미분가능하므로 함수 $f(\theta)$ 의 그래프는 다음과 같다.

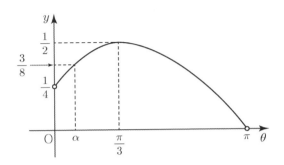

따라서 $f(\theta)$ 는 $\theta = \dfrac{\pi}{3}$ 일 때 최대이며 최댓값은

$f\left(\dfrac{\pi}{3}\right) = \dfrac{1}{2}$ 이다.

$\therefore 8M = 8 \times \dfrac{1}{2} = 4$.

[랑데뷰팁]
θ 가 주어지면 삼각형 OPQ가 고정되고 고정된 삼각형 OPQ에서 두 점 A, B가 이동하므로 a, b가 변수이고 θ가 상수이다.

[다른 풀이]–김진성T
㉠에서 $ab = \sin\dfrac{\theta}{2}$ 이고

$\overline{AB}^2 = a^2 + b^2 - 2\sin^2\dfrac{\theta}{2}$ 이므로 산술–기하 평균을 이용하면

$\overline{AB}^2 = a^2 + b^2 - 2\sin^2\dfrac{\theta}{2}$

$\qquad \geq 2ab - 2\sin^2\dfrac{\theta}{2} = 2\sin\dfrac{\theta}{2} - 2\sin^2\dfrac{\theta}{2}$ 가 되고,

$\overline{AB}$ 의 최솟값을 l이라 했으므로 $l^2 = 2\sin\dfrac{\theta}{2} - 2\sin^2\dfrac{\theta}{2} = f(\theta)$ 가 된다.

따라서 $f(\theta) = 2\sin\dfrac{\theta}{2} - 2\sin^2\dfrac{\theta}{2}$ 의 최댓값을 구해보면

$f(\theta) = -2\left(\sin\dfrac{\theta}{2} - \dfrac{1}{2}\right)^2 + \dfrac{1}{2}$ 가 되어서 $\sin\dfrac{\theta}{2} = \dfrac{1}{2}$ 일 때,

최댓값 $\dfrac{1}{2}$ 를 갖는다.

24 정답 ④

[그림 : 최성훈T]
[검토자 : 이지훈T]
$f'(x) = \ln x$ 이므로 $g'(1) = f'(1) = 0$, $g'(e) = f'(e) = 1$ 이다.
$\cdots$ ㉠
이차함수 $g(x) = ax^2 + bx + c$ 라 할 때,
$g'(x) = 2ax + b$ 이므로 ㉠에서
$2a + b = 0$, $2ae + b = 1$
연립방정식을 풀면

$a = \dfrac{1}{2(e-1)}$, $b = -\dfrac{1}{e-1}$

따라서 $g(x) = \dfrac{1}{2(e-1)}x^2 - \dfrac{1}{e-1}x + c$ 이다.

$k(x) = f(x) - g(x)$ 라 하면
$k'(x) = f'(x) - g'(x)$ 이므로 ㉠에서 두 도함수 $f'(x)$와 $g'(x)$의 그래프에 따른 함수 $k(x)$의 그래프 개형은 다음과 같다.

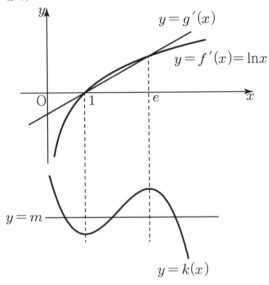

$k'(x) = f'(x) - g'(x)$ 가
$0 < x < 1$ 일 때, $k'(x) < 0$
$1 < x < e$ 일 때, $k'(x) > 0$
$x > e$ 일 때, $k'(x) < 0$ 이므로
함수 $k(x)$ 는 $x = 1$ 에서 극솟값을 갖고 $x = e$ 에서 극댓값을 갖는다.

$g(x) = \dfrac{1}{2(e-1)}x^2 - \dfrac{1}{e-1}x + c$

$\qquad = \dfrac{1}{2(e-1)}(x-1)^2 - \dfrac{1}{2(e-1)} + c$

에서 이차함수 $g(x)$ 는 최솟값 $g(1)$ 을 갖는다.
따라서 $h(x) = k(g(x))$ 에서 함수 $h(x)$ 의 극솟값 m 에 대하여 방정식 $h(x) = m$ 의 실근의 개수가 3이기 위해서는 겉함수 $k(x)$ 와 속함수 $g(x)$ 의 관계는 다음과 같아야 한다.

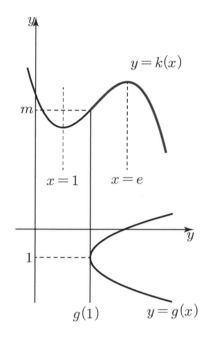

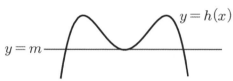

$h(x) = k(g(x))$ 이고 방정식 $k(g(x)) = m$ 의 서로 다른 실근의 개수가 3이기 위해서는 $k(x)$ 의 최솟값이 1이상 e 미만의 값이어야 한다.

$1 \leq g(1) < e$

$1 \leq c - \dfrac{1}{2(e-1)} < e$

$1 + \dfrac{1}{2(e-1)} \leq c < e + \dfrac{1}{2(e-1)}$

$g(0) = c$ 이므로 $g(0)$ 의 최솟값은 $\dfrac{2e-1}{2e-2}$ 이다.

25 정답 52

[출제자 : 최성훈T]

$y = f(x)$ 의 그래프를 그려보자.

$f(x) = (a\sin x - 1)^2 = |a\sin x - 1|^2$ 이므로

$y = |a\sin x - 1|$ 의 그래프를 기준으로 x 축과의 교점을 뾰족점이 아닌 점으로 (미분가능하도록) 그려주면 된다.

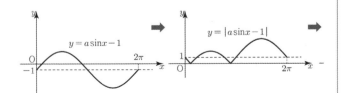

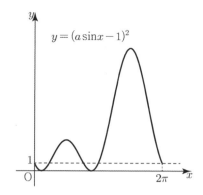

조건 (가)를 만족하는 상황을 그림으로 나타내면 다음과 같다.

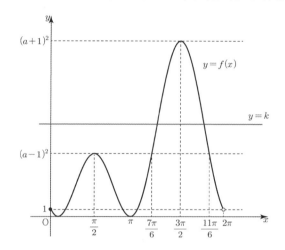

즉, $f\left(\dfrac{\pi}{2}\right) = f\left(\dfrac{7\pi}{6}\right) = f\left(\dfrac{11\pi}{6}\right)$ 이다. $f\left(\dfrac{\pi}{2}\right) = (a-1)^2$,

$f\left(\dfrac{7\pi}{6}\right) = f\left(\dfrac{11\pi}{6}\right) = \left(-\dfrac{1}{2}a - 1\right)^2$

따라서 $a - 1 = \dfrac{1}{2}a + 1$, $a = 4$

$f(x) = (4\sin x - 1)^2$ 이고 $f(x) = k$ 의 k 의 값에 따른 실근의 개수를 조사하면 다음과 같다.

k	실근의 개수
$k < 0$	0
$k = 0$	2
$0 < k < 9$	4
$k = 9$	3
$9 < k < 25$	2
$k = 25$	1
$k > 25$	0

조건 (나)에서 $(g \circ f)(x) = 0$ 의 실근의 개수가 5개이기 위해서는

$g(0) = 0$ 이므로 $g(x) = x(x-9)$ 이다.

$g(f(x)) = 0$ 의 실근은 $f(x) = 0$ 일 때 2개, $f(x) = 9$ 일 때 3개를 가지게 되어 5개다.

즉 $g(x) = x^2 - 9x = x^2 + bx$ 따라서 $b = -9$

$\therefore g(a - b) = g(13) = 13 \times 4 = 52$

26 정답 10

$f(x) = x^2 - x = x(x-1)$

이고 주어진 식을 이용하여 그래프를 그려보면 다음과 같다.

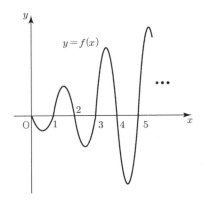

한편,

$$g(x) = \lim_{h \to 0} \frac{f(x+h) - f(x-h)}{h}$$

$$= \lim_{h \to 0} \frac{f(x+h) - f(x) - \{f(x-h) - f(x)\}}{h}$$

$$= \lim_{h \to 0} \frac{f(x+h) - f(x)}{h} - \lim_{h \to 0} \frac{f(x-h) - f(x)}{h}$$

$$= \lim_{h \to 0} \frac{f(x+h) - f(x)}{h} + \lim_{h \to 0} \frac{f(x-h) - f(x)}{-h} \ \text{이다}$$

$h > 0$이면 $g(x) = f'(x+) + f'(x-)$

$h < 0$이면 $g(x) = f'(x-) + f'(x+)$

따라서

$g(x) = f'(x+) + f'(x-)$

이다.

그러므로

함수 $g(x)$는 $x = a$에서 미분가능할 때는 $g(a) = 2f'(a)$이다.

$x = a$에서 미분가능하지 않을 때는

$g(a) = f'(a+) + f'(a-)$이다.

$h(n) = g(n-) - g(n+) + 2g(n)$

$\quad = 2f'(n-) - 2f'(n+) + 2\{f'(n-) + f'(n+)\}$

$\quad = 4f'(n-)$

$f'(x) = 2x - 1 \ (0 < x < 1)$에서 $f'(1-) = 1$이고

$f'(x+1) = -2f'(x)$이므로

$f'(2-) = -2$, $f'(3-) = 4$, $f'(4-) = -8$, $f'(8-) = 16$, $\cdots$

따라서 다음과 같다.

n	1	2	3	4	5	6
$f'(n-)$	1	-2	4	-8	16	-32
$h(n)$	2^2	-2^3	2^4	-2^5	2^6	-2^7

그러므로

$h(n) = (-2)^{n+1}$이므로 $\dfrac{1}{h(n)}$은 첫째항이 $\dfrac{1}{4}$, 공비가 $-\dfrac{1}{2}$ 인

등비수열을 이룬다.

따라서

$$\sum_{n=1}^{\infty} \frac{60}{h(n)} = 60 \times \frac{\frac{1}{4}}{1 - \left(-\frac{1}{2}\right)} = 10$$

27 정답 37

점 A의 x좌표를 $t \ (t < 0)$라 하면 $A(t, at^2)$,

점 B의 x좌표를 $s \ (s > 0)$라 하면 $B(s, as^2)$이다.

$\angle AOC = \alpha$, $\angle BOC = \beta$라 하면

직선 OA의 기울기가 $\tan\alpha = at$, 직선 OB의 기울기가

$\tan\beta = as$이다.

$\theta(a) = \alpha - \beta$이므로

$$\tan\theta(a) = \tan(\alpha - \beta) = \frac{\tan\alpha - \tan\beta}{1 + \tan\alpha\tan\beta}$$

$$= \frac{a(t-s)}{1 + a^2 ts} \ \cdots \ \text{㉠}$$

한편, 직선 l의 방정식은 $y = -x + 1$이고 방정식

$ax^2 = -x + 1$의 두 근이 t, s이다.

$ax^2 + x - 1 = 0$

$t + s = -\dfrac{1}{a}$, $ts = -\dfrac{1}{a}$

$(t-s)^2 = (t+s)^2 - 4ts$

$\qquad = \dfrac{1}{a^2} + \dfrac{4}{a} = \dfrac{4a+1}{a^2}$

$t - s < 0$이므로 $t - s = -\dfrac{\sqrt{4a+1}}{a}$

㉠에서

$$\tan\theta(a) = \frac{-\sqrt{4a+1}}{1 - a} = \frac{\sqrt{4a+1}}{a - 1}$$

$\tan\theta(a) = \dfrac{\sqrt{4a+1}}{a-1}$ 에서

$a = 2$을 대입하면 $\tan\theta(2) = 3$이므로 $\cos\theta(2) = \dfrac{1}{\sqrt{10}}$ 이다.

$\therefore \ \sec^2\theta(2) = 10$

$\tan\theta(a) = \dfrac{\sqrt{4a+1}}{a-1}$ 의 양변을 a에 관하여 미분하면

$$\sec^2\theta(a) \times \theta'(a) = \frac{\dfrac{4(a-1)}{2\sqrt{4a+1}} - \sqrt{4a+1}}{(a-1)^2} \ \text{이다}.$$

$a = 2$을 대입하면

$$\sec^2\theta(2) \times \theta'(2) = \frac{\dfrac{4 \times 1}{2 \times 3} - 3}{1^2} = -\frac{7}{3}$$

$\theta'(2) = -\dfrac{7}{3} \times \dfrac{1}{10} = -\dfrac{7}{30}$

따라서 $p = 30$, $q = 7$

$\therefore \ p + q = 37$

28 정답 129

$f(x) = x^3 - 3x$

$f'(x) = 3x^2 - 3 = 0$

$x = -1$ 또는 $x = 1$이다.

삼차함수 $f(x)$는 $x = -1$에서 극댓값을 갖는다.

(가)에서 $g'(0) = 0$, $g(0) = -4 \cdots$ ㉠

$h(x) = f(g(x))$에서

$h'(x) = f'(g(x))g'(x)$이고

(나), (다)에서 $h'(3) = h'(4) = 0$이므로

$h'(3) = f'(g(3))g'(3) = 0 \cdots$ ㉡

$h'(4) = f'(g(4))g'(4) = 0 \cdots$ ㉢

N축 관점에서 $x = 0$에서 속함수 사차함수 $g(x)$가 최솟값 -4를 가지고 $x > 0$일 때, $x = -1$에서 겉함수 $f(x)$가 극댓값을 가지므로 (나)에서 $h(x)$가 $x = 4$가 되기 전까지 극값이 존재하지 않아야 하므로 ㉡에서 $g(3) \neq -1$이어야 한다. 따라서 $g'(3) = 0$이다.

또한 $x = 3$의 좌우에서 함수 $g'(x) > 0$이어야 한다.

그리고 ㉢에서 $g(4) = -1$이어야 한다.

함수 $f(x)$와 함수 $h(x)$의 따른 사차함수 $g(x)$의 그래프는 다음과 같다.

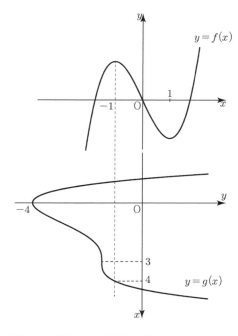

따라서 사차함수 $g(x)$는 사차함수 비율에서

$g(x) = a(x+1)(x-3)^3 + b$꼴이고

$g(0) = -4$, $g(4) = -1$에서

$g(0) = -27a + b = -4$

$g(4) = 5a + b = -1$

$-32a = -3$

$\therefore a = \dfrac{3}{32}$, $b = -\dfrac{47}{32}$

$g(x) = \dfrac{3}{32}(x+1)(x-3)^3 - \dfrac{47}{32}$

그러므로

$g(5) = \dfrac{3}{32} \times 6 \times 8 - \dfrac{47}{32} = \dfrac{144 - 47}{32} = \dfrac{97}{32}$

$p = 32$, $q = 97$이므로 $p + q = 129$이다.

29 정답 56

N축 풀이

$y = 4\cos^2 x + 2k\sin x$

$\quad = 4(1 - \sin^2 x) + 2k\sin x$

$\quad = -4\sin^2 x + 2k\sin x + 4$이므로

$g(x) = -4x^2 + 2kx + 4$, $h(x) = \sin x$라 할 때,

$f(x) = g(h(x))$이다.

$g(x) = -4\left(x - \dfrac{k}{4}\right)^2 + \dfrac{k^2}{4} + 4$이고 $0 \leq k \leq 8$이므로

이차함수 $g(x)$의 축 $x = \dfrac{k}{4}$의 위치를 $\dfrac{k}{4} \geq 1$, $0 \leq \dfrac{k}{4} < 1$로 나눠서 생각할 수 있다.

(i) $\dfrac{k}{4} \geq 1$일 때, 즉 $4 \leq k \leq 8$

다음 그림에서 함수 $f(x)$의 극댓값은 속함수 $h(x) = \sin x$의 값이 1인 $x = -\dfrac{3}{2}\pi$, $x = \dfrac{\pi}{2}$, $x = \dfrac{5}{2}\pi$, $\cdots$에서 나타난다.

$g(1) = 2k$이므로 극댓값은 $2k$이다.

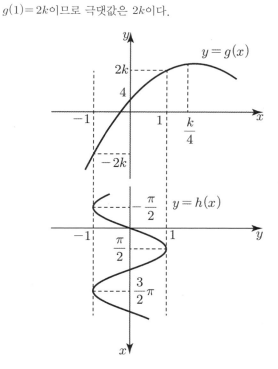

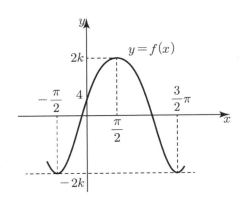

$8 \leq 2k \leq 16$에서

$2k = 8, 9, 10, \cdots, 16$이다.

따라서

$k = 4, \dfrac{9}{2}, 5, \dfrac{11}{2}, 6, \dfrac{13}{2}, 7, \dfrac{15}{2}, 8$

그러므로 k의 합은 54이다.

(ii) $0 \leq \dfrac{k}{4} < 1$일 때, 즉 $0 \leq k < 4$

다음 그림에서 함수 $f(x)$의 극댓값은 겉함수

$g(x) = -4\left(x - \dfrac{k}{4}\right)^2 + \dfrac{k^2}{4} + 4$의 극댓값인 $\dfrac{k^2}{4} + 4$이다. $\dfrac{k^2}{4} + 4$의

값이 정수가 되기 위해서는 $k = 0$ 또는 $k = 2$이다.

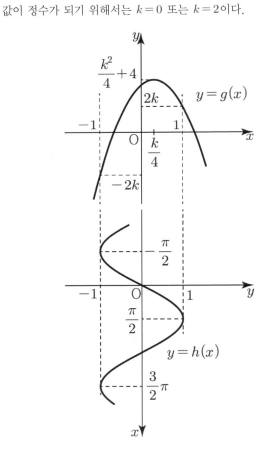

그러므로 k의 합은 2이다.

(i), (ii)에서 모든 k의 합은 56이다.

$0 + 2 + 54 = 56$

[다른 풀이]-이소영T

$f(x) = 4\cos^2 x + 2k\sin x$의 $f'(x)$ 개형을 생각해보자.

$f'(x) = -8\cos x \sin x + 2k \cos x$

$\qquad = -8\cos x \left(\sin x - \dfrac{k}{4}\right)$

$f'(x) = 0$에서 극값이 존재 할 수 있으므로

$\cos x = 0$ 또는 $\sin x = \dfrac{k}{4}$를 만족하는 x를 먼저 구해보면,

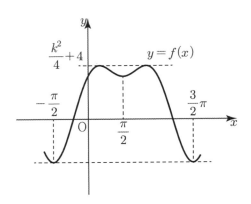

$\cos x = 0$인 x는 $x = \cdots \dfrac{\pi}{2}, \dfrac{3\pi}{2}, \dfrac{5\pi}{2} \cdots$이므로

$x = \dfrac{(2n-1)\pi}{2}$ (n : 정수)

조건 (1) $0 \leq \dfrac{k}{4} < 1$일 때,

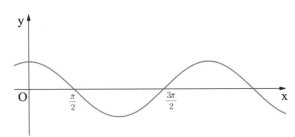

$\sin x = \dfrac{k}{4}$인 $x = \cdots \alpha, \pi - \alpha, 2\pi + \alpha \cdots$이므로

$x = n\pi + (-1)^n \alpha$ (n : 정수)

$f'(n\pi + (-1)^n \alpha) = \sin(n\pi + (-1)^n \alpha) = \sin \alpha = \dfrac{k}{4}$이다

.

$f'(x) = -8\cos x \left(\sin x - \dfrac{k}{4}\right)$의 부호판단을 하면

$x = \dfrac{(2n-1)\pi}{2}$에서 극솟값을 갖고, $x = n\pi + (-1)^n\alpha$

(n : 정수)에서 극댓값을 갖는다.

$f(\alpha) = 4\cos^2\alpha + 2k\sin\alpha$

$\quad = 4(1 - \sin^2\alpha) + 2k\sin\alpha$

$\quad = 4\left(1 - \dfrac{k^2}{16}\right) + 2k \cdot \dfrac{k}{4} = 4 + \dfrac{k^2}{4}$가 정수이므로 $k = 0$

또는 $k = 2$이다.

따라서 조건 (1)의 k의 합은 2이다.

조건 (2) $1 \leq \dfrac{k}{4} \leq 2$일 때,

$f'(x) = -8\cos x \left(\sin x - \dfrac{k}{4}\right)$에서 $\sin x - \dfrac{k}{4} < 0$이므로

$f'(x)$의 부호는 $y = \cos x$가 결정한다.

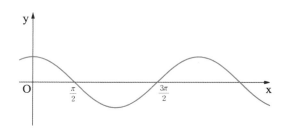

$\cos x = 0$인 x는 $x = \cdots \dfrac{\pi}{2}, \dfrac{3\pi}{2}, \dfrac{5\pi}{2} \cdots$이므로

$x = \dfrac{(2n-1)\pi}{2}$ (n : 정수)

$x = \dfrac{(4n-1)\pi}{2}$에서 극솟값을 갖고, $x = \dfrac{(4n-3)\pi}{2}$에서

극댓값을 갖는다.

$f\left(\dfrac{(4n-3)\pi}{2}\right) = f\left(2n\pi - \dfrac{3}{2}\pi\right) = f\left(-\dfrac{3}{2}\pi\right)$

$= -4\cos^2\left(-\dfrac{3}{2}\pi\right) + 2k\sin\left(-\dfrac{3}{2}\pi\right) = 2k$

$2k =$ 정수이므로 $8 \leq 2k \leq 16$

$2k = 8, 9, 10, 11, 12, 13, 14, 15, 16$

$2k$의 합은 $\dfrac{9 \cdot (8+16)}{2} = 108$이므로 k의 합은 54이다.

따라서 모든 k의 합은 56이다.

30 정답 72

[그림 : 이정배T]

함수 $f(x)$의 그래프는 다음 그림과 같다.

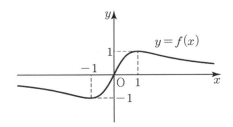

$y = -ax^2 + 4a$의 그래프는 꼭짓점의 좌표가 $(0, 4a)$이고
$(-2, 0)$과 $(2, 0)$을 지나는 위로 볼록한 포물선이다.
$y = f(x-1) + 1$은 $y = f(x)$의 그래프를 x축의 방향으로
1만큼, y축의 방향으로 1만큼 평행 이동한 그래프이다.
따라서 함수 $g(x)$의 그래프 개형은 다음 그림과 같다.

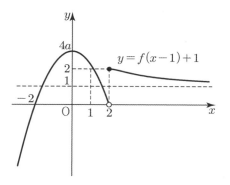

방정식 $g(g(x)) = g(x)$에서 $g(x) = t$로 놓으면 $g(t) = t$를
만족시키는 각각의 실수 t에 대하여 $g(x) = t$를 만족시키는 모든
실수 x가 방정식 $g(g(x)) = g(x)$의 모든 실근이다.
$y = f(x-1) + 1$의 점근선이 $y = 1$이므로 $y = 1$과 $y = x$의
교점인 $(1, 1)$을 곡선 $y = -ax^2 + 4a$가 지날 때, $1 = 3a$에서
$a = \dfrac{1}{3}$이다.

$y = x$가 $(2, 2)$을 지나므로 곡선 $y = -ax^2 + 4a$의 꼭짓점의

y좌표가 2일 때, 즉, $4a = 2$에서 $a = \dfrac{1}{2}$이다.

따라서 a의 범위를 다음과 같이 나눠서 생각할 수 있다.

(i) $a \leq \dfrac{1}{3}$일 때,

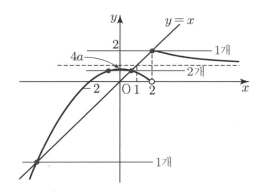

$h(a) = 1 + 2 + 1 = 4$

(ii) $\dfrac{1}{3} < a < \dfrac{1}{2}$

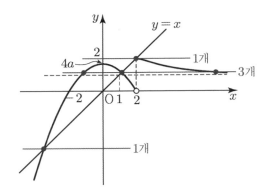

$h(a) = 1 + 3 + 1 = 5$

(iii) $a = \dfrac{1}{2}$ 일 때,

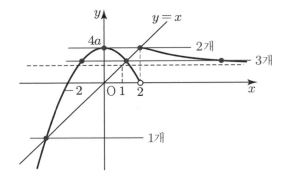

$h(a) = 1 + 3 + 2 = 6$

(iv) $a > \dfrac{1}{2}$ 일 때,

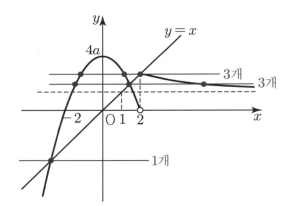

$h(a) = 1 + 3 + 3 = 7$

(i)~(iv)에서

$$h(a) = \begin{cases} 4 \ \left(0 < a \leq \dfrac{1}{3}\right) \\ 5 \ \left(\dfrac{1}{3} < a < \dfrac{1}{2}\right) \\ 6 \ \left(a = \dfrac{1}{2}\right) \\ 7 \ \left(a > \dfrac{1}{2}\right) \end{cases}$$

따라서 함수 $h(a)$는 $x = \dfrac{1}{3}$과 $x = \dfrac{1}{2}$에서 불연속이다.

$\therefore \ k_1 = \dfrac{1}{3}, \ k_2 = \dfrac{1}{2}$

$h\left(\dfrac{k_1 + k_2}{2}\right) = 5$, $\displaystyle\lim_{a \to k_2+} h(a) = 7$ 이므로

$f\left(h\left(\dfrac{k_1 + k_2}{2}\right)\right) \times \displaystyle\lim_{a \to k_2+} f(h(a))$

$= f(5) \times f(7)$

$= \dfrac{10}{26} \times \dfrac{14}{50}$

$= \dfrac{5}{13} \times \dfrac{7}{25}$

$= \dfrac{7}{65}$

$p = 65$, $q = 7$이므로 $p + q = 72$

31 정답 1

$k(x) = g(x) - f(x)$라 하면
함수 $f(x)$와 함수 $g(x)$는 다음 그림과 같이 두 점에서 만나고
만나는 두 점의 x좌표를 α, β라 하면
$x < \alpha$일 때, $k(x) < 0$
$\alpha < x < \beta$일 때, $k(x) > 0$
$x > \beta$일 때, $k(x) < 0$
이다.

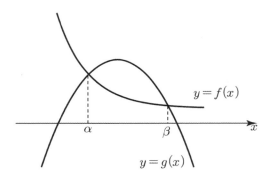

따라서
함수 $k(x)$는 실수 전체의 집합에서 미분가능하고 극댓값이 1인
함수이다.
즉, $k'(p) = 0$인 p에 대하여 $k(p) = 1$이어야 한다.
$k(x) = -x^2 + tx + 1 - e^{a-x}$에서
$k'(x) = -2x + t + e^{a-x}$이므로
$k'(p) = -2p + t + e^{a-p} = 0$
따라서 $e^{a-p} = 2p - t \cdots \bigcirc$
$k(p) = -p^2 + pt + 1 - e^{a-p} = 1$
따라서 $e^{a-p} = -p^2 + pt \cdots \bigcirc$
$\bigcirc$, $\bigcirc$에서
$p^2 + (2-t)p - t = 0 \cdots \bigcirc$이고 $t = -\dfrac{3}{2}$일 때,

$$p^2 + \frac{7}{2}p + \frac{3}{2} = 0$$

$$2p^2 + 7p + 3 = 0$$

$$(2p+1)(p+3) = 0$$

$$p = -\frac{1}{2} \text{ 또는 } p = -3$$

㉠에서 $2p - t > 0$이므로 $p > -\frac{3}{4}$이다.

따라서 $p = -\frac{1}{2}$이다.

또한 ㉢을 t에 관해 미분하면

$$2p \times \frac{dp}{dt} - p + (2-t)\frac{dp}{dt} - 1 = 0$$

$t = -\frac{3}{2}$, $p = -\frac{1}{2}$을 대입하면

$$-\frac{dp}{dt} + \frac{1}{2} + \frac{7}{2}\frac{dp}{dt} - 1 = 0$$

$$\frac{5}{2}\frac{dp}{dt} = \frac{1}{2}$$

$$\therefore \frac{dp}{dt} = \frac{1}{5}$$

㉠에서 $a = h(t)$를 대입하면 $e^{h(t)-p} = 2p - t$이다.
양변 t에 관해 미분하면

$$e^{h(t)-p}\left\{ h'(t) - \frac{dp}{dt} \right\} = 2\frac{dp}{dt} - 1$$

$$e^{h\left(-\frac{3}{2}\right)+\frac{1}{2}}\left\{ h'\left(-\frac{3}{2}\right) - \frac{1}{5} \right\} = \frac{2}{5} - 1$$

㉠에서 $e^{h\left(-\frac{3}{2}\right)+\frac{1}{2}} = 2 \times \left(-\frac{1}{2}\right) - \left(-\frac{3}{2}\right) = \frac{1}{2}$이므로

$$h'\left(-\frac{3}{2}\right) - \frac{1}{5} = -\frac{3}{5} \times 2$$

$$\therefore h'\left(-\frac{3}{2}\right) = -1$$

32 정답 12

$h(x) = (f \circ g)(x) = \cos\dfrac{2\pi}{|g(x)|+1}$ 에서

$k(x) = \dfrac{2\pi}{|g(x)|+1}$ 라 하면

$h(x) = \cos k(x)$이다.

$h'(x) = -\sin k(x) \times k'(x) \cdots$ ㉠

$h'(x) = 0$의 해는 $\sin k(x) = 0$ 또는 $k'(x) = 0$의 해이다.

$k(x) = \dfrac{2\pi}{|g(x)|+1} \Rightarrow k'(x) = \dfrac{-2\pi\{|g(x)|\}'}{\{|g(x)|+1\}^2}$ 에서

함수 $|g(x)|$는 $x = 0$에서만 미분가능하지 않으므로 함수 $k(x)$ $x = 0$에서 미분가능하지 않는다. 또한 $g(4) = 0$인 $x = 4$에서는 미분가능해야 한다.

따라서 $g(x) = ax(x-4)^3$ $(a > 0)$이다.

$g'(x) = a(x-4)^3 + 3ax(x-4)^2 = 2a(x-4)^2(x-1)$

$g'(1) = 0$에서 함수 $g(x)$는 $x = 1$에서 극솟값을 갖는다.

$y = g(x)$의 그래프에서

$$y = |g(x)| + 1$$

$$y = \frac{1}{|g(x)|+1}$$

$$k(x) = \frac{2\pi}{|g(x)|+1}$$

의 그래프를 단계적으로 추론해보면 함수 $k(x)$의 그래프 개형은 다음 그림과 같다.

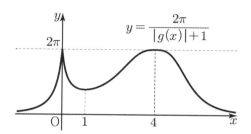

㉠에서

$h'(x) = -\sin k(x) \times k'(x) = 0$의 해는 $0 < k(x) \leq 2\pi$이므로 $k(x) = \pi$, $k(x) = 2\pi$, $k'(x) = 0$일 때다.

$k(\alpha) = \pi$일 때, $h(\alpha) = -1$

$k(\beta) = 2\pi$일 때, $h(\beta) = 1$이므로

함수 $h(x)$의 극값이 $\dfrac{1}{2}$이기 위해서는 $k'(\gamma) = 0$일 때,

$k(\gamma) = \dfrac{1}{2}$이어야 한다.

$\gamma = 1$이므로 $h(1) = \dfrac{1}{2}$이다.

$$h(1) = \cos\frac{2\pi}{|g(1)|+1} = \cos\frac{2\pi}{-g(1)+1} = \frac{1}{2}$$

$\cos\dfrac{\pi}{3} = \cos\dfrac{5\pi}{3} = \dfrac{1}{2}$이므로 $\dfrac{2\pi}{-g(1)+1} = \dfrac{\pi}{3}$ 또는

$\dfrac{2\pi}{-g(1)+1} = \dfrac{5}{3}\pi$이다.

$\dfrac{2\pi}{-g(1)+1} = \dfrac{\pi}{3}$일 때, $g(1) = -5$이고

$g(x) = \dfrac{5}{27}x(x-4)^3$이다.

$\dfrac{2\pi}{-g(1)+1} = \dfrac{5}{3}\pi$일 때, $g(1) = -\dfrac{1}{5}$이고

$g(x) = \dfrac{1}{135}x(x-4)^3$이다.

(i) $g(x) = \dfrac{5}{27}x(x-4)^3$일 때,

$g(x) = \pi$의 근을 크기가 작은 순으로 p_1, p_2, p_3, p_4이라 할 때, 함수 $h(x)$는 $x = p_1$에서 극소, $x = 0$에서 극대, $x = p_2$에서 극소, $x = 1$에서 극대, $x = p_3$에서 극소, $x = 4$에서 극대, $x = p_4$에서 극대를 갖는다.

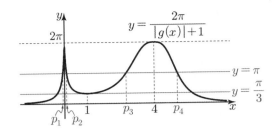

따라서 함수 $h(x)$는 $x=1$에서 극소가 아니므로 조건에 모순이다.

(ii) $g(x)=\dfrac{1}{135}x(x-4)^3$일 때,

$g(x)=\pi$의 근을 크기가 작은 순으로 q_1, q_2이라 할 때, 함수 $h(x)$는 $x=q_1$에서 극소, $x=0$에서 극대, $x=1$에서 극소, $x=4$에서 극대, $x=q_1$에서 극소를 갖는다.

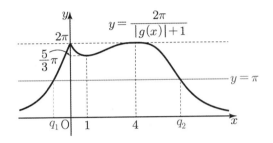

따라서 $h(x)$는 $x=1$에서 극솟값을 가지므로 $h(1)=\dfrac{1}{2}$의 값이

극솟값이기 위해서는 $g(x)=\dfrac{1}{135}x(x-4)^3$이다.

따라서

$g(7)=\dfrac{1}{135}\times 7\times 27=\dfrac{7}{5}$

$p=5$, $q=7$

$p+q=12$

> **[랑데뷰팁]**
> 일반적으로 미분가능한 두 함수의 합성함수는 미분가능한 함수이다.

$h(x)=(f\circ g)(x)=\cos\dfrac{2\pi}{|g(x)|+1}$에서

$k(x)=\dfrac{2\pi}{|g(x)|+1}$라 하면

$h(x)=\cos k(x)$에서 함수 $h(x)$는 미분가능한 함수이다.

그런데 $h(x)$를 함수 $f_1(x)=\cos\left(\dfrac{2\pi}{x+1}\right)$와 $|g(x)|$의

합성함수로 봐도 되고 이때 함수 $|g(x)|$는 미분가능하지 않은 점이 있을 수 있다.

33 정답 18

[출제자 : 김진성T]

[그림 : 이호진T]

$h(a_n)=\cos\{\pi f(a_n)\}=0$에서 $f(a_n)=\dfrac{2p-1}{2}$ (p정수)

이고 $a_n>0$ 이다.

(가)에서 $x=a_3$과 $x=a_5$에서 함수 $h(x)$가 극값을 가지므로

$h(a_3)=0$, $h'(a_3)=0$ 과 $h(a_5)=0$, $h'(a_5)=0$ 이고

$f'(a_3)=0$, $f'(a_5)=0$ 이다.

(가) (나)조건에 맞는 함수 $f(x)$와 $h(x)$은 다음 [그림1] 같다.

[그림1]

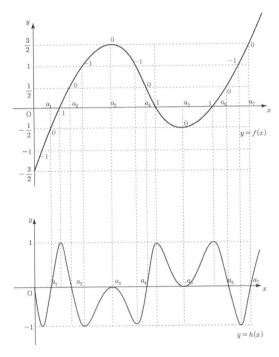

조건(나)에서 $f(a_m)=f(a_{m-4})=|f(0)|$를 만족하는 자연수 m은 7이다.

함수 $f(x)=\dfrac{1}{2}(x-a_3)^2(x-a_7)+\dfrac{3}{2}$라 할 수 있고

$x=a_5=\dfrac{2a_7+a_3}{3}$일 때 극솟값 $-\dfrac{1}{2}$ 이므로

$\dfrac{2}{27}(a_7-a_3)^3=2$ 이고 $a_7-a_3=3$ 이다.

또한, $f(0)=-\dfrac{3}{2}$ 이므로 $(a_3)^2\times a_7=6$ 이다.

$\therefore 3(a_7-3)^2\times a_7=3\times 6=18$

34 정답 12

반원의 중심을 O 라 하면 $\overline{OA}=\overline{OP}$이므로 $\angle APO=\theta$이다.

직선 l이 반원의 접선이므로 $\angle OPD=\dfrac{\pi}{2}$

따라서 $\angle \mathrm{APD} = \dfrac{\pi}{2} - \theta$

직각삼각형 APB에서 $\overline{\mathrm{AP}} = \cos\theta$이므로

$\overline{\mathrm{AD}} = \overline{\mathrm{AP}} = \cos\theta$에서 $\angle \mathrm{ADP} = \dfrac{\pi}{2} - \theta$이다.

$\therefore \angle \mathrm{PAD} = 2\theta$

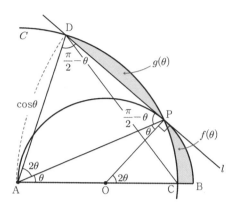

그러므로

$g(\theta) =$ (부채꼴 APD의 넓이) $-$ (삼각형 ADP의 넓이)

$= \dfrac{1}{2} \times \cos^2\theta \times (2\theta) - \dfrac{1}{2} \times \cos^2\theta \times \sin 2\theta$

$= \theta\cos^2\theta - \dfrac{\cos^2\theta\sin 2\theta}{2}$

$f(\theta) =$ (삼각형 OAP의 넓이) $+$ (부채꼴 OPB의 넓이) $-$ (부채꼴 PAC의 넓이)

$= \dfrac{1}{2} \times \dfrac{1}{2} \times \dfrac{1}{2} \times \sin(\pi - 2\theta) + \dfrac{1}{2} \times \left(\dfrac{1}{2}\right)^2 \times 2\theta$

$\quad - \dfrac{1}{2} \times \cos^2\theta \times \theta$

$= \dfrac{\sin 2\theta}{8} + \dfrac{\theta}{4} - \dfrac{\theta\cos^2\theta}{2}$

$h(\theta) = 8f(\theta) + 4g(\theta) - 2\theta$

$\quad = (\sin 2\theta + 2\theta - 4\theta\cos^2\theta)$

$\qquad + (4\theta\cos^2\theta - 2\cos^2\theta\sin 2\theta) - 2\theta$

$\quad = \sin 2\theta(1 - 2\cos^2\theta)$

$\quad = \sin 2\theta(-\cos 2\theta)$

$\quad = -\dfrac{\sin 4\theta}{2}$

따라서

$h'(\theta) = -2\cos 4\theta$

$h'\left(\dfrac{\pi}{12}\right) = -2 \times \dfrac{1}{2} = -1$

그러므로 $-12 \times h'\left(\dfrac{\pi}{12}\right) = 12$이다.

35 정답 81

(가) 방정식 $g(x) = 0$의 실근에는 방정식 $\ln|f(x)| = 0$의 실근,

즉 방정식 $|f(x)| = 1$의 실근이 모두 포함된다. $\cdots \bigcirc$

(나) 부등식 $g(x) > 0$의 해집합은 부등식 $\ln|f(x)| > 0$의 해집합, 즉 $|f(x)| > 1$의 해집합이다.

최고차항의 계수가 $\dfrac{1}{2}$인 삼차함수 $f(x)$에 대하여

부등식 $f(x) < -1$의 해가 $x < p$이고

부등식 $f(x) > 1$의 해가 $x > q$이어야 한다.

함수 $f(x)$가 증가하면 $\bigcirc$에서 $|f(x)| = 1$의 실근의 개수는 2이고 $f(x) = 0$의 실근의 개수는 1이므로 (가)를 만족시키지 못한다.

즉, 삼차함수 $f(x)$의 극값이 존재해야 한다. 극댓값을 M, 극솟값을 m이라 하면 $M \le 1$이고 $m \ge -1$이어야 한다.

(i) $M < 1$, $m > -1$일 때,

$\bigcirc$에서 방정식 $|f(x)| = 1$의 실근의 개수가 2이고 $f(x) = 0$의 실근의 개수가 최대 3이고 $f(x) = 0$일 때, $a = 0$이어도 방정식 $g(x) = 0$의 실근의 개수는 5이하이다.

(ii) $M < 1$, $m = -1$

$\bigcirc$에서 방정식 $|f(x)| = 1$의 실근의 개수가 3이고 $f(x) = 0$의 실근의 개수가 최대 3이고 $f(x) = 0$일 때, $a = 0$이어도 방정식 $g(x) = 0$의 실근의 개수는 6이하이다.

(iii) $M = 1$, $m > -1$

$\bigcirc$에서 방정식 $|f(x)| = 1$의 실근의 개수가 3이고 $f(x) = 0$의 실근의 개수가 최대 3이고 $f(x) = 0$일 때, $a = 0$이어도 방정식 $g(x) = 0$의 실근의 개수는 6이하이다.

(vi) $M = 1$, $m = -1$

$\bigcirc$에서 방정식 $|f(x)| = 1$의 실근의 개수가 4이고 $f(x) = 0$의 실근의 개수가 최대 3이고 $f(x) = 0$일 때, $a = 0$이면 방정식 $g(x) = 0$의 실근의 개수는 7이다.

따라서

삼차함수 $f(x)$는 다음 그림과 같다.

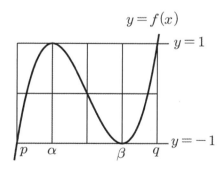

$f'(x) = 0$의 근을 $x = \alpha$, $x = \beta$라 할 때, 함수 $f(x)$의 극댓값과 극솟값의 차가 2이므로

$\dfrac{\dfrac{1}{2}(\beta - \alpha)^3}{2} = 2$

에서 $\beta - \alpha = 2$이다.

따라서 삼차함수 비율에서 $p=\alpha-1$, $q=\alpha+3$이므로
$p+q=2\alpha+2$이다.
$p+q=2\alpha+2=6$
$\therefore \alpha=2$
그러므로
$f(x)=\dfrac{1}{2}(x-2)^2(x-5)+1$
$a=0$이므로 $f(a)=f(0)=-9$
$\{f(a)\}^2=81$이다.

[참고]

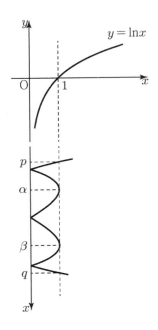

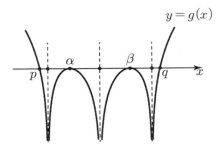

36 정답 4

[그림 : 강민구T]

−N축 풀이−

구간 $[k, 2\pi+k]$에서 함수 $f(3\cos^2 x)$의 최댓값은
$0 \le 3\cos^2 x \le 3$이므로 구간 $[0, 3]$에서의 겉함수인 삼차함수
$f(x)$의 최댓값과 같다.
따라서 삼차함수 $f(x)$는 구간 $[0, 3]$에서 최댓값 α를 갖는다.
삼차함수 $f(x)$가 구간 $[0, 3]$에서 증가하거나 감소하면 최댓값
α에 대하여 $f(0)=\alpha$이거나 $f(3)=\alpha$이다.
그런데 이때는 $f(3\cos^2 x)=\alpha$의 실근의 개수가 각각 2이므로

$g(\alpha)=5$라는 조건에 모순이다.
따라서 삼차함수 $f(x)$는 열린구간 $(0, 3)$에서 최댓값 α을
가져야 하므로 α는 삼차함수의 극댓값이다.

한편, 삼차함수 $f(x)$가 $f'(3)=0$이므로 최고차항의 계수가 1인
삼차함수 $f(x)$는 $x=3$에서 극솟값을 갖는다. 그런데 함수
$f(3\cos^2 x)$의 구간 $[k, 2\pi+k]$에서의 최솟값 β는 삼차함수
$f(x)$의 구간 $[0, 3]$에서의 최솟값과 같고 $g(\beta)=4$에서 방정식
$f(3\cos^2 x)=\beta$의 실근의 개수가 4이기 위해서는
$f(0)=f(3)=\beta$이어야 한다.
다음 그림과 같다. (N-set)

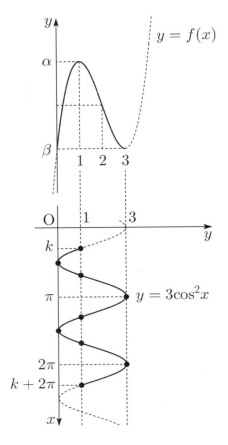

따라서 $f(x)=x(x-3)^2+\beta$
삼차함수 비율에서 극댓값 α는 $f(1)$이다.
$\alpha=f(1)=4+\beta$
$\therefore \alpha-\beta=4$

37 정답 6

[그림 : 강민구T]

$f(x)=a\cos^2 x+b\cos x$에서
$f'(x)=-2a\cos x\sin x-b\sin x$
$\quad\;\;=-\sin x(2a\cos x+b)$
$(-\pi, \pi)$에서 방정식 $f'(x)=0$의 해는 방정식 $\sin x=0$의 해
$x=0$과 방정식 $\cos x=-\dfrac{b}{2a}$의 해이다. $0<-\dfrac{b}{2a}<\dfrac{1}{2}$이고

곡선 $y = \cos x$는 y축 대칭이므로 $\cos x = -\dfrac{b}{2a}$ 의 양수해를 α라 하면 음수해는 $-\alpha$이다.

함수 $f(x)$의 그래프도 y축 대칭이다.

$$f(\alpha) = a\left(-\frac{b}{2a}\right)^2 + b\left(-\frac{b}{2a}\right)$$

$$= \frac{b^2}{4a} - \frac{b^2}{2a} = -\frac{b^2}{4a}$$

$f(-\pi) = f(\pi) = a - b$, $f(\alpha) < 0$, $f(0) = a + b$ $(a + b > 0)$

이므로 구간 $[-\pi, \pi]$에서 함수 $f(x)$의 그래프는 다음과 같다.

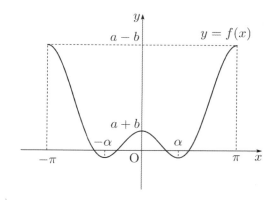

(가)에서 함수 $g(x)$가 $x = 0$에서 연속이므로

$\displaystyle\lim_{x \to 0-} g(x) = a + b$, $\displaystyle\lim_{x \to 0+} g(x) = e^{a+b} + c$이다.

$\therefore \ a + b = e^{a+b} + c$ ...... ㉠

$0 \le x \le \pi$에서 $g(x) = e^{f(x)} + c$

$g'(x) = e^{f(x)} f'(x)$

방정식 $g'(x) = 0$의 해는 방정식 $f'(x) = 0$의 해와 동일하므로

함수 $g(x)$는 $x = \alpha$에서 극솟값 $e^{f(\alpha)} + c$를 갖는다.

(나)에서 함수 $g(x)$는 $x = 0$에서 극댓값을 갖고 그 극댓값이 1이므로 ㉠에서 $a + b = 1$, $c = 1 - e$이다.

또 함수 $g(x)$는 $x = \pi$에서 최댓값 $e^5 + c$을 가지므로

$g(\pi) = e^{a-b} + c = e^5 + c$에서 $a - b = 5$이다.

따라서 $a = 3$, $b = -2$, $c = 1 - e$이다.

그러므로

$$g(x) = \begin{cases} 3\cos^2 x - 2\cos x & (-\pi \le x < 0) \\ e^{3\cos^2 x - 2\cos x} + 1 - e & (0 \le x \le \pi) \end{cases}$$

이다.

$g(-\alpha) = f(-\alpha) = \dfrac{1}{3}$이고

$g(\alpha) = e^{f(\alpha)} + 1 - e = e^{-\frac{1}{3}} + 1 - e$이므로

$g(\alpha) < 2 - e < g(-\alpha)$이다.

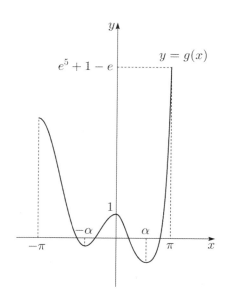

따라서 함수 $g(x)$의 최솟값은 $g(\alpha) = e^{-\frac{1}{3}} + 1 - e$이다.

38 정답 ②

$y = k$와 $y = \log_2(1-x)$의 교점이 A이므로 점 A의 x좌표는

$\log_2(1-x) = k$에서 $x = 1 - 2^k$

$y = k$와 $y = \log_2(1+x)$의 교점이 B이므로 점 B의 x좌표는

$\log_2(1+x) = k$에서 $x = 2^k - 1$

따라서 $\overline{AB} = (2^k - 1) - (1 - 2^k) = 2(2^k - 1)$

한편, 점 B를 지나고 x축에 수직인 직선은 $x = 2^k - 1$이고 직선 $x = 2^k - 1$와

함수 $y = \log_2(1-x)$의 교점의 좌표가 C이므로 점 C의

y좌표는 $y = \log_2(2 - 2^k)$이다.

따라서 $\overline{BC} = k - \log_2(2 - 2^k)$

그러므로

$\displaystyle\lim_{k \to 0+} \dfrac{\overline{BC}}{\overline{AB}}$

$= \displaystyle\lim_{k \to 0+} \dfrac{k - \log_2(2 - 2^k)}{2(2^k - 1)}$

$= \displaystyle\lim_{k \to 0+} \dfrac{k}{2(2^k - 1)} - \lim_{k \to 0+} \dfrac{\log_2(2 - 2^k)}{2(2^k - 1)}$

$= \dfrac{1}{2} \displaystyle\lim_{k \to 0+} \dfrac{1}{\dfrac{2^k - 1}{k}} + \dfrac{1}{2} \lim_{k \to 0+} \dfrac{\log_2(1 + 1 - 2^k)}{1 - 2^k}$

$= \dfrac{1}{2\ln 2} + \dfrac{1}{2} \dfrac{1}{\ln 2}$

$= \dfrac{1}{\ln 2}$

39 정답 64

[그림 : 이정배T]

함수 $\left| k\ln x^{\frac{1}{x}} + mx \right|$ 을 $y = k\ln x^{\frac{1}{x}}$ 와 $y = -mx$ 의 그래프로 분리해서 생각하자.

$f(x) = k\ln x^{\frac{1}{x}} = \dfrac{k\ln x}{x}$ 라 하면

$f'(x) = \dfrac{k(1-\ln x)}{x^2}$

$f'(x) = 0$ 에서 $x = e$

(i) $k > 0$일 때,

$\lim\limits_{x \to 0+} f(x) = -\infty$, $x = e$에서 극댓값을 가지므로

함수 $y = f(x)$의 그래프와 $y = -mx \, (x > 0)$의 그래프는 다음과 같다.

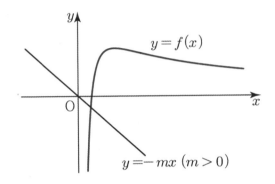

함수 $y = |f(x) + mx|$가 양의 실수 전체의 집합에서 미분가능하려면 함수 $y = f(x) + mx$의 그래프가 양의 실수 전체의 집합에서 x축과 접하거나 만나지 않아야 한다. 즉, 직선 $y = -mx(x > 0)$의 그래프가 곡선 $y = f(x)$와 만나는 점에서 함수 $|f(x) + mx|$가 미분가능하지 않으므로 조건에 모순이다.

(ii) $k < 0$일 때,

$\lim\limits_{x \to 0+} f(x) = \infty$, $x = e$에서 극솟값을 가지므로

함수 $y = f(x)$의 그래프와 $y = -mx \, (x > 0)$의 그래프는 다음과 같다.

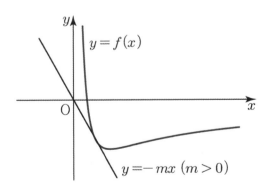

그림과 같이 직선 $y = -mx \, (x > 0)$가 곡선 $y = f(x)$와 접하거나 곡선 $y = f(x)$와 만나지 않아야 함수 $y = |f(x) + mx|$가 실수전체의 집합에서 미분가능하다.

따라서

직선 $y = -mx \, (x > 0)$가 곡선 $y = f(x)$의 접선일 때 양수 m의 값이 최소이므로 $y = -\dfrac{4}{e}x$는 곡선 $y = f(x)$의 접선이다.

접점을 $\left(t, \dfrac{k\ln t}{t} \right)$라 하면 접선의 방정식은

$y = \dfrac{k(1-\ln t)}{t^2}(x - t) + \dfrac{k\ln t}{t}$

$\quad = \dfrac{k(1-\ln t)}{t^2}x + \dfrac{k(2\ln t - 1)}{t} \ \cdots \ \bigcirc$

위 식에서

$\dfrac{k(2\ln t - 1)}{t} = 0$, $2\ln t = 1$

$\therefore t = e^{\frac{1}{2}} \cdots \ \bigcirc\!\!\!\bigcirc$

$\bigcirc$, $\bigcirc\!\!\!\bigcirc$에서 접선의 방정식이 $y = \dfrac{k}{2e}x$이므로 $\dfrac{k}{2e} = -\dfrac{4}{e}$

$\therefore k = -8$

그러므로 $k^2 = 64$이다.

40 정답 ③

직선 $y = mx - m - 1$을 직선 l이라 할 때

$y = mx - m - 1 = m(x-1) - 1$에서 직선 l은 m에 관계없이 $(1, -1)$을 지나는 직선이다.

그런데 $(1, -1)$은 $y = -x$위의 점이므로 점 B의 좌표가 $(1, -1)$이다.

(i) $\overline{OA} = \overline{OB}$

$A\left(a, \dfrac{1}{2}a \right)$라 할 때, $\overline{OB} = \sqrt{2}$이므로

$\overline{OA} = \sqrt{a^2 + \dfrac{1}{4}a^2} = \sqrt{2}$에서

$\dfrac{5}{4}a^2 = 2$, $a^2 = \dfrac{8}{5}$이다. $a > 0$이므로 $a = \dfrac{2\sqrt{2}}{\sqrt{5}}$

$A\left(\dfrac{2\sqrt{10}}{5}, \dfrac{\sqrt{10}}{5} \right)$

따라서 $A\left(\dfrac{2\sqrt{10}}{5}, \dfrac{\sqrt{10}}{5} \right)$, $B(1, -1)$에서

$m = \dfrac{-1 - \dfrac{\sqrt{10}}{5}}{1 - \dfrac{2\sqrt{10}}{5}} = \dfrac{-5 - \sqrt{10}}{5 - 2\sqrt{10}} = 3 + \sqrt{10}$

이때 직선 l이 x축의 양의 방향과 이루는 각의 크기를 θ_1이라 하면

$\tan\theta_1 = 3 + \sqrt{10}$

(ii) $\overline{AO} = \overline{AB}$

$\overline{AO} = \sqrt{a^2 + \dfrac{1}{4}a^2} = \sqrt{\dfrac{5}{4}a^2}$

$$\overline{AB}=\sqrt{(a-1)^2+\left(\frac{1}{2}a+1\right)^2}$$

$$=\sqrt{\frac{5}{4}a^2-a+2}$$

따라서 $\frac{5}{4}a^2=\frac{5}{4}a^2-a+2 \Rightarrow a=2$

$A(2,1)$, $B(1,-1)$에서

$$m=\frac{1-(-1)}{2-1}=2$$

이때 직선 l이 x축의 양의 방향과 이루는 각의 크기를 θ_2라
하면

$\tan\theta_2=2$

(iii) $\overline{BO}=\overline{AB}$

$\overline{BO}=\sqrt{1^2+(-1)^2}=\sqrt{2}$

$$\overline{AB}=\sqrt{(a-1)^2+\left(\frac{1}{2}a+1\right)^2}$$

$$=\sqrt{\frac{5}{4}a^2-a+2}$$

따라서 $2=\frac{5}{4}a^2-a+2 \Rightarrow a=\frac{4}{5}$

$A\left(\frac{4}{5},\frac{2}{5}\right)$, $B(1,-1)$에서

$$m=\frac{\frac{2}{5}-(-1)}{\frac{4}{5}-1}=-7$$

이때 직선 l이 x축의 양의 방향과 이루는 각의 크기를 θ_3이라
하면

$\tan\theta_3=-7$

$$\tan(\theta_2+\theta_3)=\frac{\tan\theta_2+\tan\theta_3}{1-\tan\theta_2\tan\theta_3}=\frac{2-7}{1+14}=-\frac{1}{3}$$

$\theta_2+\theta_3=\theta_4$라 하면 $\tan\theta_4=-\frac{1}{3}$

모든 θ의 합 $\alpha=\theta_1+\theta_2+\theta_3=\theta_1+\theta_4$

따라서

$$\tan\alpha=\tan(\theta_1+\theta_4)=\frac{\tan\theta_1+\tan\theta_4}{1-\tan\theta_1\tan\theta_4}$$

$$=\frac{3+\sqrt{10}-\frac{1}{3}}{1-(3+\sqrt{10})\times\left(-\frac{1}{3}\right)}$$

$$=\frac{\frac{8}{3}+\sqrt{10}}{2+\frac{\sqrt{10}}{3}}=\frac{8+3\sqrt{10}}{6+\sqrt{10}}=\frac{9+5\sqrt{10}}{13}$$

---

41 정답 (1) ③ (2) ④ (3) ①

(1) $\lim\limits_{x\to0+}\dfrac{2\tan\dfrac{x}{2}-\tan x}{x^3}$

$$=\lim_{x\to0+}\frac{2\left(\dfrac{x}{2}+\dfrac{1}{3}\dfrac{x^3}{8}\right)-\left(x+\dfrac{1}{3}x^3\right)}{x^3}$$

$$=\lim_{x\to0+}\frac{\dfrac{1}{12}x^3-\dfrac{1}{3}x^3}{x^3}=-\frac{1}{4}$$

[다른 풀이] 1

$$\lim_{x\to0+}\frac{2\tan\dfrac{x}{2}-\tan x}{x^3}$$

$$=\lim_{x\to0+}\frac{2\tan\dfrac{x}{2}-\dfrac{2\tan\dfrac{x}{2}}{1-\tan^2\dfrac{x}{2}}}{x^3}$$

$$=\lim_{x\to0+}\frac{2\tan\dfrac{x}{2}}{x}\times\lim_{x\to0+}\frac{1-\dfrac{1}{1-\tan^2\dfrac{x}{2}}}{x^2}$$

$$=\lim_{x\to0+}\frac{2\tan\dfrac{x}{2}}{x}\times\lim_{x\to0+}\frac{1-\dfrac{1}{1-\tan^2\dfrac{x}{2}}}{x^2}$$

$$=1\times\lim_{x\to0+}\frac{\dfrac{-\tan^2\dfrac{x}{2}}{1-\tan^2\dfrac{x}{2}}}{x^2}$$

$$=\lim_{x\to0+}\frac{1}{1-\tan^2\dfrac{x}{2}}\times\lim_{x\to0+}\frac{-\tan^2\dfrac{x}{2}}{x^2}$$

$$=1\times\left(-\frac{1}{4}\right)=-\frac{1}{4}$$

(2) $\lim\limits_{x\to0}\dfrac{\cos x-\sqrt{1-\tan^2 x}}{x^4}$

$$=\lim_{x\to0}\frac{\cos^2 x-1+\tan^2 x}{x^4}\times\frac{1}{\cos x+\sqrt{1-\tan^2 x}}$$

$$=\frac{1}{2}\lim_{x\to0}\frac{-\sin^2 x+\tan^2 x}{x^4}$$

$$=\frac{1}{2}\lim_{x\to0}\frac{-\left(x-\dfrac{1}{6}x^3\right)^2+\left(x+\dfrac{1}{3}x^3\right)^2}{x^4}$$

$$=\frac{1}{2}\lim_{x\to0}\frac{-x^2+\dfrac{1}{3}x^4-\dfrac{1}{36}x^6+x^2+\dfrac{2}{3}x^4+\dfrac{1}{27}x^6}{x^4}$$

$$=\frac{1}{2}\times1=\frac{1}{2}$$

[다른 풀이] 2

$$\lim_{x \to 0} \frac{\cos x - \sqrt{1 - \tan^2 x}}{x^4}$$

$$= \lim_{x \to 0} \frac{\cos^2 x - 1 + \tan^2 x}{x^4} \times \frac{1}{\cos x + \sqrt{1 - \tan^2 x}}$$

$$= \frac{1}{2} \lim_{x \to 0} \frac{-\sin^2 x + \tan^2 x}{x^4}$$

$$= \frac{1}{2} \lim_{x \to 0} \frac{-\sin^2 x + \dfrac{\sin^2 x}{\cos^2 x}}{x^4}$$

$$= \frac{1}{2} \lim_{x \to 0} \frac{\sin^2 x}{x^2} \times \lim_{x \to 0} \frac{-1 + \dfrac{1}{\cos^2 x}}{x^2}$$

$$= \frac{1}{2} \times \lim_{x \to 0} \frac{1 - \cos^2 x}{x^2 \cos^2 x}$$

$$= \frac{1}{2} \times \lim_{x \to 0} \frac{\sin^2 x}{x^2 \cos^2 x}$$

$$= \frac{1}{2}$$

[다른 풀이] 3

매클로린 급수

$1 - \cos x \fallingdotseq \dfrac{1}{2} x^2 - \dfrac{1}{24} x^4$ 에서

$\cos x \fallingdotseq 1 - \dfrac{1}{2} x^2 + \dfrac{1}{24} x^4$

$\tan x \fallingdotseq x + \dfrac{1}{3} x^3$

$$\lim_{x \to 0} \frac{\cos x - \sqrt{1 - \tan^2 x}}{x^4}$$

$$= \lim_{x \to 0} \frac{1 - \dfrac{1}{2} x^2 + \dfrac{1}{24} x^4 - \sqrt{1 - \left(x + \dfrac{1}{3} x^3 \right)^2}}{x^4}$$

(계산기 이용)

$$= \frac{1}{2}$$

(3) $\displaystyle \lim_{x \to 0+} \frac{1}{\sin x} \left(\frac{1}{\sin x} - \frac{1}{x} \right)$

$$= \lim_{x \to 0+} \frac{\dfrac{1}{\sin x} - \dfrac{1}{x}}{\sin x} = \lim_{x \to 0+} \frac{\dfrac{x - \sin x}{x \sin x}}{\sin x}$$

$$= \lim_{x \to 0+} \frac{x - \sin x}{x \sin^2 x}$$

$$= \lim_{x \to 0+} \frac{1 - \cos x}{\sin^2 x + 2x \sin x \cos x} \text{ (by 로피탈)}$$

$$= \lim_{x \to 0+} \left(\frac{1 - \cos x}{x^2} \times \frac{1}{\left(\dfrac{\sin x}{x} \right)^2 + \dfrac{2 \sin x}{x} \cos x} \right)$$

$$= \frac{1}{2} \times \frac{1}{1^2 + 2} = \frac{1}{6}$$

[다른 풀이] 4

준식이 곱의 형태이므로 바로 대입해도 된다.

$x \to 0$일 때, $\sin x \fallingdotseq x - \dfrac{1}{6} x^3$

$$\lim_{x \to 0+} \frac{1}{\sin x} \left(\frac{1}{\sin x} - \frac{1}{x} \right)$$

$$= \lim_{x \to 0+} \frac{1}{x - \dfrac{1}{6} x^3} \left(\frac{1}{x - \dfrac{1}{6} x^3} - \frac{1}{x} \right)$$

$$= \lim_{x \to 0+} \frac{1}{x \left(1 - \dfrac{1}{6} x^2 \right)} \left(\frac{1 - \left(1 - \dfrac{1}{6} x^2 \right)}{x - \dfrac{1}{6} x^3} \right)$$

$$= \lim_{x \to 0+} \frac{1}{x \left(1 - \dfrac{1}{6} x^2 \right)} \left(\frac{\dfrac{1}{6} x^2}{x - \dfrac{1}{6} x^3} \right)$$

$$= \lim_{x \to 0+} \frac{1}{\left(1 - \dfrac{1}{6} x^2 \right)} \left(\frac{\dfrac{1}{6}}{1 - \dfrac{1}{6} x^2} \right) = \frac{1}{6}$$

[다른 풀이] 5

$$\lim_{x \to 0+} \frac{1}{\sin x} \left(\frac{1}{\sin x} - \frac{1}{x} \right)$$

$$= \lim_{x \to 0+} \frac{\dfrac{1}{\sin x} - \dfrac{1}{x}}{\sin x} = \lim_{x \to 0+} \frac{\dfrac{x - \sin x}{x \sin x}}{\sin x}$$

$$= \lim_{x \to 0+} \frac{x - \sin x}{x \sin^2 x}$$

$$= \lim_{x \to 0+} \left(\frac{x - \sin x}{x^3} \times \frac{x^3}{x \sin^2 x} \right)$$

$$= \lim_{x \to 0+} \frac{x - \sin x}{x^3} \times \lim_{x \to 0+} \left(\frac{x}{\sin x} \right)^2$$

$$= \lim_{x \to 0+} \frac{x - \sin x}{x^3}$$

$f(x) = \sqrt[3]{x} - \sin \sqrt[3]{x}$ 라 하면

$f'(x) = \dfrac{1}{3} x^{-\frac{2}{3}} - \cos \sqrt[3]{x} \times \dfrac{1}{3} x^{-\frac{2}{3}} = \dfrac{1 - \cos \sqrt[3]{x}}{3 \sqrt[3]{x^2}}$ 이다.

따라서

$x > 0$일 때, 두 점 $(0, f(0))$과 $(x^3, f(x^3))$에 대하여

$\dfrac{f(x^3) - f(0)}{x^3 - 0} = \dfrac{x - \sin x}{x^3} = \dfrac{1 - \cos \sqrt[3]{c}}{3 \sqrt[3]{c^2}}$ 을 만족하는 c가

$0 < c < x^3$에 적어도 하나 존재한다. (by 평균값 정리)

그런데 $x \to 0+$일 때, $c \to 0+$이므로

$$\lim_{x \to 0+} \frac{1}{\sin x} \left(\frac{1}{\sin x} - \frac{1}{x} \right)$$

$$= \lim_{x \to 0+} \frac{x - \sin x}{x^3}$$

$$= \lim_{c \to 0+} \frac{1 - \cos \sqrt[3]{c}}{3\sqrt[3]{c^2}}$$

$$= \lim_{c \to 0+} \frac{\sin^2 \sqrt[3]{c}}{3\sqrt[3]{c^2}\left(1 + \cos \sqrt[3]{c}\right)}$$

$$= \frac{1}{3} \lim_{c \to 0+} \left(\frac{\sin \sqrt[3]{c}}{\sqrt[3]{c}} \right)^2 \times \frac{1}{2} = \frac{1}{6}$$

42 정답 ⑤

직각삼각형 ABC에서 $\overline{AC}=1$, $\angle BAC = \theta$이므로

$\angle BCA = \dfrac{\pi}{2} - \theta$, $\overline{BD} = \overline{BC} = \sin\theta$이다.

이등변삼각형 BCD에서 $\angle BCD = \angle BDC = \dfrac{\pi}{2} - \theta$ 이다.

다음 그림과 같이 도형 DEH의 넓이를 S_1이라 하면

$S_1 = $(부채꼴 BDE의 넓이) $-$ (삼각형 BDH의 넓이)이다.

부채꼴 BDE

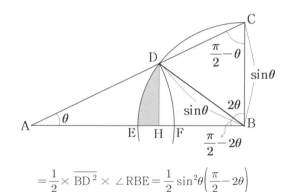

$$= \frac{1}{2} \times \overline{BD}^2 \times \angle RBE = \frac{1}{2}\sin^2\theta\left(\frac{\pi}{2} - 2\theta\right)$$

삼각형 $BDH = \dfrac{1}{2} \times \overline{BH} \times \overline{DH}$

$$= \frac{1}{2} \times \sin\theta \cos\left(\frac{\pi}{2} - 2\theta\right) \times \sin\theta \sin\left(\frac{\pi}{2} - 2\theta\right)$$

$$= \frac{1}{2}\sin\theta \sin2\theta \sin\theta \cos2\theta$$

$$= \frac{1}{4}\sin^2\theta \sin4\theta$$

따라서 $S_1 = \dfrac{1}{2}\sin^2\theta\left(\dfrac{\pi}{2} - 2\theta\right) - \dfrac{1}{4}\sin^2\theta \sin4\theta$

$$= \frac{1}{2}\sin^2\theta\left(\frac{\pi}{2} - 2\theta - \frac{1}{2}\sin4\theta\right) \cdots \text{㉠}$$

다음 그림과 같이 도형 DFH의 넓이를 S_2이라 하면

$S_2 = $(부채꼴 ADF의 넓이) $-$ (삼각형 ADH의 넓이)이다.

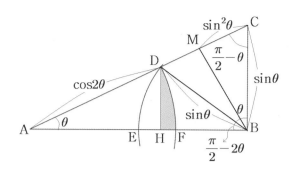

이등변삼각형 BCD의 꼭짓점 B에서 밑변 CD에 내린 수선의 발을 M이라 하면

$\angle CBM = \theta$이므로 $\overline{CM} = \overline{DM} = \sin^2\theta$이다.

$\overline{AC} = 1$이므로 $\overline{AD} = 1 - 2\sin^2\theta = \cos2\theta$

부채꼴 $ADF = \dfrac{1}{2} \times \overline{AD}^2 \times \angle DAF = \dfrac{1}{2}\theta\cos^2 2\theta$

삼각형 $BDH = \dfrac{1}{2} \times \overline{AH} \times \overline{DH}$

$$= \frac{1}{2} \times \cos2\theta \cos\theta \times \sin\theta \sin\left(\frac{\pi}{2} - 2\theta\right)$$

$$= \frac{1}{2}\cos2\theta \cos\theta \sin\theta \cos2\theta$$

$$= \frac{1}{4}\cos^2 2\theta \sin2\theta$$

따라서

$$S_2 = \frac{1}{2}\theta\cos^2 2\theta - \frac{1}{4}\cos^2 2\theta \sin2\theta$$

$$= \frac{1}{2}\cos^2 2\theta\left(\theta - \frac{1}{2}\sin2\theta\right) \cdots \text{㉡}$$

그러므로 도형 DEF의 넓이는 $S(\theta) = S_1 + S_2$이므로

㉠, ㉡에서

$$S(\theta) = \frac{1}{2}\sin^2\theta\left(\frac{\pi}{2} - 2\theta - \frac{1}{2}\sin4\theta\right) + \frac{1}{2}\cos^2 2\theta\left(\theta - \frac{1}{2}\sin2\theta\right)$$

따라서

$$\frac{1}{4}\pi\sin^2\theta - S(\theta)$$

$$= \theta\sin^2\theta + \frac{1}{4}\sin^2\theta \sin4\theta - \frac{1}{2}\cos^2 2\theta\left(\theta - \frac{1}{2}\sin2\theta\right)$$

$$\lim_{\theta \to 0+} \frac{\frac{1}{4}\pi\sin^2\theta - S(\theta)}{\theta^3}$$

$$= \lim_{\theta \to 0+} \frac{\theta\sin^2\theta + \frac{1}{4}\sin^2\theta \sin4\theta}{\theta^3} - \frac{1}{2}\lim_{\theta \to 0+} \frac{\theta - \frac{1}{2}\sin2\theta}{\theta^3}$$

$$= 1 + 1 - \frac{1}{2} \times \frac{2}{3}$$

$$= \frac{5}{3}$$

[랑데뷰팁]- $\lim\limits_{\theta \to 0+} \dfrac{\theta - \dfrac{1}{2}\sin 2\theta}{\theta^3}$ 의 계산

① 교과외 풀이-로피탈 정리 이용

$$\lim_{\theta \to 0+} \frac{\theta - \dfrac{1}{2}\sin 2\theta}{\theta^3} = \lim_{\theta \to 0+} \frac{1 - \cos 2\theta}{3\theta^2}$$

$$= \lim_{\theta \to 0+} \frac{\dfrac{1}{2} \times 4\theta^2}{3\theta^2} = \frac{2}{3}$$

[랑데뷰세미나(119)] 참고 $f(x) \to 0$일 때,

$1 - \cos f(x) \Rightarrow \dfrac{1}{2}\{f(x)\}^2$으로 변환]

② 교과 내 풀이- 평균값 정리

$f(\theta) = \sqrt[3]{\theta} - \dfrac{1}{2}\sin 2\sqrt[3]{\theta}$ 이라고 하면

$$f'(\theta) = \frac{1}{3\sqrt[3]{\theta^2}} - \frac{1}{2}\cos 2\sqrt[3]{\theta} \times \frac{2}{3\sqrt[3]{\theta^2}}$$

$$= \frac{1 - \cos 2\sqrt[3]{\theta}}{3\sqrt[3]{\theta^2}}$$

이다. $f(\theta)$는 실수 전체에서 연속이고 구간 $(-\infty, 0) \cup (0, \infty)$에서 미분가능하므로 평균값 정리에 의하여 $\dfrac{\theta - \dfrac{1}{2}\sin 2\theta}{\theta^3} = \dfrac{1 - \cos 2\sqrt[3]{\theta}}{3\sqrt[3]{\theta^2}}$을 만족하는 c가

$0 < c < \theta^3$에 적어도 하나 존재한다.

그런데 $\theta \to 0+$일 때 $c \to 0+$이므로

$$\lim_{\theta \to 0+} \frac{\theta - \dfrac{1}{2}\sin 2\theta}{\theta^3}$$

$$= \lim_{c \to 0} \frac{1 - \cos 2\sqrt[3]{c}}{3\sqrt[3]{c^2}}$$

$$= \lim_{c \to 0} \frac{\sin^2(2\sqrt[3]{c})}{3\sqrt[3]{c^2}(1 + \cos 2\sqrt[3]{c})} = \frac{1}{3} \times 2 \times 2 \times \frac{1}{2} = \frac{2}{3}$$

43 정답 1

[그림 : 최성훈T]

$f(x) = (x+a)^2 e^x + b$

$f'(x) = \{2(x+a) + (x+a)^2\}e^x$

$\qquad = \{x^2 + 2(a+1)x + a(a+2)\}e^x$

$\qquad = (x+a)(x+a+2)e^x$

증감표를 작성해 보자.

x	$\cdots$	$-a-2$	$\cdots$	$-a$	$\cdots$
$f'(x)$	$+$	0	$-$	0	$+$
$f(x)$		극대		극소	

따라서

함수 $f(x)$는 $x = -a-2$에서 극댓값

$f(-a-2) = 4e^{-a-2} + b$을, $x = -a$에서 극솟값 $f(-a) = b$을 갖는다.

조건 (가)를 만족하기 위해서는 극솟값 b가 음수이어야 한다.

$0 \le -a-2 \le -\dfrac{a}{3}$

$\therefore -3 \le a \le -2$

조건 (나)를 만족하기 위해서는 함수 $f(x)$의 극댓값이 $0 \le x \le -\dfrac{a}{3}$에서 나타나야 하고 함수 $f(x)$의 극솟값의 절댓값이 극댓값보다 작거나 같아야 한다.

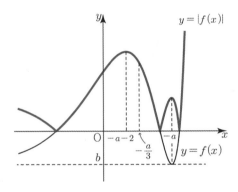

즉,

$f(-a-2) \ge |f(-a)|$

$4e^{-a-2} + b \ge -b$

$2b \ge -4e^{-a-2}$

$\therefore -2e^{-a-2} \le b < 0$

따라서 $g(a) = -2e^{-a-2}$ $(-3 \le a \le -2)$이다.

$g'(a) = 2e^{-a-2}$ $(-3 < a < -2)$에서 $g'\left(-\dfrac{5}{2}\right) = 2\sqrt{e}$

따라서 $\alpha = 2$, $\beta = \dfrac{1}{2}$이다.

$\therefore \alpha\beta = 1$

44 정답 944

$f(x) = (-1)^{\frac{n+1}{2}}\{x^2 - 2nx + n^2 - 1\}$

$\qquad = (-1)^{\frac{n+1}{2}}\{x - (n-1)\}\{x - (n+1)\}$

$(n-1 < x \le n+1)$

$n=1$일 때, $f(x) = -(x-0)(x-2)$ $(0 < x \le 2)$

$n=3$일 때, $f(x) = +(x-2)(x-4)$ $(2 < x \le 4)$

$n=5$일 때, $f(x) = -(x-4)(x-6)$ $(4 < x \le 6)$

$\qquad \vdots \qquad\qquad \vdots$

함수 $f(x)$의 그래프는 다음 그림과 같다.

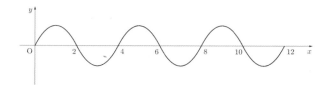

$$g(x) = |f(x)| - f(x)$$
$$= \begin{cases} 0 & (f(x) \geq 0) \\ -2f(x) & (f(x) < 0) \end{cases}$$
$$= \begin{cases} 0 & (4n-4 < x \leq 4n-2) \\ -2f(x) & (4n-2 < x \leq 4n) \end{cases}$$

이므로 그래프는 다음과 같다.

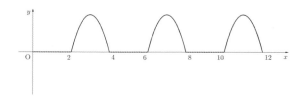

$$g'(x) = \begin{cases} 0 & (4n-4 < x \leq 4n-2) \\ -2f'(x) & (4n-2 < x \leq 4n) \end{cases}$$

$$\Rightarrow g'(x) = \begin{cases} 0 & (0 < x < 2) \\ -4x+12 & (2 < x < 4) \end{cases}$$ 패턴의 반복이므로

$y = g'(x)$와 $y = |g'(x)|$의 그래프는 다음과 같다.

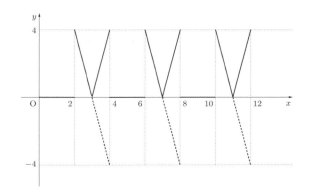

$$h(x) = \lim_{h \to 0+} \left| \frac{g(e^{x+h}) - g(e^x)}{h} \right|$$
$$= \lim_{h \to 0+} \left| \frac{g(e^{x+h}) - e^x}{e^{x+h} - e^x} \times \frac{e^{x+h} - e^x}{h} \right|$$
$$= \left| g'(e^{x+}) \right| e^{x+}$$

$h(x)$는 함수 $\left| g'(e^x) \right|$가 불연속인 점과 뾰족점에서 미분가능하지 않다.

$g'(x)$는 $x=2n$에서 불연속, $x=4n-1$에서 뾰족점이다. (n은 자연수)

$h(x)$는 $0 < x < \ln t$, 즉 $1 < e^x < t$의 범위에서 미분가능하지 않은 $x=a$의 개수가 10임을 만족하는 자연수 t를 찾아야 한다.

불연속인 점
$e^x = 2, \ 4, \ 6, \ 8, \ 10, \ 12, \ 14, \ 16, \ \cdots$

$x = \ln2, \ \ln4, \ \ln6, \ \ln8, \ \ln10, \ \ln12, \ \ln14, \ \ln16, \ \cdots$

뾰족점 $e^x = 3, \ 7, \ 11, \ 15, \ \cdots$

$x = \ln3, \ \ln7, \ \ln11, \ \ln15, \ \cdots$

순서대로 나열하면,

k	1	2	3	4	5	6
a_k	$\ln2$	$\ln3$	$\ln4$	$\ln6$	$\ln7$	$\ln8$
e^{a_k}	2	3	4	6	7	8

7	8	9	10	11	12	$\cdots$
$\ln10$	$\ln11$	$\ln12$	$\ln14$	$\ln15$	$\ln16$	$\cdots$
10	11	12	14	15	16	$\cdots$

이므로 $t=15$이다.

$h(x) = \left| g'(e^x) \right| e^x$에서

$g'(2+) = g'(6+) = g'(10+) = g'(14+) = 4$
$g'(4+) = g'(8+) = g'(12+) = 0$
$g'(3+) = g'(7+) = g'(11+) = 0$

$$\sum_{k=1}^{10} kh(a_k)$$
$$= \sum_{k=1}^{10} k \left| g'(e^{a_k+}) \right| e^{a_k}$$
$$= 1 \times 4 \times 2 + 4 \times 4 \times 6 + 7 \times 4 \times 10 + 10 \times 4 \times 14$$
$$= 944$$

45 정답 ④

아래의 그림과 같이 $y=x$ 그래프의 위아래로 교차된 부분 중 기울기가 1인 접선의 제1사분면의 접점의 x좌표가 x_1이라 하자. 함수 $y=2\sin x$의 그래프가 원점을 중심으로 $45°$ 이동하여 제한된 범위에서 정의된 어떤 함수가 되려면 $k \leq x_1$이어야 한다.

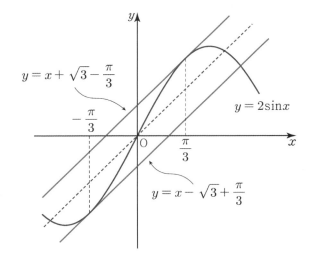

$y' = 2\cos x = 1 \Rightarrow \cos x = \dfrac{1}{2} \Rightarrow x_1 = \dfrac{\pi}{3}$

따라서 제1사분면의 접점의 좌표는 $\left(\dfrac{\pi}{3}, \ \sqrt{3} \right)$

접선의 방정식은 $y = x - \dfrac{\pi}{3} + \sqrt{3}$

따라서 $-\dfrac{\pi}{3} \le -k \le x \le k \le \dfrac{\pi}{3}$의 범위의

$y=2\sin x$의 그래프를 원점을 중심으로 양의 방향으로
$45°$ 회전 시킨 그래프는 함수가 된다.

만약 k가 $\dfrac{\pi}{3}$보다 큰 값이면 정의역의 원소 하나에 하나의
원소가 대응된다는 함수의 정의에 위배된다.

$y=x$를 원점을 중심으로 양의 방향으로 $45°$ 회전시키면 y축이
되고 $y=x-\dfrac{\pi}{3}+\sqrt{3}$ 을 원점을 중심으로 양의 방향으로
$45°$ 회전시키면 $x=-a$가 된다.

따라서 a는 $y=x$와 $y=x-\dfrac{\pi}{3}+\sqrt{3}$ 사이 거리가 된다.

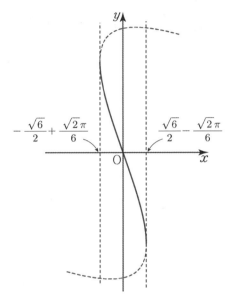

이는 $(0,\,0)$과 $x-y-\dfrac{\pi}{3}+\sqrt{3}=0$사이 거리와 같으므로

$a=\dfrac{\left|-\dfrac{\pi}{3}+\sqrt{3}\right|}{\sqrt{2}}=\dfrac{\sqrt{3}}{\sqrt{2}}-\dfrac{\pi}{3\sqrt{2}}$

$=\dfrac{\sqrt{6}}{2}-\dfrac{\sqrt{2}\,\pi}{6}$

46 정답 ⑤

[그림 : 이정배T]

함수 $f(x)$는 주기가 $\dfrac{2\pi}{\dfrac{\pi}{5}}=10$이므로

$t\to 0+$일 때, $t_1 \to 10-$이므로 $\displaystyle\lim_{t\to 0+}g(t)=10$

$t=5$일 때, $t_1=15$이므로 $g(5)=10$이다.

또한 $\displaystyle\lim_{t\to 5-}g(t)=0$, $\displaystyle\lim_{t\to 5+}g(t)=10$

따라서 함수 $g(t)$의 그래프는 다음과 같다.

곡선 $h(t)=e^{t-k}+9$이 $y=g(t)$와의 교점의 개수가 2이기
위해서는

$h(5) \le 10$, $h(10)>10$이어야 한다.

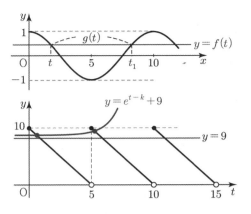

$h(5)=e^{5-k}+9 \le 10$

$e^{5-k} \le 1$

$5-k \le 0$

$k \ge 5$

$h(10)>10$

$h(10)=e^{10-k}+9>10$

$e^{10-k}>1$

$10-k>0$

$k<10$

따라서

$5 \le k<10$이므로 자연수 k는

$k_1=5$, $k_2=6$, $k_3=7$, $k_4=8$, $k_5=9$

$m=5$이고 $f'(x)=-\dfrac{\pi}{5}\sin\left(\dfrac{\pi}{5}x\right)$이므로

$m\times f'\left(\dfrac{3k_1}{k_m}\right)$

$=5\times f'\left(\dfrac{\pi}{5}\times\dfrac{3\times5}{9}\right)$

$=5\times\left(-\dfrac{\pi}{5}\right)\times\sin\dfrac{\pi}{3}$

$=5\times\left(-\dfrac{\pi}{5}\right)\times\dfrac{\sqrt{3}}{3}$

$=-\dfrac{\sqrt{3}\,\pi}{2}$

47 정답 ③

$f(x)=\begin{cases}\dfrac{1}{9}e^{3x-3}-\dfrac{2}{3}ae^{2x-2}+a^2e^{x-1} & (x<c)\\ x^3-(3a-1)x^2+(3a^2-2a)x+b & (x \ge c)\end{cases}$

에서

$f_1(x)=\dfrac{1}{9}e^{3x-3}-\dfrac{2}{3}ae^{2x-2}+a^2e^{x-1}$

$f_2(x)=x^3-(3a-1)x^2+(3a^2-2a)x+b$

라 하자.

$f_1(x) = \dfrac{1}{9}e^{3x-3} - \dfrac{2}{3}ae^{2x-2} + a^2e^{x-1}$에서

$f_1{}'(x) = \dfrac{1}{3}e^{3x-3} - \dfrac{4}{3}ae^{2x-2} + a^2e^{x-1}$

$\quad = e^{x-1}\left(\dfrac{1}{3}e^{2x-2} - \dfrac{4}{3}ae^{x-1} + a^2\right)$

$\quad = e^{x-1}\left(e^{x-1} - a\right)\left(\dfrac{1}{3}e^{x-1} - a\right)$

$f_1{}'(x) = 0$의 해는 $e^{x-1} = a$에서 $x = \ln a + 1$,

$\dfrac{1}{3}e^{x-1} - a = 0$에서 $x = \ln a + \ln 3 + 1$이다.

증감표에서 함수 $f_1(x)$는 $x < \ln a + 1$에서 증가

$\ln a + 1 < x < \ln a + \ln 3 + 1$에서 감소

$x > \ln a + \ln 3 + 1$에서 증가

임을 알 수 있다.

(나) 조건을 만족하기 위해서는 $c \le \ln a + 1$임을 알 수 있다. ···㉠

$f_2(x) = x^3 - (3a-1)x^2 + (3a^2-2a)x + b$에서

$f_2{}'(x) = 3x^2 - 2(3a-1)x + (3a^2-2a)$

$\quad = (x-a)(3x-3a+2)$

$f_2{}'(x) = 0$의 해는 $x = a$ 또는 $x = \dfrac{3a-2}{3}$

따라서 삼차함수 $f_2(x)$는 $x < \dfrac{3a-2}{3}$에서 증가하고

$\dfrac{3a-2}{3} < x < a$에서 감소, $x > a$에서 증가한다.

(나) 조건을 만족하기 위해서는 $c \ge a$임을 알 수 있다. ···㉡

㉠, ㉡에서

$a \le c \le \ln a + 1$

그런데 $a = x$라 할 때, 좌표 평면에서 두 그래프

$y = x$와 $y = \ln x + 1$는 $x = 1$에서 접하고 모든 실수 x에

대하여 $\ln x + 1 \le x$이다.

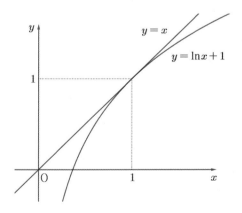

$x \le c \le \ln x + 1$을 만족하는 $c = 1$ 뿐이다.

따라서 두 그래프 $f_1(x)$와 $f_2(x)$가 증가하는 부분에서 만나기

위해서는 $a = 1$이어야 한다.

$\therefore\ a = 1$

따라서

$f(x) = \begin{cases} \dfrac{1}{9}e^{3x-3} - \dfrac{2}{3}e^{2x-2} + e^{x-1} & (x < 1) \\[2mm] x^3 - 2x^2 + x + b & (x \ge 1) \end{cases}$

함수 $f(x)$가 모든 실수에서 연속이므로

$\displaystyle \lim_{x \to 1-} f_1(x) = \lim_{x \to 1+} f_2(x)$가 성립한다.

$f(x) = \begin{cases} \dfrac{1}{9}e^{3x-3} - \dfrac{2}{3}e^{2x-2} + e^{x-1} & (x < 1) \\[2mm] x^3 - 2x^2 + x + b & (x \ge 1) \end{cases}$

따라서 $\dfrac{1}{9} - \dfrac{2}{3} + 1 = 1 - 2 + 1 + b$

$b = \dfrac{4}{9}$

따라서

$f(x) = \begin{cases} \dfrac{1}{9}e^{3x-3} - \dfrac{2}{3}e^{2x-2} + e^{x-1} & (x < 1) \\[2mm] x^3 - 2x^2 + x + \dfrac{4}{9} & (x \ge 1) \end{cases}$

이고 함수 $f(x)$의 그래프는 다음과 같다.

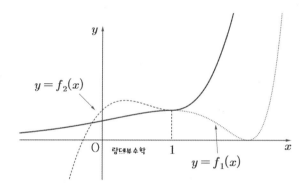

$f(2) = 8 - 8 + 2 + \dfrac{4}{9} = \dfrac{22}{9}$

48 정답 8

$g(x) = a\ln(f(x) + c) + bf(x)$

$g'(x) = \dfrac{af'(x)}{f(x) + c} + bf'(x)$

$\quad = f'(x)\left(\dfrac{a}{f(x) + c} + b\right)$

$g'(x) = 0$의 해는 $f'(x) = 0$ 또는 $f(x) + c = -\dfrac{a}{b}$

$f(x) = \cos\dfrac{\pi}{2}x$에서 $f'(x) = -\dfrac{\pi}{2}\sin\dfrac{\pi}{2}x$이고

$f'(x) = 0$의 해는 $x = 2n$이고 조건 (가)에서

$f(2n-1)+c=-\dfrac{a}{b}$ 이다.

($2n$은 짝수, $2n-1$은 홀수이다. →n이 자연수일 때만 생각해도 된다.)

한편, $f(2n-1)=\cos\dfrac{(2n-1)\pi}{2}=0$이므로 $c=-\dfrac{a}{b}$ 이다.

따라서 $b=-\dfrac{a}{c}$ 이고 $a>0$, $c>1$이므로 $b<0$이다.

따라서
$$g(x)=a\ln\left(f(x)-\dfrac{a}{b}\right)+bf(x)$$
$$g'(x)=f'(x)\left(\dfrac{a}{f(x)+c}+b\right)$$
$$=f'(x)\left(\dfrac{a}{f(x)-\dfrac{a}{b}}+b\right)$$
$$=bf'(x)\left(\dfrac{a}{bf(x)-a}+1\right)$$
$$=-\dfrac{\pi}{2}b\sin\dfrac{\pi}{2}x\left(\dfrac{a}{b\cos\dfrac{\pi}{2}x-a}+1\right)$$

$\cdots=g'(1)=g'(2)=g'(3)=g'(4)=\cdots=0$이고

(i) $x=\dfrac{1}{2}$을 대입하면
$$g'\left(\dfrac{1}{2}\right)=-\dfrac{\pi}{2}b\left(\dfrac{\sqrt{2}}{2}\right)\left(\dfrac{a}{\dfrac{\sqrt{2}}{2}b-a}+1\right)>0$$

→ 왜냐하면 $b<0$이므로 $\dfrac{a}{\dfrac{\sqrt{2}}{2}b-a}>-1$

따라서 $g'\left(\dfrac{1}{2}\right)=$ (양수)×(양수)>0

(ii) $x=\dfrac{3}{2}$을 대입하면
$$g'\left(\dfrac{3}{2}\right)=-\dfrac{\pi}{2}b\left(\dfrac{\sqrt{2}}{2}\right)\left(\dfrac{a}{-\dfrac{\sqrt{2}}{2}b-a}+1\right)<0$$

→ 왜냐하면 $b<0$이므로 $\dfrac{a}{-\dfrac{\sqrt{2}}{2}b-a}<-1$이다.

따라서 $g'\left(\dfrac{3}{2}\right)=$ (양수)×(음수)<0

(i), (ii)와 같은 방법으로 증감표를 작성해 보면 다음과 같다.

x	$\cdots$	0	$\cdots$	1	$\cdots$
$f'(x)$	+	0	−	0	+
$f(x)$	↗		↘		↗

2	$\cdots$	3	$\cdots$	4	$\cdots$
0	−	0	+	0	−
	↘		↗		↘

따라서
$$\sin\dfrac{(2n-1)}{2}\pi=0,\ \cos\dfrac{4n-2}{2}\pi=\cos\dfrac{4n}{2}\pi=0$$
$$\sin\dfrac{4n-2}{2}\pi=-1,\ \sin\dfrac{4n}{2}\pi=1$$

함수 $g(x)$는 $x=2n-1$에서 극대, $x=4n-2$와 $x=4n$에서 극솟값을 갖는다.

$f(x)=\cos\dfrac{\pi}{2}x$에서 $f(2n-1)=0$, $f(4n-2)=-1$, $f(4n)=1$

$\Rightarrow g(x)=a\ln(f(x)+c)+bf(x)$의 극댓값은 하나의 값이고 극솟값은 다른 두 값으로 나타난다.

그래프 개형은 다음과 같다.

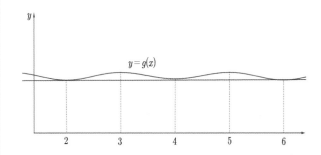

(나)에서 극댓값이 $2a$이므로
$$g(2n-1)=a\ln\left(f(2n-1)-\dfrac{a}{b}\right)+bf(2n-1)$$이고

$f(2n-1)=\sin\dfrac{2n-1}{2}\pi=0$이므로

$a\ln\left(-\dfrac{a}{b}\right)=2a$에서 $\ln\left(-\dfrac{a}{b}\right)=2$

$c=-\dfrac{a}{b}=e^2$

$b=-\dfrac{a}{e^2}$

그러므로
$$g(x)=a\ln(f(x)+e^2)-\dfrac{a}{e^2}f(x)$$

조건 (나)에서 두 극솟값의 합은
$g(4n-2)+g(4n)=4\ln(e^4-1)$이다.

$f(4n-2)=-1\rightarrow g(4n-2)=a\ln(-1+e^2)+\dfrac{a}{e^2}$

$f(4n)=1$이므로 $g(4n)=a\ln(1+e^2)-\dfrac{a}{e^2}$

두 극솟값의 합은
$g(4n-2)+g(4n)=4\ln(e^4-1)=a\ln(e^4-1)$

따라서 $a=4$, $b=-\dfrac{4}{e^2}$, $c=e^2$

$$g(x) = 4\ln\left(\cos\frac{\pi}{2}x + e^2\right) - \frac{4}{e^2}\cos\frac{\pi}{2}x$$

$$g\left(\frac{bc}{a}\right) = g(-1) = 4\ln e^2 = 8$$

49 정답 28

(i)

(나)에서 $n=1$을 대입하면

$0 \le x < 1$에서 $f(x) = \sin 2\pi x$이므로 $f(2x+1) = \sin 2\pi x$가 성립한다.

즉, $0 \le x < 1$일 때, $f(2x+1) = \sin 2\pi x$

$2x+1 = t$라 하면 $x = \dfrac{t-1}{2}$에서

$0 \le \dfrac{t-1}{2} < 1 \Rightarrow 1 \le t < 3$

$f(2x+1) = \sin 2\pi x \Rightarrow f(t) = \sin 2\pi\left(\dfrac{t-1}{2}\right)$

$\Rightarrow f(t) = \sin(\pi t - \pi) = -\sin \pi t$

따라서

$1 \le x < 3$일 때, $f(x) = -\sin \pi x$이다.

(ii)

(나)에서 $n=2$을 대입하면

$1 \le x < 3$에서 $f(x) = -\sin \pi x$이므로 $f(2x+1) = -\sin \pi x$가 성립한다.

즉, $1 \le x < 3$일 때, $f(2x+1) = -\sin \pi x$

$2x+1 = t$라 하면 $x = \dfrac{t-1}{2}$에서

$1 \le \dfrac{t-1}{2} < 3 \Rightarrow 3 \le t < 7$

$f(2x+1) = -\sin \pi x \Rightarrow f(t) = -\sin \pi\left(\dfrac{t-1}{2}\right) \Rightarrow$

$f(t) = -\sin\left(\dfrac{\pi}{2}t - \dfrac{\pi}{2}\right) = \cos\dfrac{\pi}{2}t$

따라서

$3 \le x < 7$일 때, $f(x) = \cos\dfrac{\pi}{2}x$이다.

(i), (ii)에서

$$f(x) = \begin{cases} \sin 2\pi x & (0 \le x < 1) \\ -\sin \pi x & (1 \le x < 3) \\ \cos\dfrac{\pi}{2}x & (3 \le x < 7) \\ \vdots & \vdots \end{cases}$$

임을 알 수 있다.

$$f'(x) = \begin{cases} 2\pi\cos 2\pi x & (0 \le x < 1) \\ -\pi\cos \pi x & (1 \le x < 3) \\ -\dfrac{\pi}{2}\sin\dfrac{\pi}{2}x & (3 \le x < 7) \\ \vdots & \vdots \end{cases}$$

이므로

함수 $f(x)$는 모든 자연수 n에 대하여 $x = 2^n - 1$에 미분가능하지 않다.

$h(x) = g(f(x))$ 에서 양변 미분하면

$h'(x) = g'(f(x))f'(x)$ 에서

$f'(2^n-1)$의 값이 존재하지 않고 $f(2^n-1) = 0$이므로

$h'(2^n-1)$의 값이 존재하기 위해서는

$g'(f(2^n-1)) = g'(0) = 0$이다. $\cdots \bigcirc$

$h''(x) = g''(f(x))\{f'(x)\}^2 + g'(f(x))f''(x)$ 에서

$\{f'(2^n-1)\}^2$의 값이 존재하지 않고 $f(2^n-1) = 0$이고

$g'(0) = 0$이므로

$h''(2^n-1)$의 값이 존재하기 위해서는

$g''(f(2^n-1)) = g''(0) = 0 \cdots \bigcirc\!\!\!\!\!\bigcirc$

한편,

$f(6) = -1$, $f'(6) = -\dfrac{\pi}{2}\sin 3\pi = 0$,

$f''(6) = \left(\dfrac{\pi}{2}\right)^2$이므로

$h'(6) = g'(f(6))f'(6) = 0$이고

$h''(6) = g''(f(6))\{f'(6)\}^2 + g'(f(6))f''(6)$

$= g''(-1)(0)^2 + g'(-1)\left(\dfrac{\pi}{2}\right)^2$

$= \left(\dfrac{\pi}{2}\right)^2 g'(-1)$

이다.

함수 $h(x)$는 $x=6$에서 극댓값을 가지므로 $h''(6) < 0$에서

$g'(-1) < 0$이다. $\cdots \bigcirc\!\!\!\!\!\bigcirc\!\!\!\!\!\bigcirc$

$\bigcirc$, $\bigcirc\!\!\!\!\!\bigcirc$에서 $g'(x) = x^2(4x+a)$라 둘 수 있다. $\cdots$ ㉣

$g'(-1) = a - 4$

㉢에서 $a - 4 < 0$

따라서 $a < 4$

$g'(1) = 4 + a < 8$이므로

$g'(1)$으로 가능한 자연수의 합은

$1+2+3+4+5+6+7 = 28$

50 정답 123

(가)에서 $g(\alpha) = \dfrac{2}{3 - \sin(f(\alpha))} = \dfrac{4}{5}$이므로

$\sin f(\alpha) = \dfrac{1}{2}$이다.

$0 < f(\alpha) < \dfrac{\pi}{2}$이므로 $f(\alpha) = \dfrac{\pi}{6}\cdots\textcircled{\scriptsize ㄱ}$

또한 $g'(\alpha) = 0$이므로 $g'(x) = \dfrac{2\cos f(x) \times f'(x)}{(3 - \sin f(x))^2}$에서

$g'(\alpha) = -\dfrac{2\cos\left(\dfrac{\pi}{6}\right) \times f'(\alpha)}{\left(3 - \sin\left(\dfrac{\pi}{6}\right)\right)^2} = 0$이므로 $f'(\alpha) = 0 \cdots \textcircled{\scriptsize ㄴ}$

$\textcircled{\scriptsize ㄱ}$, $\textcircled{\scriptsize ㄴ}$에서 $f(x) = \pi(x-\alpha)^2 + \dfrac{\pi}{6}$

따라서 $g(x) = \dfrac{2}{3 - \sin\left(\pi(x-\alpha)^2 + \dfrac{\pi}{6}\right)}$에서

$g(\alpha + x) = g(\alpha - x)$이므로 함수 $g(x)$는 $x = \alpha$에 대칭이다.

즉 $g'(\alpha + x) = -g'(\alpha - x) \Rightarrow g'(\alpha + x) + g'(\alpha - x) = 0$

따라서 함수 $g'(x)$는 $(\alpha, 0)$에 대칭인 함수이다.

(나)에서 $\alpha = 1$이다.

따라서 $f(x) = \pi(x-1)^2 + \dfrac{\pi}{6}$, $f'(x) = 2\pi(x-1)$이다.

$f(0) = \pi + \dfrac{\pi}{6}$, $f'(0) = -2\pi$,

$f(3) = 4\pi + \dfrac{\pi}{6}$, $f'(3) = 4\pi$

따라서 $g'(x) = \dfrac{2\cos f(x) \times f'(x)}{(3 - \sin f(x))^2}$에서

$g'(0) = \dfrac{2\cos\left(\pi + \dfrac{\pi}{6}\right) \times f'(0)}{\left(3 - \sin\left(\pi + \dfrac{\pi}{6}\right)\right)^2} = \dfrac{2 \times \left(-\dfrac{\sqrt{3}}{2}\right) \times (-2\pi)}{\left(3 + \dfrac{1}{2}\right)^2}$

$= \dfrac{2\sqrt{3}\,\pi}{\dfrac{49}{4}} = \dfrac{8\sqrt{3}}{49}\pi$

$g'(3) = \dfrac{2\cos\left(4\pi + \dfrac{\pi}{6}\right) \times f'(3)}{\left(3 - \sin\left(4\pi + \dfrac{\pi}{6}\right)\right)^2} = \dfrac{2 \times \left(\dfrac{\sqrt{3}}{2}\right) \times (4\pi)}{\left(3 - \dfrac{1}{2}\right)^2}$

$= \dfrac{4\sqrt{3}\,\pi}{\dfrac{25}{4}} = \dfrac{16\sqrt{3}}{25}\pi$

따라서 $\dfrac{g'(3)}{g'(0)} = \dfrac{\dfrac{16\sqrt{3}}{25}\pi}{\dfrac{8\sqrt{3}}{49}\pi} = \dfrac{98}{25}$

따라서 $p = 25$, $q = 98$이므로 $p + q = 123$

51 정답 5

이차항의 계수가 $a\,(a > 0)$인 이차함수 $f(x)$는 (가) 조건에서
축의 방정식이 $x = 1$이므로
$f(x) = a(x-1)^2 + q$이다.
$f'(x) = 2a(x-1)$이므로
$g(x) = 2a(x-1)\ln\{a(x-1)^2 + q\}$이다.

(나)의 $2a(x-1)\{g(x) - 2a(x-1)\} \geq 0$에서
$x \leq 1$일 때, $g(x) \leq 2a(x-1)$
$x \geq 1$일 때, $g(x) \geq 2a(x-1)$
을 만족해야 한다.

$g'(x) = 2a\ln\{a(x-1)^2 + q\} + \dfrac{4a^2(x-1)^2}{a(x-1)^2 + q}$이다.

모든 실수 x에 대하여 $g'(x) > 0$이므로 $g(x)$는 증가함수이다.
따라서 다음 그림과 같이 $x = 1$에서의 함수 $g(x)$의 접선의
기울기 $g'(1)$와 $y = 2a(x-1)$의 기울기를 비교했을 때,
$g'(1) \geq 2a$이면 조건 (나)를 만족한다.

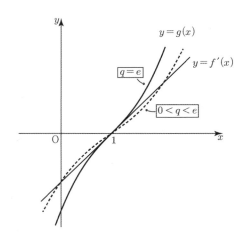

따라서
$g'(1) = 2a\ln q$이므로
$2a\ln q \geq 2a$
$\ln q \geq 1$
$q \geq e$이다.

따라서 이차함수 $f(x)$의 최솟값은 e이다.
한편, $g(1) = 0$이고
$g(x) = 2a(x-1)\ln\{a(x-1)^2 + q\}$에서
$g(2-x) = 2a(1-x)\ln\{a(1-x)^2 + q\}$
$\quad = -2a(x-1)\ln\{a(x-1)^2 + q\} = -g(x)$ 이므로
$g(2-x) + g(x) = 0$이 성립한다.
즉, 함수 $g(x)$는 양수 a의 값에 관계없이 $(1, 0)$에 대칭인
함수이다.

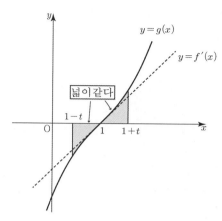

그러므로 $\displaystyle\int_{1-t}^{1+t} g(x)dx = \int_{1+t}^{1-t} g(x)dx = 0$ 이다.

$\displaystyle\int_m^b g(x)dx = \int_e^b g(x)dx = 0$을 만족하는 $b=2-e$이다.

$b < 2-e$이면 $\displaystyle\int_e^{2-e} g(x)dx > 0$이므로

$\displaystyle\int_e^b g(x)dx \geq 0$을 만족하는 b의 범위는 $b \leq 2-e$

따라서 b의 최댓값은 $-e+2$이다.

$p=-1$, $q=2$이므로 $p^2+q^2=5$이다.

52 정답 169

(가)에서 사차함수 $f(x)$가 최댓값을 가지므로 사차항의 계수는 음수이다.

$f(0)=1$, $f'(0)=0$이고 조건(가)에서 방정식 $f(x)=1$의 서로 다른 실근의 개수는 2이기 위해서는 $f(x)=mx^2(x-n)^2+1$ 또는 $f(x)=mx^3(x-n)+1$ 꼴이다.

또한 (가)에서 $x>0$에서 $f(x) \geq x+1$의 해가 존재하므로

$f(x)=mx^3(x-n)+1$ $(m<0, n>0)$ 꼴이다. ···㉠

(나)에서 함수 $|f(x)-g(f(x))|$의 미분가능하지 않은 점은 곡선 $y=f(x)-g(f(x))$와 $y=0$의 접점이 아닌 교점이다.

$g(f(x)) = \dfrac{af(x)}{\{f(x)\}^2+1}$ 이므로

$f(x) - \dfrac{af(x)}{\{f(x)\}^2+1} = f(x)\left[1 - \dfrac{a}{\{f(x)\}^2+1}\right]=0$에서

$f(x)=0$ 또는 $\{f(x)\}^2+1=a$

(i) $f(x)=0$일 때, ㉠에서 $y=f(x)$의 그래프는 x축과 두 점에서 만나므로 미분가능하지 않는 점의 개수가 2이다.

(ii) $\{f(x)\}^2+1=a$일 때, $f(x)=\pm\sqrt{a-1}$이고 $y=f(x)$의 그래프는 $y=-\sqrt{a-1}$과 두 점에서 만나므로 미분가능하지 않는 점의 개수가 2이다.

한편,

$\sqrt{a-1} < M$일 때, $y=f(x)$의 그래프는 $y=\sqrt{a-1}$과 두 점에서 만난다. 그런데 미분가능하지 않은 $x=\alpha$의 개수가 5이므로 $y=f(x)$와 $y=\sqrt{a-1}$의 두 교점 중 하나는

접점이어야 한다. ㉠의 그래프에서 $(0, 1)$이 $y=1$과 접하므로 $\sqrt{a-1}=1$이다.

즉, $a=2$

(i), (ii)에서 함수 $|f(x)-g(f(x))|$가 미분가능하지 않은 점의 개수가 5개 되게 하는 함수 $g(x)$는 $g(x)=\dfrac{2x}{x^2+1}$이다.

함수 $g(x)$의 그래프는 다음과 같다.

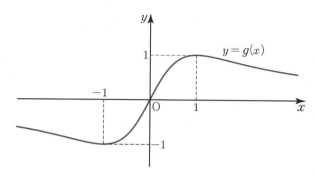

즉, $g(x)=0$의 해는 $x=0$이 유일하고 함수 $g(x)$의 치역은 $\{y \mid -1 \leq y \leq 1\}$이다.

(다)에서 함수 $|kg(x)-f(kg(x)-1)|$의 미분가능하지 않는 점은 곡선 $y=kg(x)-f(kg(x)-1)$와 $y=0$의 접점이 아닌 교점이다.

$kg(x)=t$···㉡라 두면 $y=t-f(t-1)$와 $y=0$의 접점이 아닌 교점에서 미분가능하지 않는다고 할 수 있다. ㉠에서

$f(t-1)=m(t-1)^3(t-1-n)+1$이므로

$h(t)=m(t-1)^3(t-1-n)+1$ $(m<0, n>0)$라 하면 $y=h(t)$와 $y=t$의 교점은

$t=\gamma$ $(\gamma<1)$, $t=1$, $t>1$···㉢에서 한 개 이상의 교점을 갖는다.

㉡에서 $g(x)=\dfrac{t}{k}$이다.

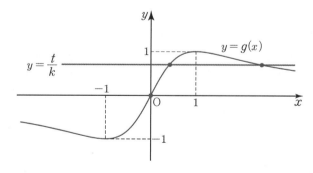

(iii) $t=1$일 때, $|k|>1$이므로 $y=g(x)$와 $y=\dfrac{1}{k}$은 교점의 개수가 2이고 모두 접점이 아니다.

(iv) $y=g(x)$와 $y=0$의 교점은 1개다.

(iii), (iv)에서 함수 $|kg(x)-f(kg(x)-1)|$의 미분가능하지 않는 점의 개수가 3이기 위해서는 ㉢의 $y=h(t)$와 $y=t$의 교점에서 $\gamma=0$이고 $t>1$에서의 교점은 접점이어야 한다.

따라서 방정식 $h(t)=t$는 $t=0$, $t=1$, $t>1$인 중근을 갖는다.

$h(t)=m(t-1)^3(t-1-n)+1$에서

$h(0)=0$이므로 $m(1+n)+1=0$에서 $n+1=-\dfrac{1}{m}$

$m(t-1)^3\left(t+\dfrac{1}{m}\right)+1=t \Rightarrow m(t-1)^3\left(t+\dfrac{1}{m}\right)-(t-1)=0$

$\Rightarrow (t-1)\left\{m(t-1)^2\left(t+\dfrac{1}{m}\right)-1\right\}$

$\quad=(t-1)\{(t^2-2t+1)(mt+1)-1\}$

$\quad=(t-1)\{mt^3+(1-2m)t^2+(m-2)t\}$

$\quad=(t-1)t\{mt^2+(1-2m)t+(m-2)\}$

따라서 $mt^2+(1-2m)t+(m-2)=0$은 중근을 갖는다.

$D=(1-2m)^2-4m(m-2)$

$\quad=4m^2-4m+1-4m^2+8m$

$\quad=4m+1$

따라서 $D=0$에서 $m=-\dfrac{1}{4}$이다. $n=3$

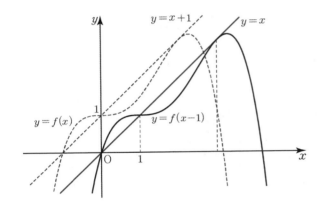

$h(t)=f(t-1)=-\dfrac{1}{4}(t-1)^3(t-4)+1$

따라서 $f(x)=-\dfrac{1}{4}x^3(x-3)+1$

$f'(x)=-\dfrac{3}{4}x^2(x-3)-\dfrac{1}{4}x^3=-\dfrac{1}{4}x^2(4x-9)$

따라서 $x=\dfrac{9}{4}$에서 $f(x)$는 최댓값을 갖는다.

$\therefore b=\dfrac{9}{4}$

$g(b)=g\left(\dfrac{9}{4}\right)=\dfrac{2\times\dfrac{9}{4}}{\left(\dfrac{9}{4}\right)^2+1}=\dfrac{\dfrac{9}{2}}{\dfrac{97}{16}}=\dfrac{72}{97}$

$p=97,\ q=72$

$p+q=169$

53 정답 5

$h(x)=-\dfrac{2e^x}{e^{2x}+1}$이라 할 때,

$h'(x)=\dfrac{2e^x(e^{2x}-1)}{(e^{2x}+1)^2}$이므로 $h'(x)=0$의 해는 $x=0$이다.

따라서 $h(x)$는 $x=0$에서 극솟값 $h(0)=-1$을 갖고

$\displaystyle\lim_{x\to\pm\infty}h(x)=0$이므로 함수 $h(x)$의 치역은

$\{y\mid -1\le y<0\}$이다.

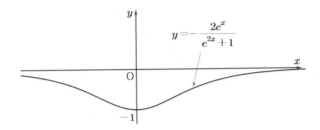

따라서

$-1\le h(x)<0$이므로 $k-1\le g(x)<k\cdots\bigcirc$

$f(f(x))=x$을 만족하는 실수 a가 존재하면 $f(f(a))=a$가
성립한다.

이때 $f(a)$가 될 수 있는 값은 a이거나 a가 아닌 어떤 수 b로
생각할 수 있다.

(i) $f(a)=a$이면 $f(f(a))=f(a)=a$이므로 항상 성립한다. $\Rightarrow$
(a,a)는 $y=x$위의 점이다.

(ii) $f(a)=b$이면 $f(f(a))=f(b)=a$에서 $f(b)=a$가 성립해야
한다.

$\Rightarrow (a,b)$와 (b,a)는 $y=x$에 대칭인 점이다.
(단, $a\ne b$)

(i), (ii)에서 $f(f(x))=x$을 만족하는 실수 a는 $y=f(x)$와
$y=x$의 교점 또는 $y=f(x)$와 $y=x$에 대칭인 식 $x=f(y)$의
그래프의 교점의 x좌표임을 알 수 있다.

따라서

$y=x^2+g(t)$와 $y=x$가 접할 때는 $f(f(x))=x$의 실근의
개수는 1이다.

$x^2+g(t)=x$

$x^2-x+g(t)=0$

$D=1-4g(t)=0$에서 $g(t)=\dfrac{1}{4}$

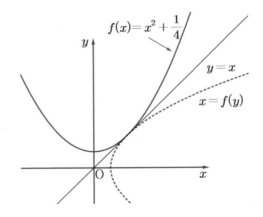

따라서 $f(f(x))=x$의 실근의 개수는 2이기 위해서는
$g(t)<\dfrac{1}{4}$이다. $\cdots\bigcirc$

$g(t)<0$일 때, $y=x^2+g(t)$와 $y=x$의 교점 중 x좌표가
음수인 점에서 $y=x^2+g(t)$의 접선의 기울기가 -1이면

$y = x^2 + g(t)$와 그것의 $y = x$에 대칭인 그래프 $x = y^2 + g(t)$는 그 교점에서 접하게 된다.

$$y = x^2 + g(t)$$
$$y' = 2x \rightarrow 2x = -1$$
$$x = -\frac{1}{2}$$

즉, 교점 $\left(-\frac{1}{2}, -\frac{1}{2}\right)$에서 $y = x^2 + g(t)$와 $x = y^2 + g(t)$의 그래프는 접한다.

$-\frac{1}{2} = \left(-\frac{1}{2}\right)^2 + g(t)$에서 $g(t) = -\frac{3}{4}$일 때

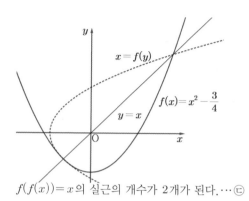

$f(f(x)) = x$의 실근의 개수가 2개가 된다. … ㉢

따라서 ㉡, ㉢에서

$f(f(x)) = x$의 실근의 개수가 2가 되기 위해서는

$-\frac{3}{4} \leq g(t) < \frac{1}{4}$이다.

㉠의 $k - 1 \leq g(x) < k$에서 $k = \frac{1}{4}$이면 모든 실수 t에 대하여 $f(f(x)) = x$의 실근의 개수가 2가 된다.

따라서 $k = \frac{1}{4}$

$\therefore 80k^2 = 5$

[랑데뷰팁]

다음 그림과 같이 $g(t) < -\frac{3}{4}$인 경우

예를 들어 $g(t) = -1$인 경우

즉, $f(x) = x^2 - 1$이면 $f(f(x)) = x$의 실근의 개수는 4이다.

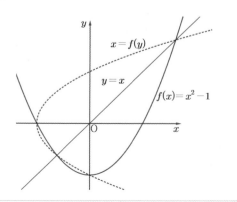

---

54 정답 3

[그림 : 이정배T]

함수 $g(x) = 2e^{ax^3 + bx} - 1$는 $a > 0$, $g(0) = 1$, 점근선이 $x = -1$이고 역함수가 존재하므로 실수 전체의 집합에서 증가한다.

따라서 $g(x) = 0$의 실근의 개수는 1이고 그 실근을 $x = \alpha$라 하면 그래프 개형은 다음 그림과 같다.

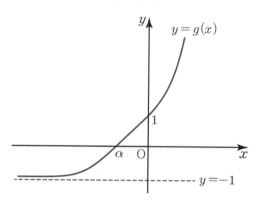

한편,

$$h(x) = \begin{cases} (f \circ g^{-1})(x) & (x < 0 \text{ or } x > 1) \\ x^2 + cx & (0 \leq x \leq 1) \end{cases}$$ 에서

$x = g(t)$를 대입하면

$$h(g(t)) = \begin{cases} (f \circ g^{-1})(g(t)) & (g(t) < 0 \text{ or } g(t) > 1) \\ \{g(t)\}^2 + cg(t) & (0 \leq g(t) \leq 1) \end{cases}$$

$$= \begin{cases} f(t) & (g(t) < 0 \text{ or } g(t) > 1) \\ \{g(t)\}^2 + cg(t) & (0 \leq g(t) \leq 1) \end{cases}$$

$$= \begin{cases} t^2 - 1 & (t < \alpha \text{ or } t > 0) \\ \{g(t)\}^2 + cg(t) & (\alpha \leq t \leq 0) \end{cases}$$

함수 $h(x)$가 실수 전체의 집합에서 연속이므로 $h(g(t))$도 $x = \alpha$와 $t = 0$에서 연속이다.

따라서

$k(t) = h(g(t))$라 하면

함수 $k(t)$는 $t = \alpha$에서 연속이므로 $\lim\limits_{t \to \alpha-} k(t) = \lim\limits_{t \to \alpha+} k(t)$이 성립한다.

$g(\alpha) = 0$이므로 $\alpha^2 - 1 = 0$에서

$\therefore \alpha = -1 \ (\alpha < 0)$

따라서 $g(-1) = 2e^{-a-b} - 1 = 0$

$$e^{-a-b} = \frac{1}{2}$$

$$e^{a+b} = 2$$

$$a + b = \ln 2 \cdots ㉠$$

또한 함수 $k(t)$는 $t = 0$에서 연속이므로 $\lim\limits_{t \to 0-} k(t) = \lim\limits_{t \to 0+} k(t)$이 성립한다.

$g(0) = 1$이므로 $0^2 - 1 = 1 + c$에서

$\therefore c = -2$

따라서

$$k(t)=\begin{cases} t^2-1 & (t<-1 \text{ or } t>0) \\ \{g(t)\}^2-2g(t) & (-1 \le t \le 0) \end{cases}$$

$$k'(t)=\begin{cases} 2t & (t<-1 \text{ or } t>0) \\ 2g(t)g'(t)-2g'(t) & (-1 \le t \le 0) \end{cases}$$

$t=0$에서 좌우 미분계수를 비교하면

$0=2g(0)g'(0)-2g'(0)$

$g(0)=1$이므로 항등식이다.

따라서 $t=0$에서 미분가능하다.

$t=-1$에서 좌우 미분계수를 비교하면

$-2=2g(-1)g'(-1)-2g'(-1)$

$g(-1)=0$이므로 $g'(-1)=1$

$g(x)=2e^{ax^3+bx}-1$에서

$g'(x)=2e^{ax^3+bx}(3ax^2+b)$

$g'(-1)=2e^{-a-b}(3a+b)$이고 ㉠ $a+b=\ln2$

에서 $e^{-a-b}=\dfrac{1}{e^{\ln2}}=\dfrac{1}{2}$이므로

$3a+b=1$이다.

그러므로 $a=\dfrac{1-\ln2}{2}$, $b=\dfrac{3\ln2-1}{2}$이다.

$g(x)=2e^{\frac{1-\ln2}{2}x^3+\frac{3\ln2-1}{2}x}-1$

따라서

$g(2)=2e^{3-\ln2}-1$

$\quad=2\times e^3\times e^{-\ln2}-1$

$\quad=e^3-1$

$g(2)+1=e^3$

따라서 $\ln(g(2)+1)=\ln e^3=3$

$f(x)=x^2-1$, $g(x)=2e^{\frac{1-\ln2}{2}x^3+\frac{3\ln2-1}{2}x}-1$

$$h(x)=\begin{cases} (f\circ g^{-1})(x) & (x<0 \text{ or } x>1) \\ x^2-2x & (0 \le x \le 1) \end{cases}$$

의 그래프는 다음과 같다.

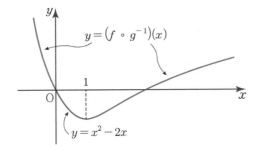

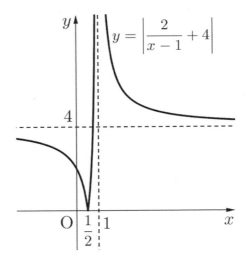

---

55 정답 8

(가)에서 $f(x)=(x-1)^nQ(x)$이고 n은 3이하의 자연수이다.

(나)에서 $f(x)=x^m(x-1)^n$ $(n=1, 2, 3)$

$f'(x)=x^{m-1}(x-1)^{n-1}\{(m+n)x-m\}$

$g'(x)=\dfrac{f(x)+xf'(x)}{xf(x)}=\dfrac{1}{x}+\dfrac{f'(x)}{f(x)}$

$xg'(x)=1+\dfrac{xf'(x)}{f(x)}$

$\quad=1+\dfrac{x\{(x)^{m-1}(x-1)^{n-1}\{(m+n)x-m\}\}}{x^m(x-1)^n}$

$\quad=1+\dfrac{(m+n)x-m}{x-1}=\dfrac{n}{x-1}+m+n+1$

$|xg'(x)|$가 $x=\dfrac{1}{2}$에서 미분가능하지 않으므로

$y=\dfrac{n}{x-1}+m+n+1$은 $\left(\dfrac{1}{2},0\right)$을 지난다.

대입하면 $m-n=-1$

n은 3이하 자연수이므로 (m, n)은 $(1, 2)$, $(2, 3)$

(i) $m=1$, $n=2$일 때

$f(x)=x(x-1)^2$, $g(x)=\ln\{x^2(x-1)^2\}$이므로

$g(x)$는 $x\ne 0$, $x\ne 1$인 모든 실수에서 정의된다.

또한 $|xg'(x)|=\left|\dfrac{2}{x-1}+4\right|$이므로 $x=\dfrac{1}{2}$에서 연속이지만

미분가능하지 않는다.

(ii) $m=2$, $n=3$일 때

$f(x)=x^2(x-1)^3$, $g(x)=\ln\{x^3(x-1)^3\}$이므로

$g(x)$의 정의역이 $x<0$ 또는 $x>1$이므로 주어진 조건에 맞지 않다.

(i), (ii)에서 $g(x)=\ln\{x^2(x-1)^2\}$이다.

$g'(x)=\dfrac{4x-2}{x(x-1)}$이므로 증감표는 다음과 같다.

x	$\cdots$	0	$\cdots$	$\left(\dfrac{1}{2}\right)$	$\cdots$	1	$\cdots$
$g'(x)$	$-$	$\times$	$+$	0	$-$	$\times$	$+$
$g(x)$	$\searrow$	$\times$	$\nearrow$	$-4\ln2$	$\searrow$	$\times$	$\nearrow$

따라서 극대점은 $\left(\dfrac{1}{2},\ -4\ln2\right)$이 $e^{-k}=e^{\ln16}=16$이므로

$\alpha \times e^{-k} = \dfrac{1}{2} \times 16 = 8$이다.

[랑데뷰팁]

$f(x)=x^m(x-1)^n$ $(n=1,2,3)$의 양변에 x를 곱하면
$xf(x)=x^{m+1}(x-1)^n$이 정의역에서 양수이므로 $m+1$과
n은 모두 짝수인 자연수이다.
즉, m은 홀수 n은 3이하의 짝수로 $n=2$일 수 밖에 없다.
이하 계산 동일

56 정답 ⑤

일반적으로 실수 전체의 집합에서 미분가능하며 감소하는

함수(제외→$y=x$에 대칭함수$\left(예 : y=\dfrac{1}{x}\right)$,

$y=x$와의 교점이 $x=a$일 때 $f''(a)=0$인 함수(예 : $y=-x^3$))
와 그 역함수는 $y=x$위의 점에서 교점을 갖고 그 교점에서의
접선의 기울기가 -1보다 크거나 같으면 $y=x$ 위의 교점
외에는 교점을 갖지 않는다. $y=x$위의 점에서의 접선의
기울기가 -1보다 작으면 $y=x$위의 교점 외에 $y=x$에 대칭인
다른 교점이 $y=x$위가 아닌 곳에 존재한다.
즉, $y=f(x)$와 $y=x$의 교점을 t라 할 때
$f'(t) < -1$이면 $y=f(x)$와 $y=f^{-1}(x)$는 3개의 교점을
갖는다.

[랑데뷰세미나 참고]

따라서
$y=f(x)$와 $y=x$의 교점의 x좌표를 $x=t$라 하면
$f'(t)=-1$일 때, 두 곡선 $y=f(x)$와 $y=g(x)$의 교점의
개수가 1이고 그때 k의 값이 최대이다.
$f(t)=t$에서 $k(t+1)e^{-t}=t \cdots \bigcirc$
$f'(x)=ke^{-x}-k(x+1)e^{-x}=-kxe^{-x}$

$f'(t)=-1$에서 $-kte^{-t}=-1$이므로 $k=\dfrac{e^t}{t} \cdots \bigcirc$

$\bigcirc$, $\bigcirc$에서 $\dfrac{t+1}{t}=t$이 성립한다.

$t^2-t-1=0$에서 $t=\dfrac{1+\sqrt5}{2}$ $(\because t>0)$

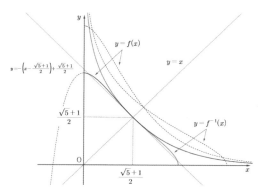

따라서 $k=\dfrac{2}{\sqrt5+1}e^{\frac{\sqrt5+1}{2}}=\dfrac{\sqrt5-1}{2}e^{\frac{\sqrt5+1}{2}}$

그러므로 $0<k\le\dfrac{\sqrt5-1}{2}e^{\frac{\sqrt5+1}{2}}$이면 두 곡선
$y=f(x)$와 $y=g(x)$의 교점의 개수가 1이다.

57 정답 ⑤

$\{f'(g(x))-e\}\{2f'(x)-2e^x+x^2-e\}=$
$x[\{f'(g(x))-e\}^2+e]$의 양변을 $f'(g(x))-e$로 나누면

$2f'(x)-2e^x+x^2-e=x\{f'(g(x))-e\}+\dfrac{ex}{f'(g(x))-e} \cdots \bigcirc$

$f'(x)=e^x+e$이므로 $f'(g(x))-e=e^{g(x)}+e-e=e^{g(x)}$이다.
따라서 $\bigcirc$은

$2(e^x+e)-2e^x+x^2-e=xe^{g(x)}+\dfrac{ex}{e^{g(x)}}$

$\Rightarrow x^2+e=x\left(e^{g(x)}+e^{1-g(x)}\right)$이다. $\cdots \bigcirc$

두 함수 f와 g는 서로 역함수 관계이므로 $g(f(t))=t$를
만족한다.
따라서 $\bigcirc$의 양변에 $x=f(t)$를 대입하면 $g(f(t))=t$이므로
$\{f(t)\}^2+e=f(t)\left(e^t+e^{-t+1}\right)$
$\{f(t)\}^2-f(t)\left(e^t+e^{-t+1}\right)+e=0$
$\{f(t)-e^t\}\{f(t)-e^{-t+1}\}=0$
따라서 $f(t)=e^t$ 또는 $f(t)=e^{-t+1}$
$x\in[1,e]$일 때, $t\in[0,1]$이므로 다음 그림과 같이
$y=e^t+et+k$가 $(0,e)$을 지날 때, k의 최댓값은 $e-1$이고
$(1,1)$을 지날 때, k의 최솟값은 $1-2e$임을 알 수 있다.

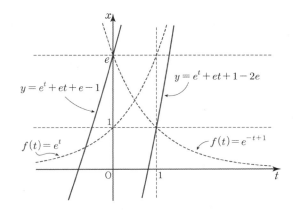

$m = 1 - 2e$, $M = e - 1$
따라서 $M + m = -e$

58 정답 ④

(가)에서 사차함수 $y = f(x)$와 삼차함수 $y = g(x)$의 그래프는 두 점에서 만나고 그 때의 x좌표가 $x = 0$과 $x = \alpha$이다.

즉, $f(0) = g(0)$, $f(\alpha) = g(\alpha)$

(다)에서 $\dfrac{f(0)}{g(0)} \neq 1$이므로 $f(0) = g(0) = 0 \cdots \bigcirc$이다.

(다)에서

$\displaystyle\lim_{x \to 0} \dfrac{f(\sin x)}{g(1 - \cos x)} = \lim_{x \to 0} \dfrac{f'(\sin x)\cos x}{g'(1 - \cos x)\sin x} = -1$이므로

$f'(0) = 0 \cdots \bigcirc$이다.

$\bigcirc, \bigcirc$에서 사차함수 $f(x)$는 x^2을 인수로 갖는 사차식 임을 알 수 있다.

$\therefore f(x) = x^2(x^2 + ax + b)$

따라서 $f(x)$는 $x = 0$에서 x축에 접한다.

$g(0) = 0$이고 (나)에 의해 삼차함수 $g(x)$도 x축에 접해야 한다.

따라서 $g(x) = x^2(px + q)$ $(p > 0)$꼴이다.

$\displaystyle\lim_{x \to 0} \dfrac{f(\sin x)}{g(1 - \cos x)}$

$= \displaystyle\lim_{x \to 0} \dfrac{\sin^2 x(\sin^2 x + a\sin x + b)}{(1 - \cos x)^2\{p(1 - \cos x) + q\}}$

$\qquad\leftarrow$ 분모, 분자에 $\times (1 + \cos x)^2$

$= \displaystyle\lim_{x \to 0} \dfrac{\sin^2 x(\sin^2 x + a\sin x + b) \times (1 + \cos x)^2}{(1 - \cos^2 x)^2\{p(1 - \cos x) + q\}}$

$= \displaystyle\lim_{x \to 0} \dfrac{\sin^2 x(\sin^2 x + a\sin x + b) \times (1 + \cos x)^2}{\sin^4 x\{p(1 - \cos x) + q\}}$

$= \displaystyle\lim_{x \to 0} \dfrac{(\sin^2 x + a\sin x + b) \times (1 + \cos x)^2}{\sin^2 x\{p(1 - \cos x) + q\}}$

$\qquad\leftarrow a = b = 0$일 때 수렴할 수 있다.

$= \displaystyle\lim_{x \to 0} \dfrac{(1 + \cos x)^2}{\{p(1 - \cos x) + q\}}$

$= \dfrac{4}{q} = -1$

따라서 $q = -4$이다.

$\therefore f(x) = x^4$, $g(x) = x^2(px - 4)$

(가), (나)에서 $f(x)$와 $g(x)$는 $x = \alpha$에서 접하므로 방정식 $f(x) - g(x) = x^2(x - \alpha)^2$꼴이다.

따라서 $f(x) - g(x) = x^2(x^2 - px + 4)$에서 $p = 4$

$\therefore \alpha = 2$

$f(2) = 2^4 = 16$이다.

59 정답 84

[그림 : 최성훈T]

$g(x) = \dfrac{f(x)}{x - a} = \dfrac{f(x) - 0}{x - a}$에서 $g(x)$는 $(a, 0)$와 $(x, f(x))$을 잇는 직선의 기울기를 의미한다.

따라서, 함수 $g(x)$는 x축 위의 점 $(a, 0)$에서 $x > a$인 곡선 $y = f(x)$ 위의 점을 이은 직선의 기울기의 변화를 나타낸다.

$f(x)$의 최고차항의 계수가 -1이고 $x = \dfrac{5}{3}$에서 극솟값을 갖고 $f(1) < 0$이므로 그래프 개형은 다음과 같다.

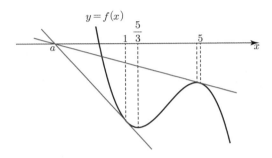

이때, $g(x)$는 $x = 1$에서 극소, $x = 5$에서 극대를 가지고 기울기가 모두 음수이므로 그 값이 모두 음수이다.

따라서 $|g(x)|$의 그래프는 다음과 같다.

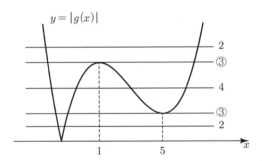

$|g(x)| = k$인 실근의 개수가 3이 2개 나타나므로 조건에 맞지 않는다.

방정식 $|g(x)| + g(t) = 0$이 서로 다른 실근의 개수는 $y = |g(x)|$, $y = -g(t)$의 교점의 개수와 같다.

$y = -g(t)$는 $y = -g(x)$의 그래프에서 $x = t$를 대입한 y의 값이다.

따라서 $|g(x)| = -g(t)$인 실근의 개수가 3인 것이 2개가 되기 위해서는 극댓값이 $f(5)$이어야 하고 그 값이 $f(5) = 0$이어야 한다.

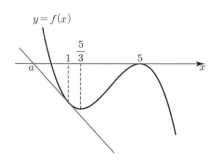

$y = f(x)$

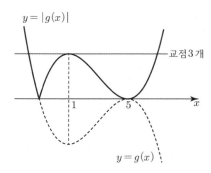

$y = |g(x)|$

교점 3개

$y = g(x)$

따라서 $f'(x) = -3\left(x - \dfrac{5}{3}\right)(x-5) = -3x^2 + 20x - 25$

$\therefore f(x) = -x^3 + 10x^2 - 25x + C$

$f(5) = 0$에서 $C = 0$

$\therefore f(x) = -x^3 + 10x^2 - 25x$

한편 $(1, f(1))$에서의 접선의 방정식은

$y = -8(x-1) - 16 \Rightarrow y = -8x - 8$에서 x절편이 $(a, 0)$이므로

$a = -1$이다.

따라서

$f(-1) - f'(-1) = 36 - (-48) = 84$

60 정답 8

(가)에서 $f(x) = ax(x-k)^2$꼴이다.

(나)에서

$\displaystyle \int_0^k f(x)\,dx = a\int_0^k x(x-k)^2\,dx = \dfrac{ak^4}{12}$이고 $\dfrac{ak^4}{12} = 1$

$\therefore a = \dfrac{12}{k^4}$

$f(x) = \dfrac{12}{k^4} x(x-k)^2 \cdots \bigcirc$

(다)에서 $x_1 < x_2$인 임의의 두 실수 x_1, x_2에 대하여

$f(x_2) - f(x_1) + 3ax_2 - 3ax_1 \geq 0$이므로 양변을

$x_2 - x_1 (> 0)$로 나누어 식을 정리하면

$\dfrac{f(x_2) - f(x_1)}{x_2 - x_1} \geq -3a$이다.

$\dfrac{f(x_2) - f(x_1)}{x_2 - x_1}$은 두 점 $(x_1, f(x_1))$과 $(x_2, f(x_2))$을

잇는 직선의 기울기를 나타내므로 x_1을 상수로 보고 x_2를

변수로 보면 $(x_1, f(x_1))$을 고정시킨 채 $(x_2, f(x_2))$을 함수

$f(x)$의 그래프를 따라 움직이며 기울기의 변화를 관찰할 수 있다.

이때,

$\displaystyle \lim_{x_2 \to x_1} \dfrac{f(x_2) - f(x_1)}{x_2 - x_1} = \lim_{x \to x_1+} \dfrac{f(x) - f(x_1)}{x - x_1} = f'(x_1)$이다.

즉, $f'(x)$의 최솟값이 $-3a$이므로

$f'(x) = a(x-k)^2 + 2ax(x-k)$

$\quad = a(3x^2 - 4kx + k^2)$

$\quad = a\left\{3\left(x - \dfrac{2}{3}k\right)^2 - \dfrac{1}{3}k^2\right\}$

[랑데뷰팁]-다른 설명 변곡접선의 기울기

$f(x)$의 변곡점 $\left(x = \dfrac{2}{3}k\right)$에서 $f'(x)$는 최솟값을 가진다.

$f'\left(\dfrac{2}{3}k\right) = -\dfrac{a}{3}k^2 \geq -3a$

따라서 $k^2 \leq 9$이므로 $-3 \leq k \leq 3$이다.

$\bigcirc$에서

$f(6) = \dfrac{72(6-k)^2}{k^4} = \dfrac{72(k-6)^2}{k^4}$

$h(k) = \dfrac{72(k-6)^2}{k^4}$라 하면

$h'(k) = \dfrac{144(k-6)k^4 - 72(k-6)^2 4k^3}{k^8}$

$\quad = \dfrac{-144(k-6)(k-12)}{k^5}$

증감표는 다음과 같다.

k	-3	$\cdots$	0	$\cdots$	3
$h'(k)$		$+$		$-$	
$h(k)$	72				8

따라서 $f(6)$의 최솟값은 $k = 3$일 때 8이다.

61 정답 149

$\pi > 1$이므로

$x < 0$일 때 $0 < \pi^x < 1$이고

$x > 0$일 때 $\pi^x > 1$이다.

$i(x) = \pi^x$라 하면 (가)에서 $x \neq 1$인 x에 대하여

$f(i(x)) > f(i(1))$이 성립하므로

삼차함수 $f(x)$는 $x = i(1)$에서 극소이다. 즉, 삼차함수 $f(x)$는

$x = \pi$에서 극솟값을 갖는다. ($x > 0$에서 극소이자 최소이다.)

극솟값을 k라 하면 $f(x) = (x+\alpha)(x-\pi)^2 + k$ $(\alpha \geq 0$, k는

상수)꼴이다.

(나)에서 삼차함수의 도함수인 이차함수 $f'(x)$는 삼차함수의

변곡점의 x좌표에서 최솟값을 가지므로

$f'(x) = (x-\pi)^2 + 2(x+\alpha)(x-\pi) \cdots \bigcirc$

$$= 3x^2 + (2\alpha - 4\pi)x + \pi^2 - 2\alpha\pi \text{에서}$$

$$f''(x) = 6x + (2\alpha - 4\pi) = 0 \Rightarrow x = \frac{2\pi - \alpha}{3}$$

따라서 ㉠에 대입하면

$$f'\left(\frac{2\pi - \alpha}{3}\right) = \left(\frac{-\pi - \alpha}{3}\right)^2 + 2\left(\frac{2\pi + 2\alpha}{3}\right)\left(\frac{-\pi - \alpha}{3}\right)$$

$$= -\frac{1}{3}(\pi + \alpha)^2 = -\frac{16}{27}\pi^2$$

$$\Rightarrow (\pi + \alpha)^2 = \frac{16}{9}\pi^2 \Rightarrow \alpha = \frac{\pi}{3} \text{이다.} \ (\alpha \geq 0)$$

[랑데뷰팁]

삼차함수의 대칭성을 이용하면 $x = -\alpha$와 $x = \pi$의 $2:1$로 내분하는 점이 변곡점의 x좌표이므로 $x = \frac{2\pi - \alpha}{3}$를 구할 수 있다.

따라서 $f(x) = \left(x + \frac{\pi}{3}\right)(x - \pi)^2 + k$,

$$f'(x) = (x - \pi)\left(3x - \frac{\pi}{3}\right) \cdots ㉡$$

한편,

$$\lim_{x \to 0-} h'(x) = f'(0) = \frac{\pi^2}{3} \text{이고}$$

$h(x)$가 $x = 0$에서 미분가능하므로 $f'(\beta) = f'(0)$을 만족하는 β를 구하자.

즉, $g(x) = f(x + \beta) - f(\beta) + f(0) \cdots ㉢$이면

함수 $h(x) = \begin{cases} f(x) & (x < 0) \\ g(x) & (x \geq 0) \end{cases}$는 $x = 0$에서 연속이고 미분가능하다.

따라서 ㉡에서

$$f'(\beta) = (\beta - \pi)\left(3\beta - \frac{\pi}{3}\right) = 3\beta^2 - \frac{10}{3}\pi\beta + \frac{\pi^2}{3} = \frac{\pi^2}{3}$$

$$\Rightarrow \beta\left(3\beta - \frac{10}{3}\pi\right) = 0$$

$\beta = 0$이면 평행이동하지 않게 되고 그럼 함수 $h(x)$가 역함수를 가지지 않게 되어 모순이다. 따라서 $\beta = \frac{10}{9}\pi$

예를 들어 $k = 0$일 때는 다음 그림과 같은 상황이다.

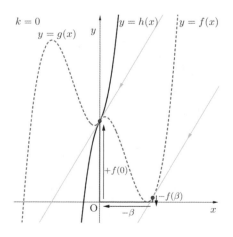

㉢에서

$$h(x) = \begin{cases} \left(x + \frac{\pi}{3}\right)(x - \pi)^2 + k & (x < 0) \\ f\left(x + \frac{10}{9}\pi\right) - f\left(\frac{10}{9}\pi\right) + \frac{\pi^3}{3} + k & (x \geq 0) \end{cases}$$

$$= \begin{cases} \left(x + \frac{\pi}{3}\right)(x - \pi)^2 + k & (x < 0) \\ \left(x + \frac{13}{9}\pi\right)\left(x + \frac{\pi}{9}\right)^2 - \frac{13}{729}\pi^3 + \frac{\pi^3}{3} + k & (x \geq 0) \end{cases}$$

$$= \begin{cases} \left(x + \frac{\pi}{3}\right)(x - \pi)^2 + k & (x < 0) \\ \left(x + \frac{13}{9}\pi\right)\left(x + \frac{\pi}{9}\right)^2 + \frac{230}{729}\pi^3 + k & (x \geq 0) \end{cases}$$

따라서

$$h\left(\frac{5}{9}\pi\right) = (2\pi)\left(\frac{2}{3}\pi\right)^2 + \frac{230}{729}\pi^3 + k$$

$$= \frac{8}{9}\pi^3 + \frac{230}{729}\pi^3 + k = \frac{648 + 230}{729}\pi^3 + k$$

$$= \frac{878}{729}\pi^3 + k$$

이고 $h\left(-\frac{\pi}{3}\right) = k$이다.

그러므로 $h\left(\frac{5}{9}\pi\right) - h\left(-\frac{\pi}{3}\right) = \frac{878}{729}\pi^3 + k - k = \frac{878}{729}\pi^3$

따라서 $p = 729, q = 878$이므로 $q - p = 149$

[다른 풀이]–유승희T

$x < 0$에서 $h(x) = f(x) = \left(x + \frac{\pi}{3}\right)(x - \pi)^2 + k$

$x \geq 0$에서 $h(x) = g(x)$는 $f(x)$를 x축의 음의 방향으로 $\frac{10}{9}\pi$만큼, y축의 양의 방향으로

$f(0) - f\left(\frac{10}{9}\pi\right)$만큼 평행이동한 그래프이므로

$$g(x) = f\left(x + \frac{10}{9}\pi\right) + f(0) - f\left(\frac{10}{9}\pi\right)$$

그러므로 $h\left(-\frac{\pi}{3}\right) = f\left(-\frac{\pi}{3}\right) = k$이고,

$$h\left(\frac{5}{9}\pi\right) = g\left(\frac{5}{9}\pi\right) = f\left(\frac{5}{3}\pi\right) + f(0) - f\left(\frac{10}{9}\pi\right)$$

$$= \frac{878}{729}\pi^3 + k$$

따라서, $h\left(\frac{5}{9}\pi\right) - h\left(-\frac{\pi}{3}\right) = \frac{878}{729}\pi^3$

$q = 878, p = 729$이다.

$$\therefore \ q - p = 149$$

---

62 정답 8

$y = e^{f(x)} - f(x)$의 개형은 $f(x)$가 다항함수이고 최고차항의 계수가 양수라면 $x \to \infty$일 때 $f(x) \to \infty$이므로 $e^{f(x)} \to \infty$이다.

$e^{f(x)}$가 $f(x)$에 비해 기하급수적으로 증가하므로

$e^{f(x)}-f(x)$는 $x\to\infty$일 때 ∞가 된다.

$x\to-\infty$일 때 $f(x)$가 짝수차 함수이면 같은 방법으로

$e^{f(x)}-f(x)$는 ∞이고

$f(x)$가 홀수차 이면 $x\to-\infty$이면 $f(x)\to-\infty$이고

따라서 $e^{f(x)}\to0+$이다.

즉, $e^{f(x)}-f(x)\to\infty$이다.

따라서 $y=e^{f(x)}-f(x)$는 $f(x)$가 최고차항의 계수가 양수인 다항함수와 같은 성질을 갖는 함수이면

$x\to\infty$, $x\to-\infty$일 때 모두 ∞이 되는 아래로 볼록 형태의 그래프 개형을 갖는다.

(가)에서 $e^{f(1)}-f(1)=1\to f(1)=0$

(나)에서 $g'(x)=f'(x)(e^{f(x)}-1)$

$g'(x)=0$에서 $f'(x)=0$ 또는 $f(x)=0$일 때 극값을 갖는다.

극값이 3개 존재하는 경우는

(i) $f(x)>0$이고 $f'(x)=0$인 근이 3개

(ii) $f(0)=0$이고 $f'(x)=0$의 변곡점이 아닌 근이 1개

그런데 (i)인 경우는 (다)를 만족하지 못한다.

따라서 (ii)가 성립해야 하고

(다)에서 $g''(x)=f''(x)e^{f(x)}+\{f'(x)\}^2e^{f(x)}-f''(x)$이고

$f'(x)=0$, $f(x)\ne0$ 이므로

(ii)의 변곡점에서 $f''(x)=0$이다.

따라서, $f(x)$는 극소점이 1개, 기울기가 0인 변곡점이 1개다.

그 변곡점 좌표의 x값이 γ이면 (다)를 만족한다.

$f(\gamma)=2$이므로 $f(x)=\dfrac{1}{8}(x-\gamma)^3(x+k)+2$이다.

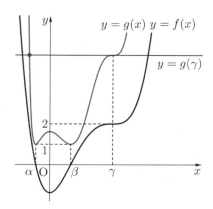

굵게 표시된 점이 함수 $y=|g(x)-g(\gamma)|$가 미분가능하지 않은 점이다.

(가)에서 $g(1)=1$이므로 $f(1)=0\Rightarrow\beta=1$

$(1-\gamma)^3(1+k)=-16$

(나)에서 $g'(0)=0$이므로 $f'(0)=0$

$f'(x)=\dfrac{3}{8}(x-\gamma)^2(x+k)+\dfrac{1}{8}(x-\gamma)^3$에서

$f'(0)=\dfrac{3}{8}\gamma^2k-\dfrac{1}{8}\gamma^3=0$

따라서 $\gamma=3k$

$(3k-1)^3(1+k)=16$

$(27k^3-27k^2+9k-1)(k+1)-16=0$

$27k^4-18k^2+8k-17=0$에서 조립제법으로 좌변을 인수분해 하면

$(k-1)(27k^3+27k^2+9k+17)=0$이고

$f(k)=27k^3+27k^2+9k+17$ 이라 하면

$f'(k)=81k^2+54k+9=9(3k+1)^2\ge0$이고

$f(x)=0$의 해는 $x<0$에서 한 개 존재한다.

(나)에서 $\gamma>0$이므로 $k>0$이다.

따라서 만족하는 $k=1$뿐이다.

따라서 $\gamma=3$

$f(x)=\dfrac{1}{8}(x-3)^3(x+1)+2$에서 $\beta=1$이므로

$5\beta=5$

$f(5)=6+2=8$

63 정답 4

함수 $f(x)$가 $\left(0,\dfrac{1}{2}\right)$에서 x축에 평행한 접선을 가지므로

$f(0)=\dfrac{1}{2}$, $f'(0)=0$이다.

한편, $h(x)=f(\tan x)$ 라 하면

$h'(x)=f'(\tan x)\sec^2x$에서

$h'(0)=f'(0)=0\cdots\bigcirc$

$h'\left(-\dfrac{\pi}{4}\right)=f'(-1)\times2=4$

$h'\left(\dfrac{\pi}{4}\right)=f'(1)\times2$

이다.

함수 $h(x)$의 역함수가 $g(x)$이므로

$h(g(x))=x$

$h'(g(x))g'(x)=1$

$g'(x)=\dfrac{1}{h'(g(x))}\cdots\bigcirc\!\!\!\bigcirc$

(가)에서 $g'(a)=\dfrac{1}{h'(g(a))}$의 값이 존재하지 않으므로

$h'(g(a))=0$

$\bigcirc$에서 $g(a)=0$이므로 $h(0)=a=f(0)=\dfrac{1}{2}$

$\therefore\ a=\dfrac{1}{2}$

따라서 $f'(2a)=f'(1)$을 구하면 된다.

(나)에서 $g(0)=k$ $\left(k\ne-\dfrac{\pi}{4}\right)$라 하면 $g(1)=-k$이고

(다)에서 $\dfrac{-k-\dfrac{\pi}{4}}{k+\dfrac{\pi}{4}}=-1\ne\dfrac{1}{2}$로 모순이므로 $k=-\dfrac{\pi}{4}$이다.

즉, $g(0)=-\dfrac{\pi}{4}$, $g(1)=\dfrac{\pi}{4}$이다.

$h(g(x))=x$에서 $h(g(0))=h\left(-\dfrac{\pi}{4}\right)=f(-1)=0$,

$h(g(1))=h\left(\dfrac{\pi}{4}\right)=f(1)=1$이다.

(다)에서 $\dfrac{g'(1)}{g'(0)}=\dfrac{1}{2}$이므로 $g'(1)=\dfrac{g'(0)}{2}$이다.

$g'(0)=\dfrac{1}{h'(g(0))}=\dfrac{1}{h'\left(-\dfrac{\pi}{4}\right)}$

$h'(x)=f'(\tan x)\sec^2 x$에서 $h'\left(-\dfrac{\pi}{4}\right)=f'(-1)\times 2=4$

$(\because f'(-1)=2)$

이므로 $g'(0)=\dfrac{1}{4}$

따라서 $g'(1)=\dfrac{1}{8}$

ⓒ에서 $g'(1)=\dfrac{1}{h'(g(1))}=\dfrac{1}{h'\left(\dfrac{\pi}{4}\right)}$이므로 $h'\left(\dfrac{\pi}{4}\right)=8$이다.

$h'(x)=f'(\tan x)\sec^2 x$에서 $h'\left(\dfrac{\pi}{4}\right)=f'(1)\times 2$이므로

$8=f'(1)\times 2$이다.

$\therefore f'(2a)=f'(1)=4$

64 정답 ④

$f(a)-f(t)=f'(a)(a-t) \Rightarrow f(t)=f'(a)(t-a)+f(a)$

곡선 $y=f(x)$위의 점 $(a,\ f(a))$에서의 접선

$y=f'(a)(x-a)+f(a)$가 점 $\mathrm{P}(t,\ f(t))$을 지남을 뜻한다. 즉

$g(a)$는 곡선 $y=f(x)$위의 점 $(a,\ f(a))$에서의 접선이

$y=f(x)$와 만나는 점의 개수이다.

$f'(x)=\begin{cases} e^x+xe^x & (x<0) \\ e^{-x}-xe^{-x} & (x\geq 0) \end{cases}$

에서 $f'(0)=1$이고 $f(x)$는 실수 전체에서 미분가능함을 알 수 있다.

$x<0$일 때 $f''(x)=e^x(x+2)$에서 변곡점의 좌표는

$\left(-2,\ -\dfrac{2}{e^2}\right)$이다.

또한 $f(-x)=-f(x)$이므로 함수 $f(x)$는 원점대칭이고

$f'(x)$는 y축 대칭이므로 $g(a)$도 y축 대칭이다.

$x<0$에서 접선과 $f(x)$의 교점의 개수는 다음 그림과 같다.

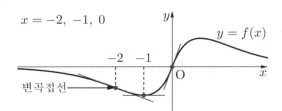

$x=-2,\ -1,\ 0$

변곡접선

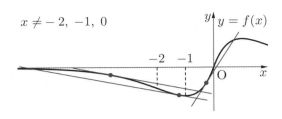

$x\neq -2,\ -1,\ 0$

따라서 $g(a)$는 다음 그림과 같다.

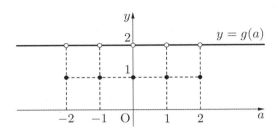

따라서 $\alpha_1=-2$이고 $m=5$이므로 $\alpha_5=2$이다.

따라서

$f(\alpha_1)=f(-2)=-\dfrac{2}{e^2}$

$f(\alpha_m)=f(\alpha_5)=f(2)=\dfrac{2}{e^2}$

따라서 $f(\alpha_m)-f(\alpha_1)=\dfrac{4}{e^2}$

65 정답 329

$y=xf(x)$을 y축 대칭이동하면 $y=-xf(-x)$이고 그것을 x축 대칭이동하면 $y=xf(-x)$이다.

즉, $y=xf(-x)$는 $y=xf(x)$를 원점대칭 이동한 그래프이다.

따라서 $g(x)$의 $x>0$인 부분만 생각해도 되겠다.

함수 $g(x)$가 역함수가 존재하므로 함수 $g(x)$는 증가함수이거나 감소함수이다.

그런데 $f(x)$가 최고차항의 계수가 1인 사차함수이므로

$\lim\limits_{x\to\infty}f(x)=\infty$이므로 $\lim\limits_{x\to\infty}g(x)=\infty$가 된다.

따라서 함수 $g(x)$는 증가함수이다.

또한 함수 $g(x)$는 $(0,\ 0)$을 지나고 증가함수 $g(x)$와 그 역함수의 교점은 반드시 $y=x$위에 있으므로 (나)에서

$y=g(x)$와 $y=h(x)$가 교점의 개수가 3이기 위해서는

$x=0$에서 x축과 만나고 $x>0$인 부분에서 $y=x$와 만나고 마찬가지로 $x<0$에서 $y=x$와 만난다.

(가)에서 함수 $|g(x)-h(x)|$가 실수 전체에서 미분가능하려면 $g(x)$와 $h(x)$의 교점은 $y=x$에서 접하면서 만나야 한다.

즉, $A(x)=g(x)-h(x)$라 할 때,

$A(x_1)=0$이면 $A'(x_1)=1$이다.

$g(x)=h(x)$의 해는 $g(x)=x$의 해와 같기 때문이다.

따라서

$x>0$일 때, 양수 $a,\ b$에 대하여

$g(x)=x^3(x-a)^2+x$ 또는 $g(x)=x^2(x-a)^3+x$

또는 $g(x)=(x+b)x^2(x-a)^2+x$

중 하나의 꼴이다.

$x>0$일 때, $g(x)=xf(x)$이므로

$f(x)=x^2(x-a)^2+1$ 또는 $f(x)=x(x-a)^3+1$

또는 $f(x)=(x+b)x(x-a)^2+1$

이다.

$f(1)=2$이므로 각 경우의 a값 또는 a,b의 값을 구해보자.

(1) $f(x)=x^2(x-a)^2+1 \Rightarrow f(1)=(1-a)^2+1=2$에서 $a=0$ 또는 $a=2$

(i) $a=0$이면 $f(x)=x^4+1$이고 $g(x)=x^5+x$에서 $g(x)$가 $y=x$와 교점이 없으므로 모순이다.

(ii) $a=2$이면 $f(x)=x^2(x-2)^2+1$이고

$g(x)=x^3(x-2)^2+x$

$g'(x)=3x^2(x-2)^2+2x^3(x-2)+1$

$\qquad =x^2(x-2)\{3(x-2)+2x\}+1$

$\qquad =x^2(x-2)(5x-6)+1$

$g'(2)=g'\left(\dfrac{6}{5}\right)=1$이고 $\dfrac{6}{5}<x<2$의 적당한 값

$x=\dfrac{8}{5}$에서 $g'\left(\dfrac{8}{5}\right)=-\dfrac{6}{125}<0$이므로

$x>0$에서 $g'(x)=0$인 x값이 존재한다.

따라서 $x>0$에서 증가함수가 아니므로 역함수가 존재하지 않아 모순이다.

(2) $f(x)=x(x-a)^3+1 \Rightarrow f(1)=(1-a)^3+1=2$에서 $a=0$

$a=0$이면 $f(x)=x^4+1$이고 $g(x)=x^5+x$에서 $g(x)$가 $y=x$와 교점이 없으므로 모순이다.

따라서 조건을 만족하는 함수 $f(x)$는

$f(x)=(x+b)x(x-a)^2+1$뿐이다.

$g(x)=(x+b)x^2(x-a)^2+x$이므로 다음 그림과 같이 $g(x)$는 $x=0$과 $x=a$에서 $y=x$에 접한다.

조건 (나)에서 $\alpha_2=0$이고 $\alpha_3=a$임을 알 수 있다.

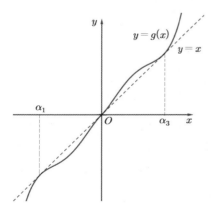

$k(x)=\{h(x)\}^2 \Rightarrow k'(x)=2h(x)h'(x)$이므로

(다)에서 $k'(\alpha_3)=2h(\alpha_3)h'(\alpha_3)=\dfrac{4}{3}$

따라서 $h(\alpha_3)h'(\alpha_3)=\dfrac{2}{3}$이다.

$x=\alpha_3$는 $y=h(x)$와 $y=x$의 교점이고 그 점에서 접하므로

$h(\alpha_3)=\alpha_3$, $h'(\alpha_3)=1$

따라서 $\alpha_3\times 1=\dfrac{2}{3}$에서 $\alpha_3=\dfrac{2}{3}$이다.

따라서 $f(x)=(x+b)x\left(x-\dfrac{2}{3}\right)^2+1$이다.

$f(1)=2$이므로 $f(1)=(1+b)\times 1\times\dfrac{1}{9}+1=2$에서

$b=8$이다.

따라서 $f(x)=(x+8)x\left(x-\dfrac{2}{3}\right)^2+1$

따라서 $f(2)=10\times 2\times\dfrac{16}{9}+1=\dfrac{329}{9}$

$\therefore 9\times f(2)=329$

66 정답 ④

$f(x)$가 이차항의 계수가 1이므로

$\lim\limits_{x\to\infty}g(x)=\infty$, $\lim\limits_{x\to-\infty}g(x)=0$이다.

$g'(x)=e^{x-1}\{f(x)+f'(x)\}$에서

(i) $f(x)+f'(x)=0$이 서로 다른 두 근을 가진다면 $y=g(x)$는 극대, 극소를 갖게 되고 그림 $y=g(x)$와 $y=g(t)$의 교점 개수의 변화가 생겨 $y=|g(x)-g(t)|$가 미분가능하지 않은 실수 x의 개수 $h(t)$가 적어도 2개 이상 생긴다.(모순)

(ii) $f(x)+f'(x)=0$이 실근을 갖지 않는다면 $y=g(x)$는 $g'(x)=0$인 x값이 없이 단순히 증가하게 되므로 $y=g(x)$와 $y=g(t)$는 항상 한 점에서 만나게 되고 그 만나는 점에서 항상 미분가능하지 않으므로 $h(t)=1$로 불연속인 x가 존재하지 않는다.(모순)

(iii) $f(x)+f'(x)=0$은 중근을 가지면 $y=g(x)$와 $y=g(t)$는 항상 한 점에서 만나게 되지만 중근을 갖는 $x=\alpha$에서 $y=g(t)$가 $y=g(x)$에 접하게 되므로 그 점$(x=\alpha)$에서 미분가능하다.

따라서 $h(t)$는

$x<\alpha$일 때 $h(t)=1$, $h(\alpha)=0$,

$x>\alpha$일 때, $h(t)=1$

로 $y=|g(x)-g(t)|$가 미분가능하지 않은 실수 $x(x=\alpha)$가 한 개 존재한다.(적합)

(i), (ii), (iii)에서 $g'(x)=e^{x-1}(x-\alpha)^2$이다.

$g(x)=e^{x-1}(x^2+ax+b)$라 두면

$g'(x)=e^{x-1}\{x^2+(a+2)x+(a+b)\}$이다.

$x^2-2\alpha x+\alpha^2=x^2+(a+2)x+(a+b)$

$a=-2\alpha-2$, $b=\alpha^2+2\alpha+2$

$g(x)=e^{x-1}\{x^2-2(\alpha+1)x+\alpha^2+2\alpha+2\}$

$g(\alpha)=e^{\alpha-1}\times 2=2$

따라서 $\alpha=1$, $a=-4$, $b=5$이다.

$\therefore f(x)=x^2-4x+5$

$g(x)=e^{x-1}(x^2-4x+5)$의 그래프는 다음과 같다.

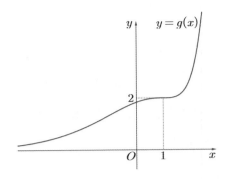

따라서 $y=g(x)$와 $y=t$의 그래프 교점으로
$y=|g(x)-t|$의 미분가능을 살펴보자.
$t \leq 0$일 때, 교점이 존재하지 않으므로 $k(t)=0$
$t>0$일 때는 교점이 항상 한 점에서 존재한다. 그런데 $t=2$일
때는 $y=g(x)$와 $y=g(2)$는 접하게 된다.
따라서
$0<t<2$일 때, $y=t$를 x축으로 볼 때 그래프 개형은 다음과
같다.

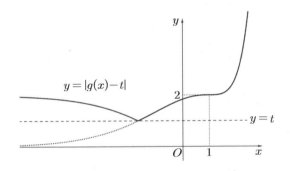

따라서 $k(t)=1$
$t=2$일 때,
$y=2$를 x축으로 볼 때 그래프 개형은 다음과 같다.

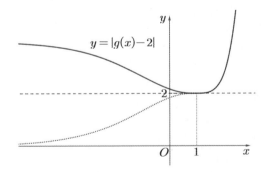

따라서 $k(t)=0$
$t>2$일 때,
$y=t$를 x축으로 볼 때 그래프 개형은 다음과 같다.

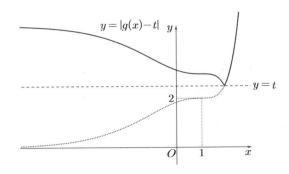

따라서 $k(t)=1$이다.
그러므로 함수 $k(t)$는 $t=0$과 $t=2$일 때 불연속이 된다.
$\beta_1=0$, $n=2$이므로 $\beta_2=2$
따라서 $\beta_n \times f(\alpha-\beta_1)=2 \times f(1-0)=2 \times 2=4$

67 정답 ④

$f(x)=(2x-3n)\cos 2x+(2x^2-6nx+4n^2-1)\sin 2x$
$f'(x)=2\cos 2x-2(2x-3n)\sin 2x+(4x-6n)\sin 2x$
$\quad +2(2x^2-6nx+4n^2-1)\cos 2x$
$\quad =(4x^2-12nx+8n^2)\cos 2x$
$\quad =4(x-n)(x-2n)\cos 2x$
이므로 열린구간 $(3n-3, 3n)$에서 함수 $f(x)$가 극값을
가지려면
$f'(x)=0$인 $x=n$, $x=2n$, $\cos 2x=0$일 때이다.
우선 $f'(x)=0$가 $x=n$, $x=2n$인 경우부터 살펴보자.
$3n-3 \leq 2n$의 해는 $n \leq 3$이므로 $n \geq 4$부터는
$x=n$, $x=2n$의 해는 $(3n-3, 3n)$에서 생기지 않는다. 따라서
$x=n$, $x=2n$의 해는 $n=1$일 때 $(0,3)$에서 2개, $n=2$일 때
$(3,6)$에서 1개, $n=3$일 때 $(6,9)$에서 0개 이다.
$y=\cos 2x$는 주기가 $\frac{2\pi}{2}=\pi$이고 $\cos 2x=0$일 때는
$x=\frac{\pi}{4}$, $\frac{3}{4}\pi$, $\frac{5}{4}\pi$, $\cdots$이다.
$a\pi=3b$를 만족하는 정수 a, b는 $a=0$, $b=0$이 유일하므로
열린구간 $(0, 3)$에서는 $\cos 2x=0$의 해가
$x=\frac{\pi}{4}$, $x=\frac{3}{4}\pi$로 2개다.
또한, 다음 그림과 같이 열린구간 $(3n-3, 3n)$의 구간의 길이인
3과 $y=\cos 2x$의 주기인 π의 차이의 n배가 $\frac{\pi}{4}$보다 작을 때
까지는 $(3n-3, 3n)$에서
$y=\cos 2x$는 x축과 두 점에서 만난다.

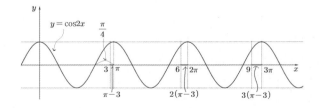

즉, $n(\pi-3)>\dfrac{\pi}{4}$ 을 만족하는 최소 자연수 n은 6이므로

열린구간 $(15, 18)$에는 $\cos 2x=0$의 해의 개수는 처음으로 1개가 된다.

$m_1=6\cdots\bigcirc$

$n(\pi-3)$의 값은 n이 커질수록 커진다. 따라서 다음 그림과 같이 구간 $((n-1)\pi,\, n\pi)$에서 $x=3n$의 위치가

$n\pi-3n>\dfrac{3}{4}\pi$이면 구간 $(3(n-1),\, 3n)$에서 $y=\cos 2x$는 x축과 한점에서 만난다.

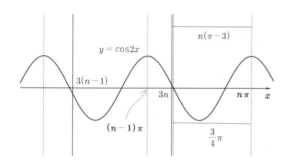

$n(\pi-3)>\dfrac{3}{4}\pi$을 만족하는 최소 자연수 n은 17이므로

열린구간 $(48, 51)$에는 $\cos 2x=0$의 해의 개수는 두 번째로 1개가 된다.

$m_2=17\cdots\bigcirc$

열린구간 $(3n-3,\, 3n)$에서 함수 $f(x)$가 극값을 가지려면 $f'(x)=0$인 $x=n$, $x=2n$, $\cos 2x=0$일 때이다.

(i) $n=1$일 때,

열린구간 $(0, 3)$에서 $f'(x)=0$의 해는

$x=1$, $x=2$, $x=\dfrac{\pi}{4}$, $x=\dfrac{3}{4}\pi$ 으로 $a_1=4$

(ii) $n=2$일 때,

열린구간 $(3, 6)$에서 $f'(x)=0$의 해는

$x=4$, $x=\dfrac{5}{4}\pi$, $x=\dfrac{7}{4}\pi$으로 $a_2=3$

(iii) $n=3$일 때,

열린구간 $(6, 9)$에서 $f'(x)=0$의 해는 정수해는 존재하지 않고

$x=\dfrac{9}{4}\pi$, $x=\dfrac{11}{4}\pi$으로 $a_3=2$

$\bigcirc$에서 $n=4$, $n=5$일 때는 $f'(x)=0$의 해는 2개씩 존재하므로 $a_4=a_5=2$이고

$a_6=a_{m_1}=1$이다.

또한 $\bigcirc$에서 $a_7=\cdots=a_{16}=2$이고 $a_{17}=a_{m_2}=1$

따라서

$\displaystyle\sum_{k=1}^{m_2}a_k=\sum_{k=1}^{17}a_k=(4+3+2+2+2+1)+(2\times 10+1)$

$=14+21=35$

---

68 정답 ③

$a>0$이므로 함수 $p(x)$는 $x>-\dfrac{2}{a}$에서 정의된다.

$f(x)$가 $x=k$에서 미분가능할 때,

$\displaystyle\lim_{h\to 0}\dfrac{f(k+h)-f(k-h)}{h}=2f'(k)=0$에서

$f'(k)=0$이다.

$q(x)=b\left(x+\dfrac{1}{a}\right)^2+c$의 꼭짓점이 $\left(-\dfrac{1}{a},\, c\right)$이므로

$q'\left(-\dfrac{1}{a}\right)=0$으로 $k=-\dfrac{1}{a}$이다.

$\displaystyle\lim_{h\to 0}\dfrac{f(k+h)-f(k-h)}{h}=0$을 만족시키는 모든 실수 k의 값의 합이 0이므로 $k=\dfrac{1}{a}$일 때 성립한다.

따라서 $p(x)$와 $q(x)$의 교점의 x좌표가 $x=\dfrac{1}{a}$이다.

따라서 $f(x)=\begin{cases}b\left(x+\dfrac{1}{a}\right)^2+c & \left(-\dfrac{2}{a}<x\le\dfrac{1}{a}\right)\\[2mm] \ln(ax+2) & \left(x>\dfrac{1}{a}\right)\end{cases}$이고

$f(x)$의 그래프는 다음 그림과 같다.

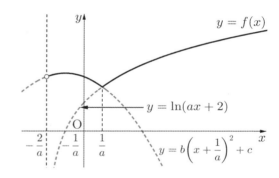

$x=\dfrac{1}{a}$에서 연속이므로 $\dfrac{4b}{a^2}+c=\ln 3\cdots\bigcirc$

한편 $\displaystyle\lim_{h\to 0}\dfrac{f\left(\dfrac{1}{a}+h\right)-f\left(\dfrac{1}{a}-h\right)}{h}=0$이기 위해서는

$\displaystyle\lim_{x\to\frac{1}{a}+}f'(x)+\lim_{x\to\frac{1}{a}-}f'(x)=0$이어야 한다. $\left(\ x=\dfrac{1}{a}$에서 미분가능과 관계없이 성립한다.$\right)$

[랑데뷰세미나(87) 참고]

따라서 $\displaystyle\lim_{x\to\frac{1}{a}+}f'(x)=\lim_{x\to\frac{1}{a}+}\dfrac{a}{ax+2}=\dfrac{a}{3}$

$\displaystyle\lim_{x\to\frac{1}{a}-}f'(x)=\lim_{x\to\frac{1}{a}-}2b\left(x+\dfrac{1}{a}\right)=\dfrac{4b}{a}$

따라서 $\dfrac{a}{3}+\dfrac{4b}{a}=0\ \Rightarrow\ \dfrac{4b}{a^2}=-\dfrac{1}{3}\cdots\bigcirc$

$\bigcirc$, $\bigcirc$에서 $-\dfrac{1}{3}+c=\ln 3$

$\therefore c=\ln 3+\dfrac{1}{3}$

> **[랑데뷰팁]**
>
> 모든 실수에서 연속인 함수 $f(x)$가
>
> $f(x)=\begin{cases} p(x) & (x \geq k) \\ q(x) & (x < k) \end{cases}$ 일 때
>
> $\displaystyle\lim_{h \to 0}\dfrac{f(k+h)-f(k-h)}{h}=p'(k)+q'(k)$이다.

69 정답 13

$g(x)=e^x f(x)$을 미분하면 $g'(x)=e^x\{f(x)+f'(x)\}$이고

$h(x)=f(x)+f'(x)$라 하면 $h(x)$는 최고차항의 계수가 1인

삼차함수이다. $e^x>0$이므로 $g(x)$의 그래프 개형은 $h(x)$에

의해 결정된다.

(가),(나)에서 $g(0)$이 극값이고 $|g(x)-g(2)|$가

$x=a$ $(a<0)$에서만 미분가능하지 않으려면

$h(x)=x(x-2)^2$이다.

x	$\cdots$	0	$\cdots$	2	$\cdots$
$h(x)$	$-$	0	$+$	0	$+$
$g(x)$	$\searrow$	극소	$\nearrow$	변곡점	$\nearrow$

따라서 $g'(x)=e^x\{x(x-2)^2\}=e^x(x^3-4x^2+4x)$

$f(x)=x^3+ax^2+bx+c$라 두면

$f'(x)=3x^2+2ax+b$이다.

$h(x)=x^3+(a+3)x^2+(2a+b)x+b+c=x^3-4x^2+4x$

$a=-7$, $b=18$, $c=-18$

따라서 $f(x)=x^3-7x^2+18x-18$이므로

$g(x)=e^x(x^3-7x^2+18x-18)$이다. $\therefore g(2)=-2e^2$

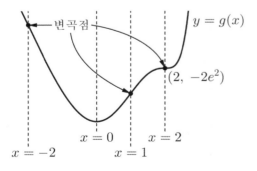

(다)에서 $g(x_2)-kx_2 \leq g(x_1)-kx_1$을 정리하면

$\dfrac{g(x_2)-g(x_1)}{x_2-x_1} \leq k$이다.

$g(x)$가 실수전체에서 연속이고 미분가능하므로 평균값 정리에

의하여

$\dfrac{g(x_2)-g(x_1)}{x_2-x_1}=g'(c)$ $(0 \leq x_1 < c < x_2 \leq 2)$인 c가

존재한다.

$\therefore g'(c) \leq k$

$g''(x)=e^x(x+2)(x-1)(x-2)$이고 $g(x)$의 변곡점의

x좌표는 $x=-2$, 1, 2이다.

구간 $[0, 2]$에서 $g(x)$의 변곡점 $x=1$에서 가지므로 $g'(x)$의

최댓값은 $g'(1)$이다.

$g'(1)=e$이므로 $k \geq e$ 따라서 $m=e$

따라서 $g(2) \times m=-2e^2 \times e=-2e^3$

$p=2$, $q=3$이므로 $p^2+q^2=4+9=13$

> **[랑데뷰팁]**
>
> 다음 그림과 같은 그래프 개형을 생각할 수도 있다.
>
>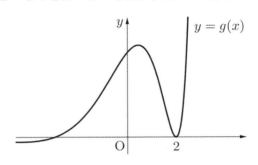
>
> 그렇지만 $g(x)=e^x(x+a)(x-2)^2+d$에서
>
> $g'(x)=e^x(x-2)\{x^2+(a+1)x-2\}$
>
> $g'(0)=4 \neq 0$으로 조건을 만족하지 못한다.

70 정답 98

(가)에서 함수 $f(x)$는 $(1, 0)$이 꼭짓점이고 이차항의 계수가

정수인 이차함수이다.

$f(x)=k(x-1)^2$ (k는 정수)

따라서 $f(x)$는 $x=1$에 대칭이다.

$y=\ln(k(x-1)^2+a)$와 $y=e^{-k(x-1)^2}$도 $x=1$에 대칭이므로

함수 $g(x)$는 $x=1$에 대칭인 함수이다.

함수 $g(x)$가 실수 전체에서 정의되므로 로그의 진수부분이

$k(x-1)^2+a>0$이다.

즉, $k>0$, $a>0$

$g(x)=\ln(k(x-1)^2+a)+e^{-k(x-1)^2}-b$

$g'(x)=\dfrac{2k(x-1)}{k(x-1)^2+a}-2k(x-1)e^{-k(x-1)^2}$

$\quad\ =2k(x-1)\left(\dfrac{1}{k(x-1)^2+a}-\dfrac{1}{e^{k(x-1)^2}}\right)$

$g'(x)=0$의 해는 $x=1$과 $k(x-1)^2+a=e^{k(x-1)^2} \cdots \bigcirc$의

해이다.

$y=k(x-1)^2+a$와 $y=e^{k(x-1)^2}$의 그래프 개형은 다음과 같다.

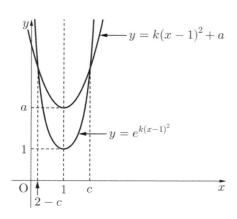

따라서 $x=1$에 대칭인 두 점에서 만나고 그 점의 x좌표가 $g'(x)=0$의 해이다. $\cdots$ ㉡

조건 (나)에서 $x_1=x_2$일 때는 항상 성립한다.
$x_1 \neq x_2$일 때 $(x_1-x_2)(g(x_1)-g(x_2)) \geq 0$의 양변을 $(x_1-x_2)^2$으로 나누면 $\dfrac{g(x_1)-g(x_2)}{x_1-x_2} \geq 0$이고 이것은 함수 $g(x)$ 위의 임의의 서로 다른 두 점 $(x_1, g(x_1))$과 $(x_2, g(x_2))$을 잇는 직선의 기울기가 0보다 크거나 같음을 나타내므로 함수 $g(x)$는 구간 $[c, \infty)$에서 증가하는 함수이다.
상수 c의 최솟값이 2이고, 함수 $g(x)$는 미분가능하므로 $g'(2)=0$, 즉 $x=2$일 때 함수 $g(x)$는 극솟값을 갖는다.
$g'(2)=0$에서 ㉠에 $x=2$을 대입하면 $k+a=e^k$
$\therefore a=e^k-k$

㉡에서 $g'(x)=0$의 해가 $x=0$, $x=1$, $x=2$이고 $x=0$과 $x=2$에서 극솟값이고 $x=1$에서 극댓값을 가지므로 (다)에서 함수 $g(x)$의 최솟값이 0이상 이므로 $g(x)$의 극솟값 $g(2) \geq 0$이다.

따라서
$g(2)=\ln(k+e^k-k)+e^{-k}-b$
$\quad = k+\dfrac{1}{e^k}-b \geq 0$
$b \leq k+\dfrac{1}{e^k}$
따라서
$ab \leq (e^k-k)\left(k+\dfrac{1}{e^k}\right)$
$\quad = ke^k+1-k^2-\dfrac{k}{e^k}$
$\quad = k\left(e^k-\dfrac{1}{e^k}\right)+1-k^2=p\left(e^2-\dfrac{1}{e^2}\right)+q$
따라서 k가 정수 이므로 $k=2$이므로 $p=2$, $q=-3$
따라서 $f(x)=2(x-1)^2$이고 $pq=-6$이므로
$f(pq)=2 \times (-7)^2=98$

71 정답 39

원주각의 성질에 의해 $\angle CBD = \angle CAD = \alpha$
α, β는 모두 예각이므로
$\cos\alpha = \dfrac{3}{4}$, $\sin\beta = \dfrac{3}{4}$에서
$\sin\alpha = \sqrt{1-\cos^2\alpha} = \dfrac{\sqrt{7}}{4}$, $\cos\beta = \sqrt{1-\sin^2\beta} = \dfrac{\sqrt{7}}{4}$
$\sin(\alpha+\beta) = \sin\alpha\cos\beta + \cos\alpha\sin\beta$
$\quad = \dfrac{\sqrt{7}}{4} \times \dfrac{\sqrt{7}}{4} + \dfrac{3}{4} \times \dfrac{3}{4} = 1$
따라서 $\alpha+\beta = \dfrac{\pi}{2}$이고 삼각형 ACD는 $\angle ACD = 90°$인 직각삼각형이다.
$\overline{AD}$는 원의 지름이므로 $\overline{AD}=2R$이라고 하면
사인법칙에 의해 $\dfrac{\sqrt{7}}{\sin\alpha} = \dfrac{2R}{\sin\dfrac{\pi}{2}}$이므로 $R=2$

원 T의 넓이가 최대가 되려면 〈그림1〉과 같이 $\overline{AC}$와 $\overset{\frown}{AC}$의

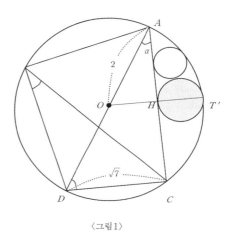

〈그림1〉

중점이 원 T의 지름의 양 끝점이 될 때이다. ($\overline{OH} \perp \overline{AC}$)
$\overline{OH}=2\sin\alpha = 2 \times \dfrac{\sqrt{7}}{4} = \dfrac{\sqrt{7}}{2}$이므로
원 T의 반지름은 $\dfrac{1}{2}\left(2-\dfrac{\sqrt{7}}{2}\right) = 1-\dfrac{\sqrt{7}}{4}$
따라서 원 T의 넓이의 최댓값은
$\left(1-\dfrac{\sqrt{7}}{4}\right)^2 \pi = \left(\dfrac{23}{16}-\dfrac{\sqrt{7}}{2}\right)\pi$이다.
$p+q=16+23=39$

72 정답 ②

[그림 : 최성훈T]
그림과 같이 점 M과 점 N이 겹치도록 원 C_3을 이동하면
$\overline{NQ}=\overline{MQ}$이다.

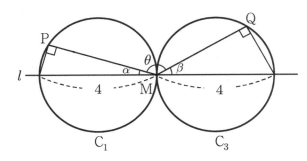

직선 MP와 직선 l이 이루는 예각의 크기를 α, 직선 MQ가 직선 l과 이루는 예각의 크기를 β라 하면

$\angle PRQ = \angle PMQ = \theta$이므로

$\theta = \pi - (\alpha + \beta)$이다.

한편, $\overline{MP} = 4\cos\alpha$, $\overline{NQ} = 4\cos\beta$이므로

$\overline{MP} \times \overline{NQ} \times \cos\theta$

$= 4\cos\alpha \times 4\cos\beta \times \cos\theta$

$= 16\cos\alpha\cos\beta\cos\theta$

$\cos\alpha\cos\beta\cos\theta$의 최댓값은 α, β, θ가 모두 예각일 때 나타난다.

($\because$ 한 각이 둔각이면 코사인값이 음수이므로)

$\cos\theta = -\cos(\alpha+\beta)$이므로

$\cos(\alpha+\beta) = \cos\alpha\cos\beta - \sin\alpha\sin\beta = -\cos\theta$

$\cos(\alpha-\beta) = \cos\alpha\cos\beta + \sin\alpha\sin\beta \leq 1$

따라서 $2\cos\alpha\cos\beta \leq 1 - \cos\theta$

$0 < \cos\theta < 1$이므로 양변에 $\cos\theta$를 곱하면

$2\cos\alpha\cos\beta\cos\theta \leq \cos\theta - \cos^2\theta$

$\therefore \cos\alpha\cos\beta\cos\theta \leq -\dfrac{1}{2}\left(\cos\theta - \dfrac{1}{2}\right)^2 + \dfrac{1}{8}$

$\Rightarrow \cos\alpha\cos\beta\cos\theta \leq \dfrac{1}{8}$

따라서 $16\cos\alpha\cos\beta\cos\theta \leq 2$

$\therefore M = 2$

한편, 점 P와 Q가 두 원이 직선 l과 만나는 점 중 M이 아닌 점일 때,

$\overline{MP} \times \overline{NQ} \times \cos\theta = = 4 \times 4 \times \cos\pi = -16$이다.

$\therefore m = -16$

$M - m = 18$

73 정답 4

$\{f(x)\}^3 = \dfrac{2xf(x)}{x^2+1} + af(x) - 2$을 정리하면

$\{f(x)\}^3 + 2 = \left\{\dfrac{2x}{x^2+1} + a\right\}f(x)$

$f(x) > 0$이므로

$\dfrac{2x}{x^2+1} + a = \{f(x)\}^2 + \dfrac{2}{f(x)}$이다.

$f(x) = t$라 두면

$y = t^2 + \dfrac{2}{t} \quad (t > 0)$

$y' = 2t - \dfrac{2}{t^2} = \dfrac{2t^3 - 2}{t^2}$

$y' = 0$을 만족하는 $t = 1$이고 $t > 0$에서 $t = 1$일 때 극소이면서 최솟값 3을 갖는다. $\cdots \bigcirc$

또한

$y = \dfrac{2x}{x^2+1} + a$을 미분하면

$y' = \dfrac{2(x^2+1) - 2x \times 2x}{(x^2+1)^2} = \dfrac{-2(x+1)(x-1)}{(x^2+1)^2}$

따라서 $y = \dfrac{2x}{x^2+1}$는

$x = -1$에서 극소이면서 최솟값 -1, $x = 1$에서 극대이면서 최댓값 1을 갖는다. $\cdots \bigcirc$

$\bigcirc$, $\bigcirc$에서

$\dfrac{2x}{x^2+1} + a = \{f(x)\}^2 + \dfrac{2}{f(x)} \geq 3$에서

$-1 \leq \dfrac{2x}{x^2+1} \leq 1$이므로

$a - 1 \leq a + \dfrac{2x}{x^2+1} \leq a+1$이므로

$a - 1 \geq 3$이다.

따라서 $a \geq 4$이다. 따라서 최솟값은 4이다.

[랑데뷰팁]1 - $\bigcirc$ $f(x) > 0$이므로 산술 기하 평균 적용 가능

$\{f(x)\}^2 + \dfrac{2}{f(x)} = \{f(x)\}^2 + \dfrac{1}{f(x)} + \dfrac{1}{f(x)}$

$\geq 3\sqrt[3]{\{f(x)\}^2 \times \dfrac{1}{f(x)} \times \dfrac{1}{f(x)}}$

$= 3$

[랑데뷰팁]2

$\dfrac{2x}{x^2+1} + a = \{f(x)\}^2 + \dfrac{2}{f(x)}$에서

$a = 4$, $x = -1$일 때 $f(-1) = 1$로 $f(x) = 1$인 값이 존재한다.

또한 $f(x)$가 실수 전체의 집합에서 미분가능하므로 함수 $f(x)$는 1이상인 부분이 존재해야 한다.

---

74 정답 28

$f(x) = \begin{cases} \dfrac{x-1}{e^x} & (x \geq 1) \\ \dfrac{1-x}{e^x} & (0 \leq x < 1) \\ (1-x)e^x & (x < 0) \end{cases}$ 이다.

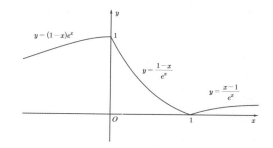

$$f'(x)=\begin{cases} \dfrac{2-x}{e^x} & (x \geq 1) \\[2mm] \dfrac{x-2}{e^x} & (0 \leq x < 1) \\[2mm] -xe^x & (x < 0) \end{cases}$$

따라서 함수 $f(x)$는 $x=0$과 $x=1$에서 미분가능하지 않는다.

$\lim\limits_{x \to 0-} f'(x)=0$, $\lim\limits_{x \to 0+} f'(x)=-2$

$\lim\limits_{x \to 1-} f'(x)=-\dfrac{1}{e}$, $\lim\limits_{x \to 1+} f'(x)=\dfrac{1}{e}$ 이다.

함수 $f(x)$는 $x=0$에서는 좌, 우 미분계수가 절댓값이 다르지만 $x=1$에서는 좌, 우 미분계수의 절댓값이 같다. $\cdots$ ㉠

함수 $h''(x)$가 실수 전체의 집합에서 연속이므로 실수 전체에서 정의되는 함수이다.

따라서 함수 $h(x)$와 함수 $h'(x)$는 실수 전체에서 미분가능해야 한다.

$h(x)=g(f(x)) \Rightarrow h'(x)=g'(f(x))f'(x)$ 에서

(i) $x=0$을 대입하면

$h'(0)=g'(f(0))f'(0)=g'(1)f'(0)$ 이고

$f'(0)$이 존재하지 않으므로 $g'(1)=0$이다.

(ii) $x=1$을 대입하면

$h'(1)=g'(f(1))f'(1)=g'(0)f'(1)$ 이고 $f'(1)$이 존재하지 않으므로 $g'(0)=0$이다.

$h'(x)=g'(f(x))f'(x) \Rightarrow$

$h''(x)=g''(f(x))\{f'(x)\}^2+g'(f(x))f''(x)$

(iii) $x=1$을 대입하면

$h''(1)=g''(0)\{f'(1)\}^2+g'(0)f''(1)$ $(\because f(1)=0)$

$\quad =g''(0)\{f'(1)\}^2$ $(\because g'(0)=0)$

㉠에서 $\{f'(1)\}^2$은 존재하므로 $h''(x)$는 $x=1$에서 정의된다.

(iv) $x=0$을 대입하면

$h''(0)=g''(1)\{f'(0)\}^2+g'(1)f''(0)$ $(\because f(0)=1)$

$\quad =g''(1)\{f'(0)\}^2$ $(\because g'(1)=0)$

㉠에서 $\{f'(0)\}^2$은 존재하지 않으므로 $g''(1)=0$이다.

(i)~(iv)에서 $g'(0)=g'(1)=g''(1)=0 \cdots$ ㉡

그런데 $g(x)=ae^x-e^{bx}\left(-\dfrac{1}{4} \leq x \leq \dfrac{1}{4}\right)$에 적용할 수 있는 건 $g'(0)=0$뿐이다.

$g(x+1)-g(x)=\dfrac{18}{2+\cos x}$

$g'(x+1)-g'(x)=\dfrac{18\sin x}{(2+\cos x)^2}$

$g''(x+1)-g''(x)$

$=\dfrac{18\cos x \cdot (2+\cos x)^2-18\sin x \cdot 2(2+\cos x)\cdot(-\sin x)}{(2+\cos x)^4}$

양변에 $x=0$을 대입하면 $g''(1)-g''(0)=\dfrac{162}{81}=2$

㉡에서 $g''(1)=0$이므로 $g''(0)=-2$이다.

이제 $g(x)=ae^x-e^{bx}\left(-\dfrac{1}{4} \leq x \leq \dfrac{1}{4}\right)$에 $g'(0)=0$와 $g''(0)=-2$을 이용하여 상수 a, b를 구할 수 있다.

$g'(x)=ae^x-be^{bx} \Rightarrow a-b=0$

$g''(x)=ae^x-b^2e^{bx} \Rightarrow a-b^2=-2$

그러므로 $a=b=2$ $(a>0, b>0)$

따라서 $g(x)=2e^x-e^{2x}\left(-\dfrac{1}{4} \leq x \leq \dfrac{1}{4}\right)$

$\therefore g(0)=1$

$g(x+1)=g(x)+\dfrac{18}{2+\cos x}$에서 $x=0$을 대입하면

$g(1)=g(0)+6=7$

따라서, $a \times b \times g(1)=2 \times 2 \times 7=28$

75 정답 20

$f(x)=a(x-p)^2+q$ 라 하면 $(a>0, q>0)$

$g(x)=\dfrac{1}{2}x+\ln f(x) \to g'(x)=\dfrac{1}{2}+\dfrac{f'(x)}{f(x)}$ 에서

$k(x)=\dfrac{f'(x)}{f(x)}=\dfrac{2a(x-p)}{a(x-p)^2+q}$ 라 하면

$y=k(x)$의 그래프는 $(p, 0)$에 대칭이고

$\lim\limits_{x \to \pm\infty} k(x)=0$이므로

다음 그림과 같은 개형을 갖는 그래프이다.

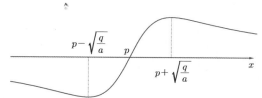

$k'(x)=\dfrac{2a^2(x-p)^2+2aq-\{2a(x-p)\}^2}{\{a(x-p)^2+q\}^2}$

$\quad =\dfrac{-2a^2(x-p)^2+2aq}{\{a(x-p)^2+q\}^2}$

$k'(x)=0$에서 $2a^2(x-p)^2=2aq \to x-p=\pm\sqrt{\dfrac{q}{a}}$

따라서 함수 $k(x)$는 $x=p-\sqrt{\dfrac{q}{a}}$에서 극솟값이자 최솟값을 갖는다.

$g'(x)=\dfrac{1}{2}+k(x)$는 $y=k(x)$의 그래프를 y축으로 $\dfrac{1}{2}$만큼 평행이동한 그래프이고 (가)에서 절댓값함수가 미분가능하기 위해서는 $g'\left(p-\sqrt{\dfrac{q}{a}}\right)=0$이어야 한다.

따라서 $g'\left(p-\sqrt{\dfrac{q}{a}}\right)=\dfrac{1}{2}+\dfrac{2a\left(-\sqrt{\dfrac{q}{a}}\right)}{a\times\dfrac{q}{a}+q}=0$

$\dfrac{1}{2}\times(2q)=2a\sqrt{\dfrac{q}{a}}\rightarrow\dfrac{q}{a}=2\sqrt{\dfrac{q}{a}}$ 에서 $\dfrac{q}{a}=4$

$\therefore\ q=4a$

따라서 $f(x)=a\{(x-p)^2+4\}$꼴이다.

$g'(x)=0$의 $x=p-\sqrt{\dfrac{4a}{a}}=p-2$이므로

(가)에서 $g(p-2)=3\ln 2$이다.

$g(p-2)=\dfrac{1}{2}(p-2)+\ln 8a=\ln 8\rightarrow\dfrac{1}{2}(p-2)=-\ln a$

$\therefore\ p=2-2\ln a$

따라서 $f(x)=a\{(x-2+2\ln a)^2+4\}$

(나)에서 $g(x)$는 $x=2$에서 최대 기울기를 가지므로 $x=2$에서 변곡점임을 뜻한다.

$g(x)=\dfrac{1}{2}x+\ln f(x)\ \Rightarrow\ g'(x)=\dfrac{1}{2}+\dfrac{f'(x)}{f(x)}\ \Rightarrow$

$g''(x)=\dfrac{f''(x)f(x)-\{f'(x)\}^2}{\{f(x)\}^2}$

$g''(2)=0$에서 $f''(2)f(2)=\{f'(2)\}^2$이다.

$f(x)=a\{(x-2+2\ln a)^2+4\}\rightarrow f'(x)=2a(x-2+2\ln a)\rightarrow$
$f''(x)=2a$

$f(2)=a\{4(\ln a)^2+4\}$, $f'(2)=4a\ln a$, $f''(2)=2a$이므로
$2a^2\{4(\ln a)^2+4\}=16a^2(\ln a)^2\rightarrow 4(\ln a)^2+4=8(\ln a)^2$

$\ln a=\pm 1$

(i) $\ln a=-1$일 때

$a=\dfrac{1}{e}$이므로 $f(x)=\dfrac{1}{e}\{(x-4)^2+4\}$,

$f'(x)=\dfrac{2}{e}(x-4)$

$f(2)=\dfrac{8}{e}$, $f'(2)=-\dfrac{4}{e}$에서

$g'(2)=\dfrac{1}{2}+\dfrac{f'(2)}{f(2)}=\dfrac{1}{2}-\dfrac{1}{2}=0$

(나)조건에 모순이다.

(ii) $\ln a=1$일 때

$a=e$이므로 $f(x)=e(x^2+4)$, $f'(x)=2ex$

$g'(x)=\dfrac{1}{2}+\dfrac{2x}{x^2+4}$이고

$m(x)=\dfrac{1}{2}+\dfrac{2x}{x^2+4}$라 할 때,

$m'(x)=\dfrac{2(x^2+4)-4x^2}{(x^2+4)^2}=\dfrac{-2(x^2-4)}{(x^2+4)^2}$

증감표에서 확인해 보면 함수 $m(x)$는 $x=-2$에서 최솟값, $x=2$에서 최댓값을 가지므로 (나) 조건을 만족한다.
따라서 $f(x)=e(x^2+4)$이다.
$f(-4)=20e$이므로

$\dfrac{f(-4)}{e}=20$

76 정답 ②

$(x-2)\{f(x)-g(x)\}\ \leq\ 0$

$0<x\leq 2$일 때, $f(x)\geq g(x)$

$x>2$일 때, $f(x)<g(x)$ 이므로

$(0,\ -1)$을 지나는 일차함수 $g(x)$는 $0<x<2$에서

$y=e^x-1$에 접할 때, 기울기 a가 최대이다.

따라서 접점의 좌표를 $(s,\ e^s-1)$라 하면 $y'=e^x$이므로

$\dfrac{(e^s-1)-(-1)}{s-0}=e^s\Rightarrow\ \therefore\ s=1$

따라서 정의역의 t에 관계없이 a의 최댓값은 e이다.

$\therefore\ h(t)=e$

$y=ex-1$과 $y=\sqrt{x-2}+t$이 접할 때, t의 최댓값이 α이다.

$y=\sqrt{x-2}+t$의 접점의 좌표를 $(u,\ \sqrt{u-2}+t)$라 하면

$y'=\dfrac{1}{2\sqrt{x-2}}$에서

$\dfrac{\sqrt{u-2}+t-(-1)}{u-0}=\dfrac{1}{2\sqrt{u-2}}=e$

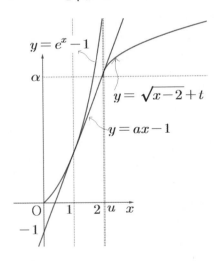

$\dfrac{1}{2\sqrt{u-2}}=e$에서 $u=2+\dfrac{1}{4e^2}$

$\dfrac{\sqrt{u-2}+t+1}{u}=e\Rightarrow\sqrt{2+\dfrac{1}{4e^2}-2}+t+1=e\left(2+\dfrac{1}{4e^2}\right)$

$\Rightarrow t+\dfrac{1}{2e}+1=2e+\dfrac{1}{4e}$

$\therefore\ t=2e-\dfrac{1}{4e}-1$

따라서 $\alpha=2e-\dfrac{1}{4e}-1$

77 정답 9

$y = f(x)$의 그래프는 다음과 같다.

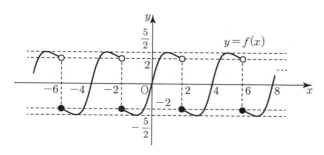

$y = |f(x)|$의 그래프는 다음과 같다.

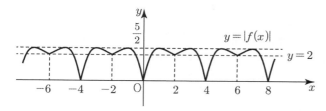

따라서 $|f(x)|$는 $x = 2n$에서 미분가능하지 않다.
$\{\cdots, (-4, 0), (-2, 2), (0, 0), (2, 2), (4, 0), \cdots$ 등에서 미분가능하지 않는다.$\}$
즉, 정수 n에 대하여 $(4n+2, 2)$과 $(4n, 0)$에서 미분가능하지 않다.

함수 $|g(|f(x)|)|$는 $0 \leq |f(x)| \leq \dfrac{5}{2}$이므로

$|f(x)| = t$라 두면 $y = |g(t)|$이고 $t = 0, 2$
($\leftarrow y = |f(x)|$의 뾰족점의 y좌표의 값)에서 미분가능하지

않고 $t = \dfrac{5}{2}$에서는 미분가능하다.

($\leftarrow y = |f(x)|$의 뾰족점이 아니므로)

⇨[랑데뷰팁]의 ② 참고

따라서 최고차항의 계수가 1인 사차함수 $g(x)$는
$g(0) = g'(0) = 0$, $g(2) = g'(2) = 0$을 만족하므로

$g(t) = t^2(t-2)^2 + a$꼴이면 $0 \leq t \leq \dfrac{5}{2}$의 모든 t에 대해

미분가능하다.

즉, $g(x) = x^2(x-2)^2$이면 함수 $|g(|f(x)|)|$은 실수 전체에서
미분가능하게 된다.
그런데 열린구간 $(4n, 4n+4)$에서만 미분가능하면 조건을
만족하므로 $x = 4n$에서는 미분가능하지 않아도 된다.
$g'(0) = 0$일 필요는 없다.
$y = |g(t)|$는 $t = 0$에서는 미분가능하지 않아도 되고
$t = 2$에서는 미분가능해야 한다.

그럼 $g(t) = t(t-2)^2(t-k)$꼴인데 $k > \dfrac{5}{2}$이면

$y = |g(t)|$의 정의역인 $0 \leq t \leq \dfrac{5}{2}$ 범위 밖이므로 미분가능을

따질 필요가 없게 된다.

또한 $t = \dfrac{5}{2}$에서는 미분가능하므로 $k \geq \dfrac{5}{2}$이면

$g(t) = t(t-2)^2(t-k)$는

$0 \leq t \leq \dfrac{5}{2}$의 모든 t에 대해 미분가능하다.

따라서
(i) $g(x) = x^2(x-2)^2$일 때 $g(-1) = 9 < 30$
(ii) $g(x) = x(x-2)^3$일 때 $g(-1) = 27 < 30$
(iii) $g(x) = x(x-2)^2(x-k)$ $\left(k \geq \dfrac{5}{2}\right)$일 때

$g(-1) = -1 \times (-3)^2 \times (-1-k) = 9 + 9k$에서

$k \geq \dfrac{5}{2}$이므로 $g(-1) \geq \dfrac{63}{2} > 30$이므로 만족한다.

따라서 (iii)에서 $g(x) = x(x-2)^2(x-k)$ $\left(k \geq \dfrac{5}{2}\right)$이고

$g(1) = 1 - k$에서 $k \geq \dfrac{5}{2}$이므로 $g(1) \leq -\dfrac{3}{2}$

$\therefore M = -\dfrac{3}{2}$

따라서 $4M^2 = 4 \times \dfrac{9}{4} = 9$

[랑데뷰팁]

① $f(k) = 0$일 때 $x = k$에서 $y = |f(x)|$가 미분가능하기
위해서는 $f(x)$는 $(x-k)^n$ $(n \geq 2)$인 인수를 가진
다항함수이다.
⇨ $f(k) = 0$이므로 $y = f(x)$는 $(k, 0)$을 지나고 절댓값
기호($|\;\;|$)을 씌우면 x축 아랫부분이 꺾여서 올라가는
그래프가 된다.
그럼 $x = k$에서 미분계수가 $K(K \neq 0)$라면
즉, $f'(k) = K$일 때, $\lim\limits_{x \to k+} |f(x)| = K$라면

$\lim\limits_{x \to k-} |f(x)| = -K$이다. 따라서 $K \neq 0$이면 $y = |f(x)|$는

$x = k$에서 미분가능하지 않는다.
따라서 $f(k) = 0$인 $x = k$에서 $y = |f(x)|$가 미분가능하기
위해서는 $f'(k) = 0$이므로 $f(x)$는 $(x-k)^n$ $(n \geq 2)$인
인수를 가져야 한다.
② $y = f(g(x))$에서 함수 $g(x)$가 (x_1, y_1)에서
미분가능하지 않을 때 $y = f(g(x))$가 $x = x_1$에서
미분가능하기 위해서는 $f'(y_1) = 0$을 만족한다.
⇨ $y' = f'(g(x))g'(x)$에서 $g'(x_1)$이 존재하지 않으므로
$f'(g(x_1)) = f'(y_1) = 0$이어야 함수 $f(g(x))$가 $x = x_1$에서
미분가능하다. 따라서 $f'(y_1) = 0$을 만족한다.

78 정답 106

(나)에서 $-p \leq x \leq p$일 때

$f(x+2p) = \sin x + 2\sin p$이다.

$x + 2p = t$라 두면

$f(t) = \sin(t - 2p) + 2\sin p \ (p \leq t \leq 3p)$

따라서 $p \leq x \leq 3p$일 때

$f(x+2p) = \sin(x - 2p) + 4\sin p$

다시 $x + 2p = t$라 두면

$f(t) = \sin(t - 4p) + 4\sin p \ (3p \leq t \leq 5p)$

따라서 $3p \leq x \leq 5p$일 때

$f(x+2p) = \sin(x - 4p) + 6\sin p$

같은 방법으로 $f(x)$의 그래프를 파악할 수 있다.

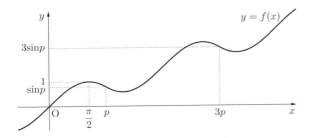

(다)에서 극값 중 적어도 하나는 0이다.

따라서 방정식 $f(x) = 0$의 양수인 해의 개수가 3일 때의 상황은 다음 그림과 같다.

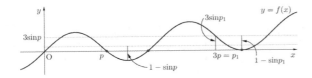

따라서 $3\sin p_1 = 1 - \sin p_1$

따라서 $\sin p_1 = \dfrac{1}{4} \rightarrow \cos p_1 = \dfrac{\sqrt{15}}{4}$

마찬가지로 방정식 $f(x) = 0$의 양수인 해의 개수가 7일 때 $7\sin p_2 = 1 - \sin p_2$이 성립한다.

따라서 $\sin p_2 = \dfrac{1}{8} \rightarrow \cos p_2 = \dfrac{3\sqrt{7}}{8}$

$\cos(p_1 - p_2) = \cos p_1 \cos p_2 + \sin p_1 \sin p_2$

$\qquad = \dfrac{\sqrt{15}}{4} \times \dfrac{3\sqrt{7}}{8} + \dfrac{1}{4} \times \dfrac{1}{8}$

$\cos(p_1 - p_2) = \dfrac{3\sqrt{105} + 1}{32}$

따라서 $a = 105, \ b = 1$

$a + b = 106$

79 정답 27

$f(x) = |e^x - 1|$의 그래프는 다음과 같다.

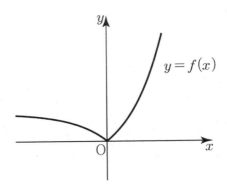

함수 $f(x)$는 $x = 0$에서 미분가능하지 않고 좌미분계수는 -1과 우미분계수는 1을 갖는다.

즉, $\displaystyle\lim_{x \to 0+} f'(x) = 1$, $\displaystyle\lim_{x \to 0-} f'(x) = -1 \cdots$ ㉠

$h(x) = f(x) - f(g(x))$라 두면

$h'(x) = f'(x) - f'(g(x))g'(x)$이다.

그런데 $f'(0)$이 존재하지 않으므로 $x = 0$주변의 사차함수 $g(x)$에 대해 생각해 보자.

우선 ㉠에 의해 함수 $h(x)$가 $x = 0$에서 미분가능이기 위해서는 $g(0) = 0$이어야 한다.

⇨ $g(0) = k \ (k \neq 0)$이라면 $f'(g(0))g'(0) = (\pm e^k) \times g'(0)$으로 일정한 값을 갖게 된다.

그럼 $h'(0) = |f'(0)| - e^k g'(0)$에서 $h(x)$는 $x = 0$에서 미분가능하지 않게 된다.

따라서 $g(0) = 0$

사차함수 $g(x)$가 $(0, 0)$을 지나고

(i) $x = 0$에서 감소하고 있을 때 ⇨ $g'(0) < 0$

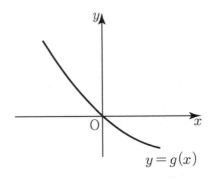

$\displaystyle\lim_{x \to 0+} f'(g(x)) = \lim_{t \to 0-} f'(t) = -1$

$\displaystyle\lim_{x \to 0-} f'(g(x)) = \lim_{t \to 0+} f'(t) = 1$

따라서

$\displaystyle\lim_{x \to 0+} h'(x) = \lim_{x \to 0+} \{f'(x) - f'(g(x))g'(x)\}$

$\qquad = 1 - (-1) \times g'(0+)$

$\qquad = 1 + g'(0+)$

$\displaystyle\lim_{x \to 0-} h'(x) = \lim_{x \to 0-} \{f'(x) - f'(g(x))g'(x)\}$

$\qquad = -1 - (1) \times g'(0-)$

$\qquad = -1 - g'(0-)$

$g(x)$는 $x = 0$에서 미분가능하므로

$g'(0)=g'(0+)=g'(0-)$

따라서 $g'(0)=-1$ …ⓛ

(ii) $x=0$에서 증가하고 있을 때 ⇨ $g'(0)>0$

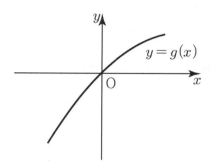

$\displaystyle\lim_{x\to 0+}f'(g(x))=\lim_{t\to 0+}f'(t)=1$

$\displaystyle\lim_{x\to 0-}f'(g(x))=\lim_{t\to 0-}f'(t)=-1$

따라서

$\displaystyle\lim_{x\to 0+}h'(x)=\lim_{x\to 0+}\{f'(x)-f'(g(x))g'(x)\}$

$\qquad=1-(1)\times g'(0+)$

$\qquad=1-g'(0+)$

$\displaystyle\lim_{x\to 0-}h'(x)=\lim_{x\to 0-}\{f'(x)-f'(g(x))g'(x)\}$

$\qquad=-1-(-1)\times g'(0-)$

$\qquad=-1+g'(0-)$

따라서 $g'(0)=1$ …ⓒ

사차함수 $y=g(x)$가 $x=0$이 아닌 x축과의 교점

$x=\alpha$에서 $h(x)=|e^x-1|-|e^{g(x)}-1|$

가 미분가능하기 위해서는 $g(x)$가

$(x-\alpha)^n\ (n\geq 2)$의 인수를 가져야 한다.

그런데 $g(2)\times g(3)\leq 0$이므로 $y=g(x)$는 닫힌구간

$[2,3]$에서 x축과 반드시 만나므로 그 점을 $x=\alpha$라 하자.

만약 $x=0$, $x=\alpha$이외의 점 $x=\beta$에서 x축과 만난다면, 즉

$g(x)=ax(x-\alpha)^2(x-\beta)$이면 $h(x)$는 $x=\beta$

에서 미분가능하지 않는다.

따라서 $g(x)=ax(x-\alpha)^3$꼴이고

$g'(x)=a(x-\alpha)^2(4x-\alpha)$이다.

$2\leq\alpha\leq 3$일 때 라 두면

① $a>0$이면 $x=0$에서 감소하므로 (i)의 ⓛ에서

$g'(0)=-a\alpha^3=-1$

따라서 $a=\dfrac{1}{\alpha^3}$

따라서 $g(x)=\dfrac{1}{\alpha^3}x(x-\alpha)^3$

$g(-1)=\dfrac{(1+\alpha)^3}{\alpha^3}=\left(1+\dfrac{1}{\alpha}\right)^3$

$\dfrac{1}{3}\leq\dfrac{1}{\alpha}\leq\dfrac{1}{2}$⇨$\dfrac{4}{3}\leq 1+\dfrac{1}{\alpha}\leq\dfrac{3}{2}$

따라서 $\dfrac{64}{27}\leq g(-1)\leq\dfrac{27}{8}$

$M=\dfrac{27}{8}$

② $a<0$이면 $x=0$에서 증가하므로 (ii)의 ⓒ에서

$g'(0)=-a\alpha^3=1$

따라서 $a=-\dfrac{1}{\alpha^3}$

따라서 $g(x)=-\dfrac{1}{\alpha^3}x(x-\alpha)^3$

$g(-1)=-\dfrac{(1+\alpha)^3}{\alpha^3}=-\left(1+\dfrac{1}{\alpha}\right)^3$

$\dfrac{1}{3}\leq\dfrac{1}{\alpha}\leq\dfrac{1}{2}$⇨$\dfrac{4}{3}\leq 1+\dfrac{1}{\alpha}\leq\dfrac{3}{2}$

따라서 $-\dfrac{27}{8}\leq g(-1)\leq-\dfrac{64}{27}$

따라서 $m=-\dfrac{27}{8}$

$4(M-m)=4\times\left(\dfrac{27}{8}+\dfrac{27}{8}\right)=27$

80 정답 90

$y=\dfrac{3\sqrt{2}}{4(x^2+1)}$는 모든 실수 x에 대하여

$\dfrac{3\sqrt{2}}{4(x^2+1)}>0$이므로 $y=0$을 점근선으로 가진다. $y=f(x)$는

$y=\dfrac{3\sqrt{2}}{4(x^2+1)}$를 시계방향으로 $45\degree$ 회전시킨 함수이므로

$y=-x$를 점근선으로 가지게 된다. 그러므로

$\displaystyle\lim_{x\to\infty}\{f(x)+x\}=0$ …㉠ 을 만족하게 된다.

먼저 a의 값을 구해보도록 하자.

$\displaystyle\lim_{x\to\infty}\dfrac{p(x)+q(x)}{g(x)}=\lim_{x\to\infty}\dfrac{g(f(x))}{g(x)}+\lim_{x\to\infty}\dfrac{f(g(x))}{g(x)}$에서

우선 $\displaystyle\lim_{x\to\infty}\dfrac{f(g(x))}{g(x)}$의 값을 구하도록 하자.

$g(x)=t$라고 하면 $x\to\infty$일 때

$t\to\infty$이므로 $\displaystyle\lim_{x\to\infty}\dfrac{f(g(x))}{g(x)}=\lim_{t\to\infty}\dfrac{f(t)}{t}$이다.

그런데 ㉠에 의해

$\displaystyle\lim_{t\to\infty}\dfrac{f(t)}{t}=\lim_{t\to\infty}\dfrac{f(t)+t-t}{t}=\lim_{t\to\infty}\dfrac{-t}{t}=-1$

이 된다.

그리고 $g(x)$를 인수분해 하면 $g(x)=(x-1)(x-2)(x+2)$가

되므로

$\displaystyle\lim_{x\to\infty}\dfrac{g(f(x))}{g(x)}=\lim_{x\to\infty}\dfrac{\{f(x)-1\}\{f(x)-2\}\{f(x)+2\}}{(x-1)(x-2)(x+2)}$

가 된다. 이 식 또한 ㉠에 의해

$\displaystyle\lim_{x\to\infty}\dfrac{\{f(x)-1\}\{f(x)-2\}\{f(x)+2\}}{(x-1)(x-2)(x+2)}$

$=\displaystyle\lim_{x\to\infty}\dfrac{(-x-1)(-x-2)(-x+2)}{(x-1)(x-2)(x+2)}=-1$이 된다.

구하고자 하는 a는 위에서 구한 두 값의 합과 같으므로
$a=-2$이다.

이제 b의 값을 구해보도록 하자.

우선 $p(q(x))$를 구해야 한다.
$p(x)=g(f(x))$, $q(x)=f(g(x))$이므로
$p(q(x))=(g\circ f\circ f\circ g)(x)$이다.

$y=\dfrac{3\sqrt{2}}{4(x^2+1)}$는 y축에 대칭이다.

이 함수를 시계방향으로 $45°$회전시킨 함수인 $f(x)$는 대칭축인
y축 또한 $45°$ 회전하므로 $y=x$가 대칭축이 된다. 즉, $f(x)$는
자기 자신을 역함수로 가진다. 그러므로 $(f\circ f)(x)=x$가
된다.
따라서
$p(q(x))=(g\circ f\circ f\circ g)(x)=g(g(x))$
$=\{g(x)-1\}\{g(x)-2\}\{g(x)+2\}$이다.

그러므로
$\{p(q(x))\}'$
$=g'(x)\{g(x)-1\}\{g(x)-2\}+g'(x)\{g(x)-2\}\{g(x)+2\}$
$\qquad\qquad\qquad\qquad +g'(x)\{g(x)-1\}\{g(x)+2\}$

그리고
$g'(x)=(x-1)(x-2)+(x-2)(x+2)+(x-1)(x+2)$
이고 $a+1=-1$, $g(-1)=6$, $g'(-1)=1$
이므로
$\{p(q(-1))\}'$
$=(6-1)(6-2)+(6-2)(6+2)+(6-1)(6+2)=92$이다.
즉, $b=92$이다. 그러므로 구하고자 하는 값은
$a+b=-2+92=90$이다.

81 정답 30

$f'(x)<0$에서 $p(x)=q(x)$, $q(x)=\{p(x)\}^2+p(x)-4$이므로
$p(x)=\{p(x)\}^2+p(x)-4$

따라서 $p(x)=\begin{cases}f(x) & (f'(x)\geq 0) \\ \{p(x)\}^2+p(x)-4 & (f'(x)<0)\end{cases}$ 이고

$p(x)$가 실수 전체의 집합에서 연속이므로 $f'(k)=0$인
$x=k$에서도 연속이다.
따라서 $f(k)=p(k)=\{p(k)\}^2+p(k)-4$
$\{p(k)-2\}\{p(k)+2\}=0 \to p(k)=2$ 또는 $p(k)=-2$이다.
따라서
$f'(x)\geq 0$인 구간에서 $f'(k)=0$, $f(k)=2$
또는 $f'(k)=0$, $f(k)=-2$을 만족하는 k가 존재한다. …㉠

$h(x)=\begin{cases}g(x-1) & (x\geq 0) \\ -g(-x) & (x<0)\end{cases}$ 가 실수 전체의 집합에서

미분가능하므로
$h'(x)=\begin{cases}g'(x-1) & (x\geq 0) \\ g'(-x) & (x<0)\end{cases}$에서

$h(0)=g(-1)=-g(0)$, $h'(0)=g'(-1)=g'(0)$이다.
따라서 함수 $g(x)$는 $g(-1)=-g(0)$, $g'(-1)=g'(0)$을

만족한다.

한편, $x<0$에서 $g(x)=-h(x)$, $h(x)=-g(-x)$이므로
$g(x)=g(-x)$
따라서 함수 $g(x)$는 y축 대칭인 함수이므로
$g'(0)=0$이므로
$g'(-1)=g'(1)=0$, $g(-1)=g(1)=-g(0)$이다.
$x\geq 0$일 때 $g(x)=f(x)$이므로
$f'(1)=f'(0)=0$이고 $f(1)=-f(0)$이다.
㉠에서
(i) $f'(1)=0$, $f(1)=2$이면 $f'(0)=0$, $f(0)=-2$일 때
$x\geq 0$일 때 $f'(x)\geq 0$이므로 $x=1$에서 변곡점이다.
따라서 $f(x)=a(x+k)(x-1)^3+2$이고
$f'(x)=a(x-1)^3+3a(x+k)(x-1)^2$
$\qquad =a(x-1)^2(4x+3k-1)=0$
$f'(0)=0$이므로 $k=\dfrac{1}{3}$

[랑데뷰팁]—사차함수 비율 관계로 $k=\dfrac{1}{3}$임을 알 수 있다.

따라서 $f(x)=a\left(x+\dfrac{1}{3}\right)(x-1)^3+2$

$f(0)=-2$이므로 $f(0)=-\dfrac{1}{3}a+2=-2$

$\therefore a=12$

$\therefore f(x)=12\left(x+\dfrac{1}{3}\right)(x-1)^3+2$

따라서 $f(2)=12\times\dfrac{7}{3}\times 1+2=30$

(ii) $f'(1)=0$, $f(1)=-2$이면 $f'(0)=0$, $f(0)=2$이므로
$x\geq 0$일 때 $f'(x)\geq 0$이므로 $x=1$에서 변곡점이다.
따라서 $f(x)=a(x+k)(x-1)^3-2$이고 사차함수 비율
관계로 $k=\dfrac{1}{3}$임을 알 수 있다.

따라서 $f(x)=a\left(x+\dfrac{1}{3}\right)(x-1)^3-2$

$f(0)=2$이므로 $f(0)=-\dfrac{1}{3}a-2=2$

$\therefore a=-12$
$a<0$이므로 모순이다.
(i), (ii)에서
$f(x)=12\left(x+\dfrac{1}{3}\right)(x-1)^3+2$이고 $f(2)=30$

[추가설명]—함수 $f(x)$, $g(x)$, $h(x)$의 그래프는 다음과
같다.

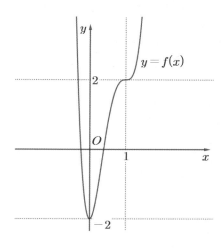

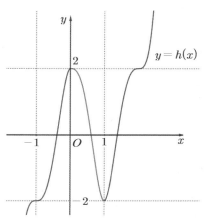

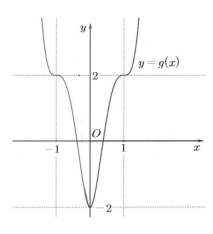

[추가 설명]

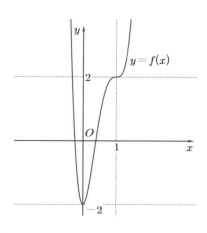

$$p(x)=\begin{cases} f(x) & (f'(x)\ge 0) \\ \{p(x)\}^2+p(x)-4 & (f'(x)<0) \end{cases}$$

$x=0$에서 $p(x)$가 연속이므로

$$\lim_{x\to 0+}p(x)=\lim_{x\to 0+}f(x)=-2=p(0)$$

$$p(0)=\lim_{x\to 0-}p(x)=\lim_{x\to 0+}\left[\{p(x)\}^2+p(x)-4\right]$$

$$=\{p(0)\}^2+p(0)-4$$

$$\{p(0)\}^2-4=0 \rightarrow p(0)=\pm 2$$

$\therefore \ p(0)=-2$일 때 $p(x)$는 연속이다.

적분법

82 정답 ②

[출제자 : 김진성T]

[검토자 : 정찬도T]

조건 (나)에서 양변을 t에 관하여 미분하면

$f(t)=f(t+3\pi)-a$ 이다.

$f(t+3\pi)=f(t)+a$ 에서 함수 $f(t)$를 t축의 방향으로 3π만큼 평행이동 한 후 y축의 방향으로 $a\,(0<a<5)$만큼 평행이동을 반복한다는 것을 의미한다.

함수 $f(t)$가 연속함수가 되기 위해서 $f(3\pi)>f(0)=0$ 이어야 한다.

이제 $f(0)=0$이고 $f(0)<f(2\pi)$ 를 고려해서 생각해 보자.

구간 $[0,\,\pi)$, 구간 $[\pi,\,2\pi)$, 구간 $[2\pi,\,3\pi)$ 에서 각각

i) $f'(x)=-\sin x$, $f'(x)=-\sin x$, $f'(x)=\sin x$ 인 경우

x	0	$\cdots$	π	$\cdots$	2π	$\cdots$
$f'(x)$		$-$		$+$		$+$

함수 $f(t)$는 감소, 증가, 증가이므로 $f(0)=f(2\pi)$가 되어서 모순이다.

ii) $f'(x)=\sin x$, $f'(x)=\sin x$, $f'(x)=\sin x$ 인 경우

x	0	$\cdots$	π	$\cdots$	2π	$\cdots$
$f'(x)$		$+$		$-$		$+$

함수 $f(t)$는 증가, 감소, 증가이므로 $f(0)=f(2\pi)$가 되어서 모순이다.

ⅲ) $f'(x)=\sin x$, $f'(x)=-\sin x$, $f'(x)=\sin x$ 인 경우

x	0	$\cdots$	π	$\cdots$	2π	$\cdots$
$f'(x)$		$+$		$+$		$+$

함수 $f(t)$는 증가, 증가, 증가이므로 $f(0)<f(2\pi)$ 성립된다.
$f(3\pi)=f(0)+a=a$

$=\displaystyle\int_0^{3\pi} f'(t)dt=\int_0^{\pi} f'(t)dt+\int_{\pi}^{2\pi} f'(t)dt+\int_{2\pi}^{3\pi} f'(t)dt$

$=\displaystyle\int_0^{\pi}\sin t\,dt+\int_{\pi}^{2\pi}(-\sin t)dt+\int_{2\pi}^{3\pi}\sin t\,dt$

$=2+2+2=6$이므로 a의 조건을 벗어난다.

ⅳ) $f'(x)=\sin x$, $f'(x)=-\sin x$, $f'(x)=-\sin x$ 인 경우

x	0	$\cdots$	π	$\cdots$	2π	$\cdots$
$f'(x)$		$+$		$+$		$-$

함수 $f(t)$는 증가, 증가, 감소 모양으로 $f(0)<f(2\pi)$ 가 되어서 조건을 만족시킨다.
$f(3\pi)=f(0)+a=a$

$=\displaystyle\int_0^{3\pi} f'(t)dt=\int_0^{\pi} f'(t)dt+\int_{\pi}^{2\pi} f'(t)dt+\int_{2\pi}^{3\pi} f'(t)dt$

$=\displaystyle\int_0^{\pi}\sin t\,dt+\int_{\pi}^{2\pi}(-\sin t)dt+\int_{2\pi}^{3\pi}(-\sin t)dt$

$=2+2-2=2$

그러므로 $f(3\pi)=f(0)+a$ 를 만족하는 $a=2$ 이다.
이제 구간별 함수 $f(x)$를 구해보면 구간 $[0,\pi)$에서
$f(x)=-\cos x+1$ 이고
구간 $[\pi,3\pi)$에서 $f(x)=\cos x+3$임을 알 수 있다. 따라서

$\displaystyle\int_{6\pi}^{\frac{19\pi}{2}} f(t)dt = \int_{6\pi}^{\frac{19\pi}{2}}\{f(t-3\pi)+2\}dt$

$\qquad = \displaystyle\int_{3\pi}^{\frac{13\pi}{2}}\{f(t)+2\}dt$

$\qquad = \displaystyle\int_{3\pi}^{\frac{13\pi}{2}}\{f(t-3\pi)+4\}dt = \int_0^{\frac{7\pi}{2}}\{f(t)+4\}dt$

$\qquad = \displaystyle\int_0^{3\pi} f(t)dt + \int_{3\pi}^{\frac{7\pi}{2}} f(t)dt + 14\pi$

이고

$\displaystyle\int_0^{3\pi} f(t)dt = \int_0^{\pi} f(t)dt+\int_{\pi}^{3\pi} f(t)dt$

$\qquad = \displaystyle\int_0^{\pi}(-\cos t+1)dt+\int_{\pi}^{3\pi}(\cos t+3)dt = 7\pi$

$\displaystyle\int_{3\pi}^{\frac{7\pi}{2}} f(t)dt = \int_{3\pi}^{\frac{7\pi}{2}}\{f(t-3\pi)+2\}dt$

$\qquad = \displaystyle\int_0^{\frac{\pi}{2}}\{f(t)+2\}dt$

$\qquad = \displaystyle\int_0^{\frac{\pi}{2}}(-\cos t+1)dt + \pi = \frac{3\pi}{2}-1$

이므로

$$\int_{6\pi}^{\frac{19\pi}{2}} f(t)dt = 7\pi + \left(\frac{3\pi}{2}-1\right)+14\pi = \frac{45}{2}\pi-1$$

이다.

따라서 $a \times \displaystyle\int_{6\pi}^{\frac{19\pi}{2}} f(t)dt = 2\times\left(\frac{45}{2}\pi-1\right)=45\pi-2$

이다.

83 정답 18

[출제자 : 김종렬T]
[검토자 : 최수영T]

$f_n(x)=\displaystyle\int_0^{\frac{\pi}{2}}(x\sin t+\cos 2nt)^2\,dt$ 에서

$f_1(x)=\displaystyle\int_0^{\frac{\pi}{2}}(x\sin t+\cos 2t)^2\,dt$

$=x^2\displaystyle\int_0^{\frac{\pi}{2}}(\sin^2 t)dt+2x\int_0^{\frac{\pi}{2}}\sin t\cos 2t\,dt+\int_0^{\frac{\pi}{2}}(\cos^2 2t)dt$

$\cdots\cdots$ ㉠

$=\dfrac{\pi}{4}x^2-\dfrac{2}{3}x+\dfrac{\pi}{4}$ 이다.

$f_1(x)\geq cx^2$, $\left(\dfrac{\pi}{4}-c\right)x^2-\dfrac{2}{3}x+\dfrac{\pi}{4}\geq 0$ 을 만족하는 c의
최댓값을 구하려면 판별식 $D\leq 0$ 이
어야 한다.

$\dfrac{1}{9}-\dfrac{\pi}{4}\left(\dfrac{\pi}{4}-c\right)\leq 0$, $\dfrac{4}{9\pi}\leq\dfrac{\pi}{4}-c$

$\therefore c\leq\dfrac{9\pi^2-16}{36\pi}$

따라서 $k=\dfrac{9\pi^2-16}{36\pi}$

$f_n(x)=\displaystyle\int_0^{\frac{\pi}{2}}(x\sin t+\cos 2nt)^2\,dt$

$=x^2\displaystyle\int_0^{\frac{\pi}{2}}\sin^2 t\,dt+2x\int_0^{\frac{\pi}{2}}(\sin t\cos 2nt)dt+\int_0^{\frac{\pi}{2}}\cos^2 2nt\,dt$

여기에서

$\displaystyle\int_0^{\frac{\pi}{2}}(\sin t\cos 2nt)dt$ 의 값은 부분적분을 2번 사용하여

$\dfrac{1}{1-4n^2}$ 을 알 수 있다.

또한

$$\int_0^{\frac{\pi}{2}} \cos^2 2nt\, dt = \int_0^{\frac{\pi}{2}} \left(\dfrac{1+\cos 4nt}{2}\right) dt = \left[\dfrac{1}{2}t + \dfrac{\sin 4nt}{8n}\right]_0^{\frac{\pi}{2}}$$

$$= \dfrac{\pi}{4}$$

이다.

$f_n(x) = \dfrac{\pi}{4}x^2 + \dfrac{2}{1-4n^2}x + \dfrac{\pi}{4}$ 이므로

$f_n{}'(x) = \dfrac{\pi}{2}x + \dfrac{2}{1-4n^2}$ 이다.

$g_n{}'(x) = f_n{}'(x) - 2kx = \left(\dfrac{\pi}{2}-2k\right)x + \dfrac{1}{2n+1} - \dfrac{1}{2n-1} = 0$

$x = -\dfrac{\dfrac{1}{2n+1}-\dfrac{1}{2n-1}}{\dfrac{\pi}{2}-2k} = a_n$

$\therefore \displaystyle\lim_{n\to\infty} S_n = \lim_{n\to\infty} \dfrac{1}{2k-\dfrac{\pi}{2}} \sum_{k=1}^n \left\{\dfrac{1}{2n+1} - \dfrac{1}{2n-1}\right\} = \dfrac{9\pi}{8}$

$\therefore \dfrac{16}{\pi} \times m = \dfrac{16}{\pi} \times \dfrac{9\pi}{8} = 18$

[랑데뷰팁]-㉠ 설명

① $\displaystyle\int_0^{\frac{\pi}{2}} \sin^2 t\, dt = \int_0^{\frac{\pi}{2}} \sin t \sin t\, dt$

$\qquad\qquad\qquad = \left[\sin t(-\cos t)\right]_0^{\frac{\pi}{2}} + \int_0^{\frac{\pi}{2}} \cos^2 t\, dt$

$\to \displaystyle\int_0^{\frac{\pi}{2}} \sin^2 t\, dt = \int_0^{\frac{\pi}{2}} \cos^2 t\, dt \to$

$\displaystyle\int_0^{\frac{\pi}{2}} \sin^2 t\, dt = \int_0^{\frac{\pi}{2}} (1-\sin^2 t)\, dt$

$\to \displaystyle\int_0^{\frac{\pi}{2}} 2\sin^2 t\, dt = \int_0^{\frac{\pi}{2}} dt \to$

$2\displaystyle\int_0^{\frac{\pi}{2}} \sin^2 t\, dt = \left[\ t\ \right]_0^{\frac{\pi}{2}} = \dfrac{\pi}{2}$

$\therefore \displaystyle\int_0^{\frac{\pi}{2}} \sin^2 t\, dt = \dfrac{\pi}{4}$

② $\displaystyle\int_0^{\frac{\pi}{2}} \sin^2 t\, dt = \int_0^{\frac{\pi}{2}} \left(\dfrac{1-\cos 2t}{2}\right) dt = \left[\dfrac{1}{2}t - \dfrac{\sin 2t}{4}\right]_0^{\frac{\pi}{2}}$

$= \dfrac{\pi}{4}$ (반각공식 이용)

---

84 정답 42

84 정답 42

[출제자 : 김진성T]

[검토자 : 강동희T]

$f(x) = (|x-1|-t)e^x = \begin{cases} (x-1-t)e^x & (x \geq 1) \\ (-x+1-t)e^x & (x < 1) \end{cases}$ 이고

$F'(x) = f(x)$ 이므로

$F(x) = \begin{cases} (x-2-t)e^x + C_1 & (x \geq 1) \\ (-x+2-t)e^x + C_2 & (x < 1) \end{cases}$ 이고, 함수 $F(x)$는

연속이므로 $C_2 = C_1 - 2e$ 이다.

또 함수 $m(t)$는 $F(0) = (2-t) + C_1 - 2e$ 의 최솟값을 의미한다.

새로운 함수 $g(x) = F(x) + f(x)$라 하면

$g(x) = F(x) + f(x) =$
$\begin{cases} (2x-3-2t)e^x + C_1 & (x \geq 1) \\ (-2x+3-2t)e^x + C_1 - 2e & (x < 1) \end{cases}$

$g'(x) = F'(x) + f'(x) = f(x) + f'(x) =$
$\begin{cases} (2x-1-2t)e^x & (x > 1) \\ (-2x+1-2t)e^x & (x < 1) \end{cases}$

이므로 $g'(x) = 0$일 때 기준으로 보면 $\dfrac{1}{2}-t < 1$ 는 항상 성립하므로

$\dfrac{1}{2}+t < 1$ 와 $\dfrac{1}{2}+t \geq 1$ 로 나눠서 생각할 수 있다.

(i) $0 < t < \dfrac{1}{2}$일 때, $\displaystyle\lim_{x\to-\infty} xe^x = 0$이므로

$\left(-\infty, \dfrac{1}{2}-t\right)$에서 $g'(x) > 0$, $\left(\dfrac{1}{2}-t, 1\right)$에서 $g'(x) < 0$, $(1, \infty)$에서 $g'(x) > 0$ 이므로 $g(x)$는 극솟값 $g(1)$을 가진다.

따라서 $\displaystyle\lim_{x\to-\infty} g(x) \geq 0$이고 $g(1) \geq 0$을 만족해야 되므로

$\displaystyle\lim_{x\to-\infty} g(x) = C_1 - 2e \geq 0$ 이고

$g(1) = (-1-2t)e + C_1 \geq 0$

가 되어서 $C_1 \geq 2e$ 와 $C_1 \geq (1+2t)e$ 를 얻을 수 있다.

(ii) $\dfrac{1}{2} \leq t$일 때, $\displaystyle\lim_{x\to-\infty} xe^x = 0$이므로 $\left(-\infty, \dfrac{1}{2}-t\right)$에서

$g'(x) > 0$, $\left(\dfrac{1}{2}-t, \dfrac{1}{2}+t\right)$에서 $g'(x) < 0$

, $\left(\dfrac{1}{2}+t, \infty\right)$에서

$g'(x) > 0$ 이므로 $g(x)$는 극솟값 $g\left(\dfrac{1}{2}+t\right)$을 가진다.

따라서 $\displaystyle\lim_{x\to-\infty} g(x) \geq 0$이고 $g\left(\dfrac{1}{2}+t\right) \geq 0$을 만족해야 되므로

$\displaystyle\lim_{x\to-\infty} g(x) = C_1 - 2e \geq 0$ 이고 $g\left(\dfrac{1}{2}+t\right) = -2e^{\frac{1}{2}+t} + C_1$

≥ 0 가 되어서 $C_1 \geq 2e$ 와 $C_1 \geq 2e^{\frac{1}{2}+t}$ 를 얻을 수 있다.

즉,

$0 < t < \dfrac{1}{2}$ 인 경우,

$C_1 \geq 2e$ 와 $C_1 \geq (1+2t)e$ 일 때 동시에 만족하는 C_1의 최솟값은 $2e$이므로 $F(0) = 2 - t + C_1 - 2e \geq 2 - t$ 가 되어 $m(t) = 2 - t$ 이다.

$\dfrac{1}{2} \leq t$ 인 경우, $C_1 \geq 2e$ 와 $C_1 \geq 2e^{\frac{1}{2}+t}$ 일 때 동시에 만족하는 C_1의 최솟값은 $2e^{\frac{1}{2}+t}$이므로

$F(0) = 2 - t + C_1 - 2e \geq 2 - t + 2e^{\frac{1}{2}+t} - 2e$ 가 되어

$m(t) = 2 - t + 2e^{\frac{1}{2}+t} - 2e$ 이다.

따라서

$m\left(\dfrac{1}{3}\right) = 2 - \dfrac{1}{3} = \dfrac{5}{3}$ 이고 $m\left(\dfrac{3}{2}\right) = \dfrac{1}{2} + 2e^2 - 2e$ 이므로

$m\left(\dfrac{3}{2}\right) - m\left(\dfrac{1}{3}\right) = 2e^2 - 2e - \dfrac{7}{6}$ 가 되어서

$p = 2$, $q = -2$, $r = -\dfrac{7}{6}$ 이고

$-36(p+q+r) = -36 \times \left(-\dfrac{7}{6}\right) = 42$ 이다.

85 정답 2

$|x| > \dfrac{1}{n}$ 이면 $g(nx) = 0$ 이므로

$\displaystyle \int_{-1}^{1} g(nx) f(x)\, dx = \int_{-\frac{1}{n}}^{\frac{1}{n}} g(nx) f(x)\, dx$ 이고

$|x| \leq \dfrac{1}{n}$ 이면 $g(nx) = \dfrac{\cos(n\pi x) + 1}{2} \geq 0$ 이고

$m \leq f(x) \leq M$ 이므로

$\displaystyle n\int_{-\frac{1}{n}}^{\frac{1}{n}} g(nx) m\, dx \leq n\int_{-\frac{1}{n}}^{\frac{1}{n}} g(nx) f(x)\, dx \leq n\int_{-\frac{1}{n}}^{\frac{1}{n}} g(nx) M\, dx$

이다.

$\displaystyle n\int_{-\frac{1}{n}}^{\frac{1}{n}} g(nx)\, dx = 1$ 이므로

$\displaystyle m \leq n\int_{-1}^{1} g(nx) f(x)\, dx \leq M$ 이다. $\cdots$ ㉠

따라서 $p = 1$ 이다.

한편, $K(x) = \ln(1 + e^{x+1})$, $(g(nx))' = h(nx)$ 이므로

$\displaystyle n^2 \int_{-1}^{1} h(nx) \ln(1+e^{x+1})\, dx = n^2 \int_{-\frac{1}{n}}^{\frac{1}{n}} h(nx) K(x)\, dx$

$\displaystyle = n^2\left\{ \left[\dfrac{g(nx)}{n} K(x) \right]_{-\frac{1}{n}}^{\frac{1}{n}} - \int_{-\frac{1}{n}}^{\frac{1}{n}} \dfrac{g(nx)}{n} K'(x)\, dx \right\}$

$\displaystyle = -n\int_{-1}^{1} g(nx) K'(x)\, dx$

$K'(x) = 1 - \dfrac{1}{1+e^{x+1}}$ 이고

$K''(x) = \dfrac{e^{x+1}}{(1+e^{x+1})^2}$ 에서 $K''(x) \geq 0$ 이므로 $K'(x)$ 는 증가함수이다.

$|x| \leq \dfrac{1}{n}$ 에서 $K'\left(-\dfrac{1}{n}\right) \leq K'(x) \leq K'\left(\dfrac{1}{n}\right)$ 을 만족한다.

따라서 ㉠에 의하여

$K'\left(-\dfrac{1}{n}\right) \leq n\displaystyle\int_{-1}^{1} g(nx) K'(x)\, dx \leq K'\left(\dfrac{1}{n}\right)$ 이다.

$\displaystyle \lim_{n\to\infty} K'\left(-\dfrac{1}{n}\right) = \lim_{n\to\infty} K'\left(\dfrac{1}{n}\right) = \dfrac{e}{1+e}$ 이므로

$-n\displaystyle\int_{-1}^{1} g(nx) K'(x)\, dx = -\dfrac{e}{e+1}$ 이다.

$\alpha = -\dfrac{e}{e+1}$ 이므로 $\dfrac{3(e+1)}{e}\alpha + 5p = -3 + 5 = 2$

86 정답 32

[그림 : 최성훈T]

$f(x) = \begin{cases} (x-k)e^x & (x < 0) \\ (x-k)e^{-x} & (x \geq 0) \end{cases}$ 이고 $F'(x) = f(x)$ 이므로

$F(x) = \begin{cases} (x-k)e^x - e^x + C_1 & (x < 0) \\ (x-k)(-e^{-x}) - (e^{-x}) + C_2 & (x \geq 0) \end{cases}$

$= \begin{cases} (x-k-1)e^x + C_1 & (x < 0) \\ (-x+k-1)e^{-x} + C_2 & (x \geq 0) \end{cases}$

함수 $F(x)$가 $x = 0$에서 연속이므로

$-k-1+C_1 = k-1+C_2 \to C_2 = C_1 - 2k$ 이다.

C_1을 C라 하면 $F(0) = C - k - 1$ $\cdots$ ㉠

$F(x) = \begin{cases} (x-k-1)e^x + C & (x < 0) \\ (-x+k-1)e^{-x} + C - 2k & (x \geq 0) \end{cases}$

$F(x) + f(x) = \begin{cases} (2x-2k-1)e^x + C & (x < 0) \\ -e^{-x} + C - 2k & (x \geq 0) \end{cases}$

$h(x) = F(x) + f(x)$ 라 하면

$h(x) = \begin{cases} (2x-2k-1)e^x + C & (x < 0) \\ -e^{-x} + C - 2k & (x \geq 0) \end{cases}$

$\displaystyle \lim_{x\to-\infty} h(x) = C$, $\lim_{x\to\infty} h(x) = C - 2k$ $\cdots$ ㉡

$h'(x) = \begin{cases} (2x-2k+1)e^x & (x < 0) \\ e^{-x} & (x > 0) \end{cases}$

$2x - 2k + 1 = 0$에서 $x = k - \dfrac{1}{2}$이고 $e^{-x} > 0$이다.

(i) $\dfrac{1}{2} < k < \dfrac{3}{2}$ 일 때,

함수 $h'(x)$와 함수 $h(x)$의 그래프 개형은 그림과 같다.

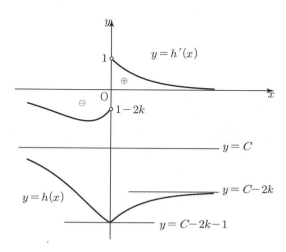

따라서 함수 $h(x)$는 $x=0$에서 극솟값 $h(0)=C-2k-1$을 갖고 그 값이 최솟값이다.

$C-2k-1 \geq 0 \rightarrow C \geq 2k+1$

㉠에서 $F(0)=C-k-1$이므로 $F(0) \geq k$

따라서 $g_1(k)=k$

한편, ㉡에서 $C \leq 4$이므로 $F(0) \leq 3-k$

따라서 $g_2(k)=3-k$

(ii) $0 < k \leq \dfrac{1}{2}$일 때,

함수 $h'(x)$와 함수 $h(x)$의 그래프 개형은 그림과 같다.

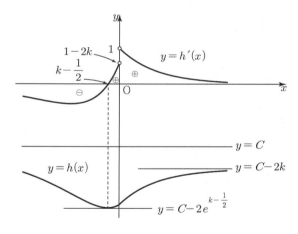

따라서 함수 $h(x)$는 $x=k-\dfrac{1}{2}$에서 극솟값

$h\left(k-\dfrac{1}{2}\right)=-2e^{k-\frac{1}{2}}+C$을 갖고 그 값이 최솟값이다.

$C-2e^{k-\frac{1}{2}} \geq 0 \rightarrow C \geq 2e^{k-\frac{1}{2}}$

㉠에서 $F(0)=C-k-1$이므로 $F(0) \geq 2e^{k-\frac{1}{2}}-k-1$

따라서 $g_1(k)=2e^{k-\frac{1}{2}}-k-1$

한편, ㉡에서 $C \leq 4$이므로 $F(0) \leq 3-k$

따라서 $g_2(k)=3-k$

(i), (ii)에서

$g_1(k)=\begin{cases} k & \left(\dfrac{1}{2}<k<\dfrac{3}{2}\right) \\ 2e^{k-\frac{1}{2}}-k-1 & \left(0<k \leq \dfrac{1}{2}\right) \end{cases}$, $g_2(k)=3-k$

$\left(0<k<\dfrac{3}{2}\right)$

$g_1\left(\dfrac{1}{4}\right)=2e^{-\frac{1}{4}}-\dfrac{5}{4}$, $g_1\left(\dfrac{1}{2}\right)=\dfrac{1}{2}$, $g_2\left(\dfrac{5}{4}\right)=\dfrac{7}{4}$이므로

$g_1\left(\dfrac{1}{4}\right)-g_1\left(\dfrac{1}{2}\right)+g_2\left(\dfrac{1}{4}\right)=2e^{-\frac{1}{4}}$이다.

$p=2$, $q=-\dfrac{1}{4}$이므로 $\dfrac{p}{q^2}=\dfrac{2}{\dfrac{1}{16}}=32$

87 정답 15

[출제자 : 이소영T]

[그림 : 배용제T]

[검토자 : 서영만T]

두 함수의 교점의 y좌표가 $g(t)$이므로 교점의 좌표를 $(s, g(t))\,(s>0)$으로 놓을 수 있다.

이 점은 두 곡선 위의 점이므로

$f(s)=te^{-s}=g(t)$이다. ……①

$s=\ln 3$일 때 $f(\ln 3)=te^{-\ln 3}=\dfrac{t}{3}=2$이므로 $t=6$,

$s=\ln 5$일 때 $f(\ln 5)=te^{-\ln 5}=\dfrac{t}{5}=1$이므로

$t=5$이다. ……②

$\displaystyle\int_5^6 \dfrac{\ln|g(t)|}{t}dt=-6(\ln 2)^2$를 생각해보면

①에서 $g(t)=f(s)$이고, $t=e^s f(s)$이다.

$t=e^s f(s)$의 양변을 t에 대하여 미분하면

$1=e^s\{f(s)+f'(s)\}\dfrac{ds}{dt}$이고

②에 의하여 $t=6$일 때 $s=\ln 3$, $t=5$일 때 $s=\ln 5$이므로

$\displaystyle\int_5^6 \dfrac{\ln|g(t)|}{t}dt$

$=\displaystyle\int_{\ln 5}^{\ln 3} \dfrac{\ln|f(s)|}{e^s f(s)} \cdot e^s\{f(s)+f'(s)\}ds$

$=-\displaystyle\int_{\ln 3}^{\ln 5} \ln|f(s)|ds-\int_{\ln 3}^{\ln 5} \ln|f(s)| \cdot \dfrac{f'(s)}{f(s)}ds$

$=-\displaystyle\int_{\ln 3}^{\ln 5} \ln|f(s)|ds-\dfrac{1}{2}\int_{\ln 3}^{\ln 5} 2\ln|f(s)| \cdot \dfrac{f'(s)}{f(s)}ds$

$=-\displaystyle\int_{\ln 3}^{\ln 5} \ln|f(s)|ds-\dfrac{1}{2}\left[(\ln|f(s)|)^2\right]_{\ln 3}^{\ln 5}$

$=-\displaystyle\int_{\ln 3}^{\ln 5} \ln|f(s)|ds-\dfrac{1}{2}\{(\ln|f(\ln 5)|)^2-(\ln|f(\ln 3)|)^2\}$

$=-\displaystyle\int_{\ln 3}^{\ln 5} \ln|f(s)|ds-\dfrac{1}{2}\{(\ln 1)^2-(\ln 2)^2\}$

$=-\displaystyle\int_{\ln 3}^{\ln 5} \ln|f(s)|ds+\dfrac{1}{2} \cdot (\ln 2)^2$

$$-6(\ln 2)^2 = -\int_{\ln 3}^{\ln 5} \ln|f(s)|\,ds + \frac{1}{2}\cdot(\ln 2)^2$$ 이므로

$$\int_{\ln 3}^{\ln 5} \ln|f(s)|\,ds = \frac{13}{2}(\ln 2)^2$$ 이다. 따라서

$$\int_{\ln 3}^{\ln 5} \ln|f(x)|\,dx = \frac{13}{2}(\ln 2)^2$$ 이고, $p+q=15$ 이다.

88 정답 ①

[그림 : 도정영T]

[검토자 : 최혜권T]

두 함수 $f(x)=\sin 2x$, $g(x)=\dfrac{a}{\sin x}$ $(a>0)$ 의 그래프가

$x=b$ 에서 접하기 때문에

$f(b)=g(b)$, $f'(b)=g'(b)$ 이다.

$\sin 2b = \dfrac{a}{\sin b}$ 에서 $a=\sin b\sin 2b$ 이다. …… ㉠

$f'(x)=2\cos 2x$, $g'(x)=-\dfrac{a\cos x}{\sin^2 x}$ 에서

$2\cos 2b = -\dfrac{a\cos b}{\sin^2 b}$ 이다. …… ㉡

㉠, ㉡에서

$2\cos 2b = -\dfrac{\sin b\sin 2b\cos b}{\sin^2 b}$

$2\cos 2b = -\dfrac{\sin b(2\sin b\cos b)\cos b}{\sin^2 b}$

$\cos 2b = -\cos^2 b$

$2\cos^2 b - 1 = -\cos^2 b$

$\cos^2 b = \dfrac{1}{3}$

$\cos b = \dfrac{\sqrt{3}}{3}$ 또는 $\cos b = -\dfrac{\sqrt{3}}{3}$

㉠에서 $a=\sin b(2\sin b\cos b)=2\sin^2 b\cos b$

$a>0$ 이므로 $\cos b>0$ 이다.

따라서 $\cos b = \dfrac{\sqrt{3}}{3}$ 이고 $\sin b = \dfrac{\sqrt{6}}{3}$

$\therefore a = 2\times\dfrac{2}{3}\times\dfrac{\sqrt{3}}{3} = \dfrac{4}{9}\sqrt{3}$

그러므로 $g(x)=\dfrac{4\sqrt{3}}{9\sin x}$ 이다.

그림과 같이 $y=g(x)$ 와 $y=f(b)$ 가 만나는 B가 아닌 점 C는

$y=g(x)$ 가 $x=\dfrac{\pi}{2}$ 에 대칭이므로 $c=\pi-b$ 이다.

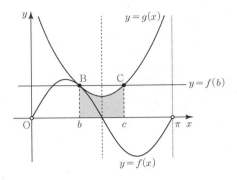

따라서

곡선 $y=g(x)$ 와 두 직선 $x=b$, $x=c$ 및 x축으로 둘러싸인

부분의 넓이는 다음과 같다.

$\displaystyle\int_b^c \dfrac{4\sqrt{3}}{9\sin x}\,dx$

$=\dfrac{4\sqrt{3}}{9}\displaystyle\int_b^{\pi-b}\dfrac{1}{\sin x}\,dx$

$=\dfrac{4\sqrt{3}}{9}\displaystyle\int_b^{\pi-b}\csc x\,dx$

$=\dfrac{4\sqrt{3}}{9}\Big[-\ln|\csc x + \cot x|\Big]_b^{\pi-b}$

$=\dfrac{4\sqrt{3}}{9}\left[-\ln\left|\dfrac{1+\cos x}{\sin x}\right|\right]_b^{\pi-b}$

$=-\dfrac{4\sqrt{3}}{9}\left\{\ln\left|\dfrac{1+\cos(\pi-b)}{\sin(\pi-b)}\right| - \ln\left|\dfrac{1+\cos b}{\sin b}\right|\right\}$

$=-\dfrac{4\sqrt{3}}{9}\left\{\ln\left|\dfrac{1-\cos b}{\sin b}\right| - \ln\left|\dfrac{1+\cos b}{\sin b}\right|\right\}$

$=-\dfrac{4\sqrt{3}}{9}\ln\left|\dfrac{1-\cos b}{1+\cos b}\right|$

$=-\dfrac{4\sqrt{3}}{9}\ln\left|\dfrac{1-\dfrac{\sqrt{3}}{3}}{1+\dfrac{\sqrt{3}}{3}}\right|$

$=-\dfrac{4\sqrt{3}}{9}\ln\left|\dfrac{3-\sqrt{3}}{3+\sqrt{3}}\right|$

$=\dfrac{4\sqrt{3}}{9}\ln\left|\dfrac{3+\sqrt{3}}{3-\sqrt{3}}\right|$

$=\dfrac{4\sqrt{3}}{9}\ln(2+\sqrt{3})$

[다른 풀이] - 대칭성을 이용한 풀이

$\dfrac{4\sqrt{3}}{9}\displaystyle\int_b^{\pi-b}\csc x\,dx$

$=2\times\dfrac{4\sqrt{3}}{9}\displaystyle\int_b^{\frac{\pi}{2}}\csc x\,dx$

$=\dfrac{8\sqrt{3}}{9}\Big[-\ln|\csc x + \cot x|\Big]_b^{\frac{\pi}{2}}$

$=\dfrac{8\sqrt{3}}{9}\left[-\ln\left|\dfrac{1+\cos x}{\sin x}\right|\right]_b^{\frac{\pi}{2}}$

$$= \frac{4\sqrt{3}}{9}\ln(2+\sqrt{3})$$

89 정답 10

[그림 : 서태욱T]
[검토자 : 오세준T]

$f(x)=ax+b$라 하면 $f'(x)=a$이다.

$g(x)=f(x)e^{\int_0^x f(t)dt}$의 양변을 x에 대하여 미분하면

$g'(x)=f'(x)e^{\int_0^x f(t)dt}+\{f(x)\}^2 e^{\int_0^x f(t)dt}$

(가)에서 함수 $g(x)$의 최댓값이 $g(0)$이므로 함수 $g(x)$는
$x=0$에서 극댓값을 갖는다. ······ ㉠

$g'(0)=f'(0)+\{f(0)\}^2=a+b^2=0$

$\therefore a=-b^2$

$f(x)=-b^2 x+b$

$\int_0^x f(t)dt=\int_0^x(-b^2 t+b)dt=\left[-\frac{b^2}{2}t^2+bt\right]_0^x$

$\qquad =-\frac{b^2}{2}x^2+bx$

따라서 $g(x)=(-b^2 x+b)e^{-\frac{b^2}{2}x^2+bx}$이다.

$g'(x)=-b^2 e^{-\frac{b^2}{2}x^2+bx}+(-b^2 x+b)^2 e^{-\frac{b^2}{2}x^2+bx}$

$\qquad =b^3 x(bx-2)e^{-\frac{b^2}{2}x^2+bx}$

방정식 $g'(x)=0$의 해는 $x=0$, $x=\frac{2}{b}$이다.

㉠에서 $x=0$에서 극대이므로 $x=\frac{2}{b}$에서 극소이고 $b>0$임을 알 수 있다.

극댓값은 $g(0)=b$, 극솟값은 $g\left(\frac{2}{b}\right)=-b$이다.

방정식 $g(x)=0$의 해는 $x=\frac{1}{b}$이다.

함수 $g(x)$와 $|g(x)|$의 그래프는 다음과 같다.

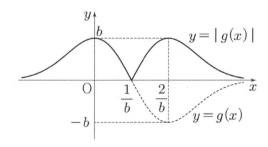

(나)에서 방정식 $|g(x)|=k$의 서로 다른 실근의 개수를 $h(k)$는

$$h(k)=\begin{cases}0\ (k<0,\ k>b)\\ 1\ (k=0)\\ 4\ (0<k<b)\\ 2\ (k=b)\end{cases}$$

이다.

따라서 함수 $h(k)$는 $k=0$일 때와 $k=b$일 때 불연속이다.

그러므로 $0+b=2$에서 $b=2$이다.

$\therefore f(x)=-4x+2$

$f(-2)=8+2=10$이다.

90 정답 ①

$x=t-\sin t$, $y=1-\cos t\ (0<t<2\pi)$에서

$\frac{dx}{dt}=1-\cos t$, $\frac{dy}{dt}=\sin t$

$\frac{dy}{dx}=\frac{\sin t}{1-\cos t}$

$t=a$일 때, 접점은 $(a-\sin a,\ 1-\cos a)$이고 접선의 기울기는

$\frac{\sin a}{1-\cos a}$이다.

따라서 직선 l의 방정식은

$y=\frac{\sin a}{1-\cos a}(x-a+\sin a)+1-\cos a$

$=\frac{\sin a}{1-\cos a}x+\frac{\sin a(-a+\sin a)}{1-\cos a}+1-\cos a$

$=\frac{\sin a}{1-\cos a}x+\frac{-a\sin a+\sin^2 a+1-2\cos a+\cos^2 a}{1-\cos a}$

$=\frac{\sin a}{1-\cos a}x+\frac{-a\sin a+2(1-\cos a)}{1-\cos a}$

$=\frac{\sin a}{1-\cos a}x+\frac{-a\sin a}{1-\cos a}+2$

$f(a)=\frac{-a\sin a}{1-\cos a}+2$

$f'(a)=\frac{(-\sin a-a\cos a)(1-\cos a)+a\sin a(\sin a)}{(1-\cos a)^2}$

$\quad =\frac{-\sin a+\sin a\cos a-a\cos a+a\cos^2 a+a\sin^2 a}{(1-\cos a)^2}$

$\quad =\frac{-\sin a+\sin a\cos a-a\cos a+a}{(1-\cos a)^2}$

$\quad =\frac{-\sin a(1-\cos a)+a(1-\cos a)}{(1-\cos a)^2}$

$\quad =\frac{a-\sin a}{1-\cos a}$

$\int_{\frac{\pi}{3}}^{\frac{2\pi}{3}}(1-\cos a)f'(a)da$

$=\int_{\frac{\pi}{3}}^{\frac{2\pi}{3}}(a-\sin a)da$

$=\left[\frac{1}{2}a^2+\cos a\right]_{\frac{\pi}{3}}^{\frac{2\pi}{3}}$

$$= \frac{1}{2}\left(\frac{4}{9}\pi^2 - \frac{1}{9}\pi^2\right) + \left(-\frac{1}{2} - \frac{1}{2}\right)$$

$$= \frac{\pi^2}{6} - 1$$

91 정답 4

$\int_0^x \sqrt{1 + \left(\dfrac{d}{dt}f(t)\right)^2}\, dt$ 에서 $t = f^{-1}(s)$ 라 하면

$t : 0 \to x$ 일 때, $s : 0 \to f(x)$ 이고 $dt = \dfrac{d}{ds}f^{-1}(s)$ 이다.

따라서

$$\int_0^x \sqrt{1 + \left(\frac{d}{dt}f(t)\right)^2}\, dt$$

$$= \int_0^{f(x)} \sqrt{1 + \left(\frac{1}{\frac{d}{ds}f^{-1}(s)}\right)^2}\left(\frac{d}{ds}f^{-1}(s)\right)ds$$

$$= \int_0^{f(x)} \sqrt{\left(\frac{d}{ds}f^{-1}(s)\right)^2 + 1}\, ds$$

그러므로

$$g(x) = \int_0^x \sqrt{1 + \left(\frac{d}{dt}f^{-1}(t)\right)^2}\, dt - \int_0^x \sqrt{1 + \left(\frac{d}{dt}f(t)\right)^2}\, dt$$

$$= \int_0^x \sqrt{1 + \left(\frac{d}{dt}f^{-1}(t)\right)^2}\, dt - \int_0^{f(x)} \sqrt{1 + \left(\frac{d}{ds}f^{-1}(s)\right)^2}\, ds$$

$$= \int_{f(x)}^x \sqrt{1 + \left(\frac{d}{dt}f^{-1}(t)\right)^2}\, dt$$

에서 $g(3) = 0$ 이므로

(i) $f(3) < 3$ 이면

$$g(3) = \int_{f(3)}^3 \sqrt{1 + \left(\frac{d}{dt}f^{-1}(t)\right)^2}\, dt$$

$$\geq \int_{f(3)}^3 1\, dt = 3 - f(3) > 0 \text{ (모순)}$$

(ii) $f(3) > 3$ 이면

$$g(3) = \int_{f(3)}^3 \sqrt{1 + \left(\frac{d}{dt}f^{-1}(t)\right)^2}\, dt$$

$$= -\int_3^{f(3)} \sqrt{1 + \left(\frac{d}{dt}f^{-1}(t)\right)^2}\, dt$$

$$\leq -\int_3^{f(3)} 1\, dt = -\{f(3) - 3\} < 0 \text{ (모순)}$$

따라서 $f(3) = 3$ 이다.

그러므로 $f^{-1}(3) = 3$

한편,

$$g'(x) = \sqrt{1 + \left(\frac{d}{dx}f^{-1}(x)\right)^2} - \sqrt{1 + \left(\frac{d}{dx}f(x)\right)^2}$$

$g'(3) = 0$ 이므로 $\left(\dfrac{d}{dx}f^{-1}(3)\right)^2 = \left(\dfrac{d}{dx}f(3)\right)^2$

역함수의 도함수 성질에서 $(f^{-1})'(3) = \dfrac{1}{f'(3)}$ 이므로

$(f^{-1})'(3) = f'(3) = \pm 1$ 이다. $f'(x) > 0$ 이므로 $f'(3) = 1$

그러므로 $f'(3) + f^{-1}(3) = 1 + 3 = 4$

92 정답 1

[그림 : 서태욱T]

두 정수 a, b 에 대하여 함수 $h(x)$ 를 $h(x) = \dfrac{x+b}{x^2+a}$ 라 하면

$g(x) = h(f(x))$ 이다.

$$h'(x) = \frac{x^2 + a - (x+b)\times 2x}{(x^2+a)^2} = -\frac{x^2 + 2bx - a}{(x^2+a)^2}$$

삼차함수 $f(x)$ 의 극솟값을 k, 극댓값을 $k+2$ 라 하자.

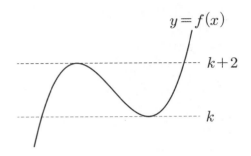

$n(t) = 2$ 가 되도록 하는 실수 t 의 개수가 2가 되기 위해서는 다음 그림과 같이 속함수의 극댓값과 극솟값이 겉함수의 극대, 극소가 되는 지점에 대응되어야 한다.

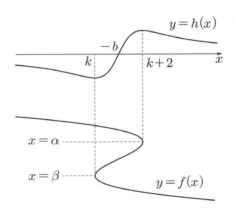

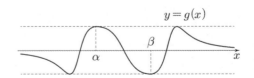

따라서 $h'(x) = 0$ 의 해는 $x^2 + 2bx - a = 0$ 의 해이고
$x^2 + 2bx - a = 0$ 의 두 실근이 k, $k+2$ 이다.

따라서

$2k + 2 = -2b \Rightarrow k = -b - 1$ 에서 k 는 정수이다. ···㉠

$k(k+2) = -a \Rightarrow k(k+2) < 0 \;(\because a > 0)$ 이므로 $-2 < k < 0$
···㉡

㉠, ㉡에서 $k = -1$

그러므로 $a=1$, $b=0$이다.
$a+b=1$이다.

93 정답 35

$\overline{\mathrm{CH}} /\!/ \overline{\mathrm{BP}}$이므로
삼각형 BCP의 넓이=삼각형 HBP의 넓이
따라서
$f(\theta)-g(\theta)$
=(삼각형 AOP의 넓이)$-$(삼각형 BCP의 넓이)
=(삼각형 AOP의 넓이)$-$(삼각형 HBP의 넓이)

직각삼각형 APB에서 $\overline{\mathrm{AB}}=2$, $\angle \mathrm{BAP}=\theta$이므로
$\overline{\mathrm{AP}}=2\cos\theta$, $\overline{\mathrm{BP}}=2\sin\theta$이다.

$\triangle \mathrm{AOP}$의 넓이는
$\dfrac{1}{2}\times\overline{\mathrm{AP}}\times\overline{\mathrm{AO}}\times\sin\theta$
$=\dfrac{1}{2}\times 2\cos\theta\times 1\times sin\theta=\cos\theta\sin\theta$

한편, $\angle \mathrm{POH}=2\theta$, $\overline{\mathrm{OP}}=1$이므로
$\overline{\mathrm{PH}}=\sin 2\theta$, $\overline{\mathrm{OH}}=\cos 2\theta$
$\triangle \mathrm{HBP}$의 넓이는
$\dfrac{1}{2}\times\overline{\mathrm{BH}}\times\overline{\mathrm{PH}}$
$=\dfrac{1}{2}\times(1-\cos 2\theta)\times\sin 2\theta$
$=\dfrac{1}{2}\times(1-\cos 2\theta)\times 2\sin\theta\cos\theta$
$=(1-\cos 2\theta)\sin\theta\cos\theta$
$f(\theta)-g(\theta)=\sin\theta\cos\theta\cos 2\theta$

$\displaystyle\int_0^{\frac{\pi}{6}}\{f(\theta)-g(\theta)\}d\theta$

$=\displaystyle\int_0^{\frac{\pi}{6}}\sin\theta\cos\theta\cos 2\theta\,d\theta$

$=\displaystyle\int_0^{\frac{\pi}{6}}\sin\theta\cos\theta(1-2\sin^2\theta)d\theta$

$\sin\theta=x$라 하면 $\cos\theta\,d\theta=dx$이므로

$=\displaystyle\int_0^{\frac{1}{2}}x(1-2x^2)dx$

$=\displaystyle\int_0^{\frac{1}{2}}(x-2x^3)dx$

$=\left[\dfrac{1}{2}x^2-\dfrac{1}{2}x^4\right]_0^{\frac{1}{2}}$

$=\dfrac{1}{8}-\dfrac{1}{32}=\dfrac{3}{32}$

$p=32$, $q=3$이므로 $p+q=35$이다.

[다른 풀이]

$f(\theta)-g(\theta)=\sin\theta\cos\theta\cos 2\theta$

$\qquad\qquad =\dfrac{1}{2}\sin 2\theta\cos 2\theta$

$\qquad\qquad =\dfrac{1}{4}\sin 4\theta$

이므로

$\displaystyle\int_0^{\frac{\pi}{6}}\{f(\theta)-g(\theta)\}d\theta$

$=\dfrac{1}{4}\displaystyle\int_0^{\frac{\pi}{6}}\sin 4\theta\,d\theta$

$=\dfrac{1}{4}\left[-\dfrac{1}{4}\cos 4\theta\right]_0^{\frac{\pi}{6}}$

$=\dfrac{1}{32}+\dfrac{1}{16}=\dfrac{3}{32}$

94 정답 ②

[그림 : 배용제T]

(나)에서

(i) $n=1$일 때, $f(1)=-1$이므로 $0<t\le 1$에서
$f(1+t)=-1+f(t)$ 또는 $f(1+t)=-1-f(t)$이다.
$1+t=x$라 하면 $1<x\le 2$에서
$f(x)=-1+f(x-1)$ 또는 $f(x)=-1-f(x-1)$

(ii) $n=2$일 때, $f(2)=0$ 또는 $f(2)=-2$ 이므로
$0<t\le 1$에서
$f(2+t)=f(t)$ 또는 $f(2+t)=-2+f(t)$ 또는 $f(2+t)=-f(t)$
또는 $f(2+t)=-2-f(t)$이다.
$2+t=x$라 하면 $2<x\le 3$에서
$f(x)=f(x-2)$ 또는 $f(x)=-2+f(x-2)$ 또는
$f(x)=-f(x-2)$ 또는 $f(x)=-2-f(x-2)$이다.

(i), (ii)에서 함수 $f(x)$가 모든 실수 x에 대하여 연속이고
$\left|\displaystyle\int_0^4 f(x)dx\right|$의 값이 최소가 되기 위해서는
$1<x\le 2$에서 $f(x)=-1-f(x-1)$이고
(다)에서 $f(3)=f(-1)$이므로
$2<x\le 3$에서 $f(x)=f(x-2)$
이어야 한다.

(다)에서 $f(3)=-1$이므로
$f(3+t)=-1-f(t)$ $(0<t\le 1)$
$3+t=x$라 하면
$3<x\le 4$에서 $f(x)=-1-f(x-3)$
따라서
닫힌구간 $[0,4]$에서 $\left|\displaystyle\int_0^4 f(x)dx\right|$의 값이 최소가 되는 함수
$f(x)$의 그래프는 다음 그림과 같다.

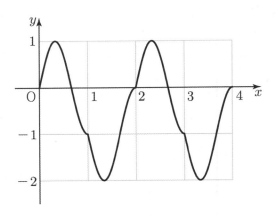

대칭에 의해 정적분의 값의 합이 0되는 부분과 넓이가 같은 부분을 이동시켜 나타내면 다음과 같다.

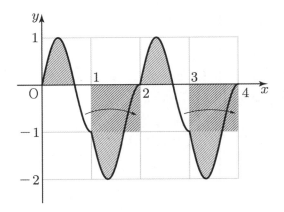

$$\therefore \left| \int_0^4 f(x)dx \right| \geq 2$$

95 정답 10

$f(x) = x\ln(k+x^2)$에서 $f'(x) = \ln(k+x^2) + \dfrac{2x^2}{k+x^2} \geq 0$

이므로 함수 $f(x)$는 증가함수이다.
따라서 $y = f(x)$와 그 역함수 $y = g(x)$의 교점은 $y = x$위에 있다.

[세미나 (47) 참고]
따라서 $x\ln(k+x^2) = x$의 해가 a_1, a_2, a_3이다.
$x\{\ln(k+x^2) - 1\} = 0$
$x = 0$ 또는 $\ln(k+x^2) - 1 = 0$에서
$x = 0$ 또는 $x = \pm\sqrt{e-k}$
따라서 $a_1 = -\sqrt{e-k}$, $a_2 = 0$, $a_3 = \sqrt{e-k}$ $\cdots$㉠
함수 $f(x)$의 역함수가 $g(x)$이므로
$f(g(x)) = x$에서
$f'(g(x))\, g'(x) = 1$
$g'(x) = \dfrac{1}{f'(g(x))}$이다.
한편, $f(-x) = -f(x)$이므로 $f(x)$의 역함수 $g(x)$도
$g(-x) = -g(x)$이다.

따라서 $g'(x)$는 y축 대칭인 함수이고 $x\,g'(x)$는 원점 대칭인 함수이다.
그러므로 $\dfrac{x}{f'(g(x))}$는 원점 대칭인 함수이다.

$\displaystyle\int_{a_1}^{a_3} \left| \dfrac{x}{f'(g(x))} \right| dx = 1 - \ln k$에서

$\displaystyle\int_{-\sqrt{e-k}}^{0} \left| \dfrac{x}{f'(g(x))} \right| dx = \dfrac{1-\ln k}{2}$,

$\displaystyle\int_{0}^{\sqrt{e-k}} \left| \dfrac{x}{f'(g(x))} \right| dx = \dfrac{1-\ln k}{2}$이다.

따라서

$\displaystyle\int_{0}^{\sqrt{e-k}} \left| \dfrac{x}{f'(g(x))} \right| dx$

$= \displaystyle\int_{0}^{\sqrt{e-k}} \dfrac{x}{f'(g(x))} dx$

$= \displaystyle\int_{0}^{\sqrt{e-k}} x\, g'(x) dx$

$= \left[x\, g(x) \right]_{0}^{\sqrt{e-k}} - \displaystyle\int_{0}^{\sqrt{e-k}} g(x) dx$

에서
$g(\sqrt{e-k}) = \sqrt{e-k}$이고
$\displaystyle\int_{0}^{\sqrt{e-k}} f(x)dx + \int_{0}^{\sqrt{e-k}} g(x)dx = e - k$이므로

$= \sqrt{e-k}(g\sqrt{e-k}) - \left\{ (e-k) - \displaystyle\int_{0}^{\sqrt{e-k}} f(x)dx \right\}$

$= \displaystyle\int_{0}^{\sqrt{e-k}} f(x)dx$

$= \displaystyle\int_{0}^{\sqrt{e-k}} x\ln(x^2+k)dx$

$x^2 + k = t$라 두면 $2x\dfrac{dx}{dt} = 1$이다.
$x : 0 \to \sqrt{e-k}$일 때, $t : k \to e$이다.

$= \dfrac{1}{2}\displaystyle\int_{k}^{e} \ln t\, dt$

$= \dfrac{1}{2}\left[t\ln t - t \right]_{k}^{e}$

$= \dfrac{1}{2}\{(e-e) - (k\ln k - k)\}$

$= \dfrac{k(1-\ln k)}{2} = \dfrac{1-\ln k}{2}$

에서 $k = 1$이다.
따라서 $10k = 10$

$0 < x < 1$에서 $f'(x) = \pi\cos\pi x$이므로 (나)에서

$n = 1$이면 $0 < x < 1$에 대하여

$$f'\left(\sum_{a=1}^{1} 2^{a-1} + 2x\right) = f'\left(\sum_{a=1}^{1} 2^{a-1} - x\right) \Rightarrow f'(1+2x) = f'(1-x)$$

를 만족하는 구간 $(1, 3)$에서의 함수 $f'(x)$의 그래프와

$y = f(x)$의 그래프는 다음과 같다. …㉠

[랑데뷰팁 참고] [랑데뷰세미나 세미나(127)]

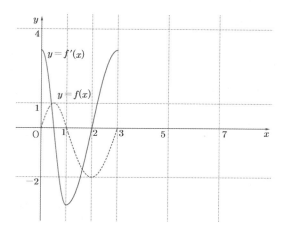

$n = 2$이면 $0 < x < 2$에 대하여

$$f'\left(\sum_{a=1}^{2} 2^{a-1} + 2x\right) = f'\left(\sum_{a=1}^{2} 2^{a-1} - x\right) \Rightarrow f'(3+2x) = f'(3-x)$$

를 만족하는 구간 $(3, 7)$에서의 함수 $f'(x)$의 그래프와

$y = f(x)$의 그래프는 다음과 같다. …㉡

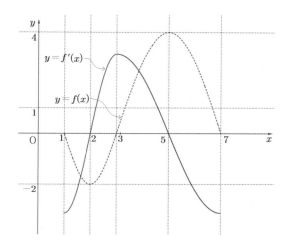

$n = 3$이면 $0 < x < 4$에 대하여

$$f'\left(\sum_{a=1}^{3} 2^{a-1} + 2x\right) = f'\left(\sum_{a=1}^{3} 2^{a-1} - x\right) \Rightarrow f'(7+2x) = f'(7-x)$$

이므로 위와 같은 상황으로 생각해 보면 구간 $(3, 7)$의 그래프를

$x = 7$에 대칭이동한 후 x축의 방향으로 2배 늘린 그래프가 됨을

알 수 있다.

$y = f'(x)$의 그래프 개형에 따른 $y = f(x)$의 그래프 개형은

다음과 같다. …㉢

따라서 $y = |f(x)|$의 그래프는 다음 그림과 같다. …㉣

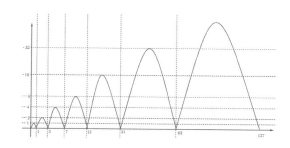

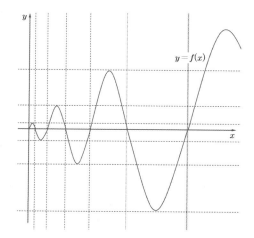

$$\int_0^1 f(x)dx = \int_0^1 \sin\pi x\,dx = \left[-\frac{1}{\pi}\cos\pi x\right]_0^1 = \frac{2}{\pi}\text{이고}$$

$y = |f(x)|$와 x축으로 둘러싸인 부분의 넓이는 첫째항이 $\dfrac{2}{\pi}$,

공비가 4인 등비수열을 이룬다.

⇨(카발리에리의 원리 : 가로의 길이가 2배, 세로의 길이가 2배

증가하므로 넓이가 4배씩 증가한다.

[랑데뷰세미나 : 카발리에리의 원리 참고]

$$\int_1^3 |f(x)|\,dx = 4\int_0^1 f(x)dx = \frac{8}{\pi} \Rightarrow x = 2\text{에서 극대}$$

$$\int_3^7 |f(x)|\,dx = 4^2\int_0^1 f(x)dx = \frac{32}{\pi} \Rightarrow x = 5\text{에서 극대}$$

$$\int_7^{15} |f(x)|\,dx = 4^3\int_0^1 f(x)dx = \frac{128}{\pi} \Rightarrow x = 11\text{에서 극대}$$

$$\int_{15}^{31} |f(x)|\,dx = 4^4\int_0^1 f(x)dx = \frac{512}{\pi} \Rightarrow x = 23\text{에서 극대}$$

$$\int_{31}^{63} |f(x)|\,dx = 4^5\int_0^1 f(x)dx = \frac{2^{11}}{\pi} \Rightarrow x = 47\text{에서 극대}$$

$$\int_{63}^{127} |f(x)|\,dx = 4^6\int_0^1 f(x)dx = \frac{2^{13}}{\pi} \Rightarrow x = 95\text{에서 극대}$$

한편,

$g(x) = \displaystyle\int_b^x |f(t)|\,dt$의 양변을 x에 대하여 미분하면

$g'(x) = |f(x)|$이고 모든 실수 x에 대하여 $|f(x)| \geq 0$, 즉

$g'(x) \geq 0$이므로 함수 $g(x)$는 역함수를 갖고

$g(x) = \displaystyle\int_b^x |f(t)|\,dt$의 양변에 $x=b$를 대입하면

$g(b)=0$이므로 $(g^{-1})'(0) = \dfrac{1}{g'(b)}$이다.

따라서 방정식 $(g^{-1})'(0)g'(x)=1$의 실근은 방정식

$g'(x)=g'(b)$, 즉 방정식 $|f(x)|=|f(b)|$의 실근과 같다.

곡선 $y=|f(x)|$와 직선 $y=|f(95)|$의 교점의 개수는 1

곡선 $y=|f(x)|$와 직선 $y=|f(47)|$의 교점의 개수는 3

곡선 $y=|f(x)|$와 직선 $y=|f(23)|$의 교점의 개수는 5

곡선 $y=|f(x)|$와 직선 $y=|f(11)|$의 교점의 개수는 7 이다.

따라서 $b=11$이다.

$\displaystyle\int_b^0 \pi f(x)\,dx$

$= -\pi \displaystyle\int_0^b f(x)\,dx$

$= -\pi \displaystyle\int_0^{11} f(x)\,dx$

$= -\pi \displaystyle\int_0^1 f(x)\,dx - \pi \displaystyle\int_1^3 f(x)\,dx - \pi \displaystyle\int_3^7 f(x)\,dx$

$\quad - \dfrac{1}{2} \times \pi \displaystyle\int_7^{15} f(x)\,dx$

$= -\pi \left(\dfrac{2}{\pi} - \dfrac{8}{\pi} + \dfrac{32}{\pi} - \dfrac{1}{2} \times \dfrac{128}{\pi} \right) = 38$

[랑데뷰팁]-⊙설명

$f'(1+2x)$의 $1+2x=t$라 두면

$0<x<1 \rightarrow 1<t<3$이고

$x = \dfrac{t-1}{2}$이므로 $1-x = 1 - \dfrac{t-1}{2} = \dfrac{3-t}{2}$이다.

따라서

$f'(1+2x) = f'(1-x) \rightarrow f'(t) = f'\left(\dfrac{3-t}{2} \right)$

$f'\left(\dfrac{3-t}{2} \right) = \pi \cos\left(\dfrac{3-t}{2} \right)\pi$

$\qquad\qquad = \pi \cos\left(\dfrac{3}{2}\pi - \dfrac{\pi}{2}t \right)$

$\qquad\qquad = -\pi \sin \dfrac{\pi}{2}t$

$1<t<3$일 때, $f'(t) = -\pi \sin \dfrac{\pi}{2}t$

이므로 $f(t) = 2\cos \dfrac{\pi}{2}t + C$ 이다.

$f(1)=0$이므로 $C=0$

그러므로 $1<x<3$에서

$f'(x) = -\pi \sin \dfrac{\pi}{2}x$, $f(x) = 2\cos \dfrac{\pi}{2}x$이다.

97 정답 133

(가)의 양변에 $x=n$ (n은 정수)을 대입하면 $g(n+1)+g(n)=0$

(나)의 양변에 $x=0$을 대입하면 $g(0)=0$

따라서 모든 정수 n에 대하여 $g(n)=0$이다.

(나)의 양변을 미분하면

$g'(x) = f(x)e^{-x} - f(x+1)e^{-x} + g(x+1)$이고 정리하면

$f(x+1) - f(x) = e^x\{g(x+1) - g'(x)\}$이다. 양변을 구조에

맞게 정적분으로 변형하면

$\displaystyle\int_x^{x+1} f(t)\,dt = \int_0^x e^t\{g(t+1) - g'(t)\}\,dt + C$

$\qquad = \displaystyle\int_0^x e^t g(t+1)\,dt - \int_0^x e^t g'(t)\,dt + C$

$\qquad = \displaystyle\int_0^x e^t g(t+1)\,dt - \left[e^t g(t) \right]_0^x + \int_0^x e^t g(t)\,dt + C$

$\qquad = -e^x g(x) + g(0) + \displaystyle\int_0^x e^t\{g(t+1) + g(t)\}\,dt + C$

$\qquad = -e^x g(x) + \displaystyle\int_0^x \{\pi t \sin(\pi t)\}\,dt + C$

$\qquad = -e^x g(x) + \left[-t\cos(\pi t) + \dfrac{1}{\pi}\sin(\pi t) \right]_0^x + C$

$\qquad = -e^x g(x) - x\cos(\pi x) + \dfrac{1}{\pi}\sin(\pi x) + C$

$x=0$을 대입하면 $\displaystyle\int_0^1 f(x)\,dx = 1 = C$

$\therefore C=1$

n이 정수일 때, $g(n)=0$, $\sin(n\pi)=0$이므로

$\displaystyle\int_1^{k+1} f(x)\,dx$

$= \displaystyle\sum_{x=1}^{k} \int_x^{x+1} f(t)\,dt = \sum_{x=1}^{k} \{-x\cos(\pi x)\} + k$

$= (1 - 2 + 3 - 4 + \cdots + (-1)^{k+1}k) + k$

(i) k가 홀수일 때,

$\displaystyle\int_1^{k+1} f(x)\,dx = \left(-\dfrac{k-1}{2} + k \right) + k = \dfrac{3}{2}k + \dfrac{1}{2}$

(ii) k가 짝수일 때, $\displaystyle\int_1^{k+1} f(x)\,dx = -\dfrac{k}{2} + k = \dfrac{k}{2}$

따라서

$\dfrac{3}{2}k + \dfrac{1}{2} = 50 \Rightarrow \dfrac{3}{2}k = \dfrac{99}{2} \Rightarrow k = 33$

$\dfrac{k}{2} = 50 \Rightarrow k = 100$

모든 k의 합은 133

98 정답 87

$(0,\,0)$, $(t-1,\,f(t-1))$, $(t+1,\,f(t+1))$ 을
꼭짓점으로 하는 삼각형의 넓이는
사선공식에 의해

$$\frac{1}{2}\,|\,(t-1)f(t+1)-(t+1)f(t-1)\,|=\frac{1}{t}$$

양변을 $(t-1)(t+1)$ 로 나누면

$$\frac{1}{2}\,\left|\,\frac{f(t+1)}{t+1}-\frac{f(t-1)}{t-1}\,\right|=\frac{1}{(t-1)t(t+1)}$$

$f(t)$ 는 증가함수이고 $f(t)<0$ 이므로 $\dfrac{f(t-1)}{t-1}$ 을
원점과 $(t-1,\,f(t-1))$ 을 선분의 기울기라 생각하면

$$\frac{f(t-1)}{t-1}<\frac{f(t+1)}{t+1}$$

$$\therefore \frac{f(t+1)}{t+1}-\frac{f(t-1)}{t-1}=\frac{2}{(t-1)t(t+1)}\ \cdots\ \text{㉠}$$

$$\frac{2}{(t-1)t(t+1)}=\frac{1}{(t-1)t}-\frac{1}{t(t+1)}$$

$$=\frac{1}{t-1}-\frac{2}{t}+\frac{1}{t+1}$$

㉠은 $\displaystyle\int_{t-1}^{t+1}\frac{f(x)}{x}\,dx=\ln(t-1)-2\ln t+\ln(t+1)+C$를
양변 미분한 것이다.

$t=2$일 때,

$$\int_1^3\frac{f(x)}{x}dx=-2\ln2+\ln3+C=\ln\frac{3}{4}+C$$에서 $C=0$

$$\therefore \int_{t-1}^{t+1}\frac{f(x)}{x}\,dx=\ln\frac{(t-1)(t+1)}{t^2}$$에서

$g(x)=\ln\dfrac{(x-1)(x+1)}{x^2}$ 라 두면

$$\int_{\frac{7}{3}}^{\frac{19}{3}}\frac{f(x)}{x}\,dx$$

$$=\int_{\frac{7}{3}}^{\frac{13}{3}}\frac{f(x)}{x}\,dx+\int_{\frac{13}{3}}^{\frac{19}{3}}\frac{f(x)}{x}\,dx$$

$$=g\left(\frac{10}{3}\right)+g\left(\frac{16}{3}\right)$$

$$=\ln\left\{\frac{\frac{7}{3}\times\frac{13}{3}\times\frac{13}{3}\times\frac{19}{3}}{\left(\frac{10}{3}\right)^2\times\left(\frac{16}{3}\right)^2}\right\}$$

$$=\ln\left\{\left(\frac{13\times19}{10\times16}\right)^2\times\frac{7}{19}\right\}$$

$$=2\ln\left(\frac{247}{160}\right)+\ln\frac{7}{19}$$

$p=160$, $q=247$이므로 $q-p=87$

99 정답 4

$$\int_0^x t(2x-t)g''(x-t)dt=x^2-x$$

좌변의 $x-t=s$ 라 두면

$t:0\to x$, $s:x\to0$이고
$-dt=ds$이므로

$$\int_0^x t(2x-t)g''(x-t)dt$$

$$=\int_x^0(x-s)(x+s)g''(s)(-ds)$$

$$=\int_0^x x^2 g''(s)ds-\int_0^x s^2 g''(s)ds$$

$$=x^2[g'(s)]_0^x-[s^2 g'(s)]_0^x+2\int_0^x sg'(s)ds$$

$$=x^2 g'(x)-x^2 g'(0)-x^2 g'(x)+2\int_0^x sg'(s)ds$$

$$=-x^2 g'(0)+2[sg(s)]_0^x-2\int_0^x g(s)ds$$

$$=-x^2 g'(0)+2xg(x)-2\int_0^x g(s)ds=x^2-x\cdots\text{㉠}$$

한편,

(i) $f(g(x))=x$의 양변 미분하면

$$f'(g(x))g'(x)=1\Rightarrow g'(0)=\frac{1}{f'(g(0))}$$

$g(0)=k$라 하면 $f(k)=0$에서 $\cos k=0$

$$\therefore g(0)=k=\frac{\pi}{2}$$

$f'(x)=-\sin x$이므로 $g'(0)=\dfrac{1}{-\sin\frac{\pi}{2}}=-1$

(ii) $young's$ 법칙에서 [랑데뷰세미나(102) 참고]

$$\int_0^x g(s)ds+\int_{g(0)}^{g(x)}f(s)ds=xg(x)$$이므로

$$xg(x)-\int_0^x g(s)ds=\int_{g(0)}^{g(x)}f(s)ds$$이다.

(i), (ii)에서 ㉠의 좌변

$$-x^2 g'(0)+2xg(x)-2\int_0^x g(s)ds$$

$$=x^2+2\int_{g(0)}^{g(x)}\cos s\,ds$$

따라서 $x^2+2\displaystyle\int_{g(0)}^{g(x)}\cos s\,ds=x^2-x$

$$\int_{g(0)}^{g(x)}\cos s\,ds=-\frac{1}{2}x$$이다.

$\displaystyle\int_{g(0)}^{g(x)}\cos s\,ds$의 $g(0)=\dfrac{\pi}{2}$이고 $g(x)=k$라 두면 $f(k)=x$에서
$\cos k=x$이므로 $\sin k=\sqrt{1-x^2}$ 이다.

$$\int_{g(0)}^{g(x)}\cos s\,ds=\int_{\frac{\pi}{2}}^{k}\cos s\,ds=[\sin s]_{\frac{\pi}{2}}^{k}=\sin k-1$$

$$=\sqrt{1-x^2}-1$$

$$\sqrt{1-x^2}-1=-\frac{1}{2}x\Rightarrow\sqrt{1-x^2}=1-\frac{1}{2}x\ \text{(양변 제곱하면)}$$

$$1-x^2 = \frac{1}{4}x^2 - x + 1$$

$$\frac{5}{4}x^2 - x = 0$$

$$x\left(\frac{5}{4}x - 1\right) = 0$$

$$\therefore \ \alpha = \frac{4}{5} \ (\alpha \neq 0)$$

그러므로 $5\alpha = 4$이다.

[랑데뷰팁]

$y = \cos x$의 역함수를 $y = \arccos x$라 할 때,
$\sin(\arccos x) = \sqrt{1-x^2}$ 이 성립한다.

---

100 정답 5

$$g'(x) = \frac{2(x^2+1) - 4x^2}{(x^2+1)^2} = \frac{-2(x+1)(x-1)}{(x^2+1)^2}$$ 이므로

함수 $g(x)$은 $x = -1$에서 극솟값 $g(-1) = -1$, $x = 1$에서
극솟값 1을 갖는 그래프이다.

$g(-x) = -g(x)$에서 함수 $g(x)$는 원점대칭이다.

$-1 \leq x \leq 1$에서 함수 $g(x)$와 함수 $g^{-1}(x)$의 그래프는 다음
그림과 같다.

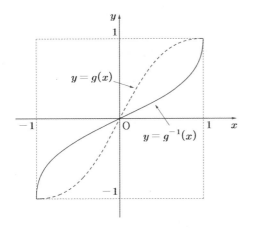

따라서 함수 $f(x)$를 그림으로 나타내면 [그림1]과 같고 식으로
나타내기 위해 $y = x$에 대칭이동시켜 보면 [그림2]와 같다.

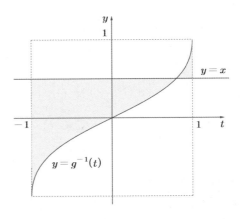

[그림1]

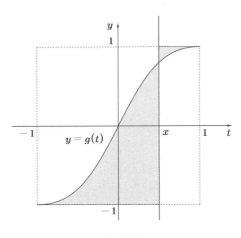

[그림2]

[그림2]에서
$$f(x)$$
$$= \int_{-1}^{x}\{g(t) - (-1)\}dt + (1-x) \times 2 - \int_{x}^{1}\{g(t) - (-1)\}dt \cdots$$
㉠
$$= \int_{-1}^{x}\left\{\frac{2t}{t^2+1} + 1\right\}dt + (1-x) \times 2 - \int_{x}^{1}\left\{\frac{2t}{t^2+1} + 1\right\}dt$$
$$= \left[\ln(t^2+1) + t\right]_{-1}^{x} + 2 - 2x - \left[\ln(t^2+1) + t\right]_{x}^{1}$$
$$= \ln(x^2+1) + x - \ln 2 + 1 + 2 - 2x - \ln 2 - 1 + \ln(x^2+1) + x$$
$$= 2\ln(x^2+1) + 2 - 2\ln 2$$
따라서
$$\frac{f(x)}{2} = \ln(x^2+1) + 1 - \ln 2$$ 이고
$$x\left(\frac{f(x)}{2} - 1 + \ln 2\right) = x\ln(x^2+1)$$ 이다.
그러므로
$$\int_{-1}^{1}\left|x\left(\frac{f(x)}{2} - 1 + \ln 2\right)\right|dx$$
$$= \int_{-1}^{1}\left|x\ln(x^2+1)\right|dx$$
$$= 2\int_{0}^{1}x\ln(x^2+1)dx$$

$x^2+1=t$라 두면 $2x\,dx=dt$이므로

$$=\int_1^2 \ln t\,dt$$
$$=[t\ln t-t]_1^2$$
$$=2\ln2-2+1$$
$$=2\ln2-1$$

따라서 $a=2$, $b=-1$이다.

$a^2+b^2=5$

[다른 풀이] 1

㉠에서 양변 미분하면

$$f'(x)=g(x)+1-2+g(x)+1=2g(x)=\frac{4x}{x^2+1}$$

$f(x)=2\ln(x^2+1)+C$ 이고

$f(1)=2\ln2+C$

이고 ㉠에 $x=1$을 대입하면

$$f(1)=2\left(\because \text{정사각형 넓이의 } \frac{1}{2}\right)\text{이다.}$$

따라서 $C=2\ln2-2$

$f(x)=2\ln(x^2+1)+2-2\ln2$

[다른 풀이] 2

$t-y$좌표평면에서 $y=g^{-1}(t)$와 $y=x$(상수함수)의 교점의 t좌표를 α라 하면

$g^{-1}(\alpha)=x$에서 $g(x)=\alpha$이다.

따라서

$f(x)$

$$=\int_{-1}^1 \left| x-g^{-1}(t) \right|dt$$
$$=\int_{-1}^{\alpha}\{x-g^{-1}(t)\}dt+\int_{\alpha}^1\{g^{-1}(t)-x\}dt$$
$$=\int_{-1}^{g(x)}\{x-g^{-1}(t)\}dt+\int_{g(x)}^1\{g^{-1}(t)-x\}dt\text{이다.}$$
$$=[xt-G^{-1}(t)]_{-1}^{g(x)}+[G^{-1}(t)-xt]_{g(x)}^1$$
$$=xg(x)-G^{-1}(g(x))+x+G^{-1}(-1)$$
$$\quad +G^{-1}(1)-x-G^{-1}(g(x))+xg(x)$$

양변 x에 관해 미분하면

$$f'(x)=g(x)+xg'(x)-g^{-1}(g(x))g'(x)+1$$
$$\quad -1-g^{-1}(g(x))g'(x)+g(x)+xg'(x)$$
$$=g(x)+xg'(x)-xg'(x)+1$$
$$\quad -1-xg'(x)+g(x)+xg'(x)$$
$$=2g(x)$$
$$=\frac{4x}{x^2+1}$$

$$f(x)=\int\frac{4x}{x^2+1}dx=2\ln(x^2+1)+C \cdots ㉡$$

한편,

$$f(0)=\int_{-1}^1\left| g^{-1}(t) \right|dt=2\times\left(1-\int_0^1 g(x)dx\right)\cdots ☆$$

$$=2\times\left(1-\int_0^1\frac{2x}{x^2+1}dx\right)$$
$$=2\times\left(1-[\ln(x^2+1)]_0^1\right)$$
$$=2(1-\ln2)=2-2\ln2$$

㉠에서 $f(0)=C=2-2\ln2$

따라서 $f(x)=2\ln(x^2+1)+2-2\ln2$

[랑데뷰팁]

㉠, ㉡에서

$f(x)=2\ln(x^2+1)+C$ 이고

$f(x)=\int_{-1}^1\left| x-g^{-1}(t) \right|dt$에서

$f(1)$ 또는 $f(-1)$은 한 변의 길이가 2인 정사각형 넓이의

$\frac{1}{2}$이므로

$f(1)=f(-1)=2\ln2+C=2$

$\therefore C=2-2\ln2$

이다.

101 정답 3

$f(x)$가 실수 전체에서 연속이므로 $f(0)=f(2)$이고 $x=1$에서 연속이다.

따라서 $1=e^{2b+2}$, $e^a=e^{b+2}$에서 $a=1$, $b=-1$이다.

$$f(x)=\begin{cases} e^x & (0\le x<1) \\ e^{-x+2} & (1\le x\le 2) \end{cases}$$

(가)에서 함수 $f(x)$가 주기가 2이므로 함수 $f(x)$의 개형은 다음과 같다.

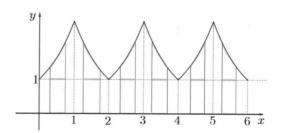

$k(x)=h(g(x))$라 하면 $y=k(x)$의 그래프는

$0<p_1<p_2<2$인 p_1, p_2에서 동일한 극댓값을 가지므로 $k'(q)=0$인 $x=q$가 $p_1<q<p_2$에 적어도 하나

존재하고(사잇값 정리) $x=q$에서 극솟값을 가진다. 극댓값을 M, 극솟값을 m이라 할 때, 구간 $(0, 2)$에서 $y=k(x)$의 그래프개형은 다음과 같다. $\cdots ㉠$

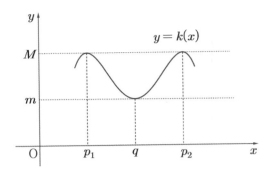

$g(x) = \displaystyle\int_{x}^{x+k} f(t)dt$에서

$g'(x) = f(x+k) - f(x)$이고 $f(x+k)$는 함수 $f(x)$의 그래프를 x축으로 $-k$만큼 평행 이동한 그래프이다. 따라서 다음 그림과 같이 구간 $(0, 2)$에서의

$y = f(x+k)$와 $y = f(x)$의 교점을 $x = x_1$, $x = x_2$라 하면 $g'(x)$의 부호가 결정된다.

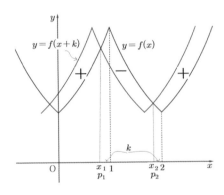

$0 < x < x_1$일 때 $f(x+k) > f(x)$이므로 $g'(x) > 0$

$x_1 < x < x_2$일 때 $f(x+k) < f(x)$이므로 $g'(x) < 0$

$x_2 < x < 2$일 때 $f(x+k) > f(x)$이므로 $g'(x) > 0$ 이다. $\cdots \, \text{ⓛ}$

$k'(x) = h'(g(x))g'(x)$에서 ㉠, ㉡에서

$k'(x) = 0$인 x가 p_1, q, p_2이고 $g'(x) = 0$의 해가 x_1, x_2이므로

$p_1 = x_1$, $h'(g(q)) = 0$, $p_2 = x_2$임을 알 수 있다.

$g(q) = e - 1$이다.

$g'(x)$와 $k'(x)$의 증감은 파악 가능하므로 증감표를 작성하면 다음과 같다.

x	0	$\cdots$	p_1	$\cdots$	q	$\cdots$	p_2	$\cdots$	2
$g'(x)$		$+$		$-$	$-$	$-$		$+$	
$h'(g(x))$					0				
$k'(x)$		$+$	0	$-$		$+$	0	$-$	
$k(x)$		$\nearrow$	M	$\searrow$	m	$\nearrow$	M	$\searrow$	

따라서 $h'(g(x))$의 부호 변화는 다음과 같다.

x	0	$\cdots$	p_1	$\cdots$	q	$\cdots$	p_2	$\cdots$	2
$g'(x)$		$+$		$-$	$-$	$-$		$+$	
$h'(g(x))$		$+$	$+$	$+$	0	$-$	$-$	$-$	
$k'(x)$		$+$	0	$-$		$+$	0	$-$	
$k(x)$		$\nearrow$	M	$\searrow$	m	$\nearrow$	M	$\searrow$	

$h(x) = (x - e + 1)^2 + \dfrac{1}{2}$는 아래로 볼록 함수이므로

$x < e - 1$일 때, $h'(x) < 0$

$x > e - 1$일 때, $h'(x) > 0$

따라서

$h'(g(p_1)) > 0$에서 $g(p_1) > e - 1$

$h'(g(p_2)) < 0$에서 $g(p_2) < e - 1$

$g(p_1)$은 $\displaystyle\int_{x}^{x+k} f(x)dx$의 값이 최대일 때이므로

$f(p_1) = f(p_1 + k)$이 성립한다.

따라서 $x = p_1$과 $x = p_1 + k$는 $x = 1$에 대칭이다.

[랑데뷰세미나 : 넓이의 증가율, 감소율 참고]

따라서 $p_1 + (p_1 + k) = 2$

$g(p_2)$은 $\displaystyle\int_{x}^{x+k} f(x)dx$의 값이 최소일 때이므로

$f(p_2) = f(p_2 + k)$이 성립한다.

따라서 $x = p_2$와 $x = p_2 + k$는 $x = 2$에 대칭이다.

[랑데뷰세미나 : 넓이의 증가율, 감소율 참고]

따라서 $p_2 + (p_2 + k) = 4$

$\therefore \; p_2 - p_1 = 1$

따라서 $p_2 = p_1 + 1$ $\cdots$ ㉢

또한 $x = p_1$과 $x = p_2$에서 $k(x)$는 동일한 극댓값을 가지므로

$k(p_1) = k(p_2)$이다.

즉, $h(g(p_1)) = h(g(p_2))$이고 $h(x)$가 $x = e - 1$에 대칭인 이차함수이므로

$g(p_1)$와 $g(p_2)$는 $x = e - 1$에 대칭이다.

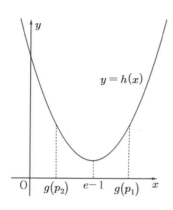

$y = h(x)$

O $g(p_2)$ $e-1$ $g(p_1)$ x

따라서 $\dfrac{g(p_1)+g(p_2)}{2}=e-1$ $\cdots$ ㉣

㉢에서

$$g(p_1)=\int_{p_1}^{p_1+k}f(t)dt=2\int_{p_1}^{1}e^t dt=2\left[e^t\right]_{p_1}^{1}=2e-2e^{p_1}$$

$$g(p_2)=\int_{p_2}^{p_2+k}f(t)dt=2\int_{p_2}^{2}e^{-t+2}dt$$

$$=2\left[-e^{-t+2}\right]_{1+p_1}^{2}=-2+2e^{1-p_1}$$

㉣에서

$$\frac{\left(2e-2e^{p_1}\right)+\left(-2+2e^{1-p_1}\right)}{2}=e-1$$

$\Rightarrow \left(2e-2e^{p_1}\right)+\left(-2+2e_1^{1-p}\right)=2(e-1)$을 정리하면

$e^{p_1}-e^{1-p_1}=0$이고

$e^{p_1}\left(1-e^{1-2p_1}\right)=0$에서 $p_1=\dfrac{1}{2}$이다.

$p_2=p_1+1=\dfrac{3}{2}$

따라서 $(a-b)^2 p_1 p_2 = \{1-(-1)\}^2 \times \dfrac{1}{2} \times \dfrac{3}{2}=3$

[랑데뷰팁]

$p_1=\dfrac{1}{2}$, $p_2=\dfrac{3}{2}$, $k=1$이므로 $g(x)=\displaystyle\int_{x}^{x+k}f(t)dt$.

$f(x)=\begin{cases} e^x & (0 \le x < 1) \\ e^{-x+2} & (1 \le x \le 2) \end{cases}$ 에서

$e-1 \fallingdotseq 1.72$이므로

$$g(p_1)=g\left(\frac{1}{2}\right)=\int_{\frac{1}{2}}^{\frac{3}{2}}f(t)dt$$

$$=2\int_{\frac{1}{2}}^{1}e^t dt=2\left[e^t\right]_{\frac{1}{2}}^{1}=2(e-\sqrt{e}) \fallingdotseq 2.14$$

$$g(p_1)=g\left(\frac{1}{2}\right)>e-1$$

$$g(p_2)=g\left(\frac{3}{2}\right)=\int_{\frac{3}{2}}^{\frac{5}{2}}f(t)dt$$

$$=2\int_{0}^{\frac{1}{2}}e^t dt=2\left[e^t\right]_{0}^{\frac{1}{2}}=2(\sqrt{e}-1) \fallingdotseq 1.30$$

$$g(p_2)=g\left(\frac{3}{2}\right)<e-1$$

또한, $\dfrac{g(p_1)+g(p_2)}{2}=\dfrac{2(e-\sqrt{e})+2(\sqrt{e}-1)}{2}=e-1$을 확인할 수 있다.

---

102 정답 144

(가)에서 $x \ne a$이므로 $f(x)=\dfrac{\sin x}{x-a}$이다.

따라서 $f(x)$는 $(x,\sin x)$와 $(a,0)$을 잇는 직선의 기울기를 뜻한다. **[랑데뷰 세미나(137)]**참조

그런데 $f(x)$가 실수 전체의 집합에서 연속이므로 a는 곡선 $y=\sin x$가 x축과 만나는 점 중 하나이다.

예를 들어 $a=\dfrac{\pi}{2}$라면 $f(x)$는 $x=\dfrac{\pi}{2}$에서

$$\lim_{x \to \frac{\pi}{2}+} \frac{\sin x}{x-\frac{\pi}{2}}=\infty,$$

$$\lim_{x \to \frac{\pi}{2}-} \frac{\sin x}{x-\frac{\pi}{2}}=-\infty$$이므로 불연속이 된다.

따라서 $a=n\pi$ (n은 정수이다.)

(i) $a>0$일 때, $m<0$이고

$y=f(x)$와 $y=m$의 교점이 $0<x<a$에서 6개가 되어야 하고

$0<x<\pi$ $\Rightarrow$ 교점 1개 (중근 발생)

$2\pi<x<3\pi$ $\Rightarrow$ 교점 2개

$4\pi<x<5\pi$ $\Rightarrow$ 교점 2개

$6\pi<x<7\pi$ $\Rightarrow$ 교점 1개

따라서 $a=7\pi$

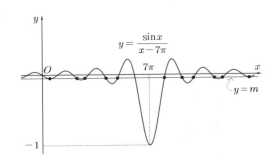

$$\int_0^\pi \sin x\, dx = [-\cos x]_0^\pi = 2$$

따라서

$$\int_0^{7\pi} |\sin x|\, dx = 7\int_0^\pi \sin x\, dx = 14$$

따라서 $k=14$이므로 $k^2=196$

(ii) $a<0$일 때, $m>0$이고
$y=f(x)$와 $y=m$의 교점이 $a<x<\pi$에서 6개가 되어야 하고
$0<x<\pi \Rightarrow$ 교점 1개 (중근 발생)
$-2\pi<x<-\pi \Rightarrow$ 교점 2개
$-4\pi<x<-3\pi \Rightarrow$ 교점 2개
$-6\pi<x<-5\pi \Rightarrow$ 교점 1개
따라서 $a=-6\pi$

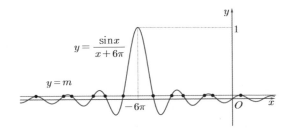

$$\int_0^\pi \sin x\, dx = [-\cos x]_0^\pi = 2$$

따라서

$$\int_0^{-6\pi} |\sin x|\, dx = -\int_{-6\pi}^0 |\sin x|\, dx = -6\int_0^\pi \sin x\, dx = -12$$

따라서 $k=-12$이므로 $k^2=144$이다.

(i), (ii)에서 k^2의 최솟값은 144이다.

103 정답 100

부등식 $\{f(x)-x+2\}\left\{f\left(\dfrac{1}{x}\right)-\dfrac{1}{x}+2\right\}\le 0$의

해집합은 $\{1\}$이므로
$\{f(x)-x+2\}\left\{f\left(\dfrac{1}{x}\right)-\dfrac{1}{x}+2\right\}>0$의 해집합은

$\left\{x\,|\,x<0,\ 0<x<1,\ x>1\right\}$이다.

$\Rightarrow f(x)-x+2>0$이고 $f\left(\dfrac{1}{x}\right)-\dfrac{1}{x}+2>0$ …㉠ 또는

$f(x)-x+2<0$이고 $f\left(\dfrac{1}{x}\right)-\dfrac{1}{x}+2<0$이 성립한다. 그런데

최고차항의 계수가 양수 1인 삼차함수가
$x>1$일 때 항상 $f(x)<x-2$이 성립하지 않으므로 ㉠에서
해가 $x>1$이 될 수 있다. (㉠성립)

한편, ㉠의 $f\left(\dfrac{1}{x}\right)>\dfrac{1}{x}+2$에서 $\dfrac{1}{x}=t$라 두면

$f(t)>t-2$ 이고 $x>1$이므로 $0<t<1$이다.

즉, 부등식 $f(x)>x-2$의 해는 $0<x<1,\ x>1$이 되고
$f(x)-(x-2)$는 $(x-1)^2$을 인수로 갖는 삼차함수임을 알 수 있다.

따라서 삼차함수 $f(x)$는 직선 $y=x-2$에 $x=1$에서 접하는 다음 그림과 같은 상황이면 조건을 만족한다.

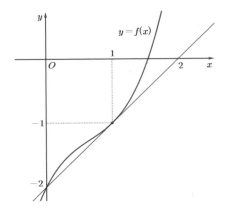

$$f(x)-x+2=x(x-1)^2$$

따라서 $f(x)=x(x-1)^2+x-2$이다.

$x>0$일 때,

$$g(x)=\frac{kx}{2+f(x)}=\frac{kx}{x(x-1)^2+x}$$

$$g(x)=\frac{k}{(x-1)^2+1}$$ 이다.

$g(x)$가 실수 전체에서 미분가능하므로 $x=0$에서 연속이다.

따라서 $\displaystyle\lim_{x\to 0+}\frac{k}{(x-1)^2+1}=\lim_{x\to 0-}(-f(-x))$이고

$\dfrac{k}{2}=-(-2)$에서 $k=4$이다.

따라서 $x>0$일 때, $g(x)=\dfrac{4}{(x-1)^2+1}$이고

$g'(x)=\dfrac{-8(x-1)}{\{(x-1)^2+1\}^2}$에서 $x=1$에서 함수 $g(x)$는 극댓값

$g(1)=4$을 가지며 그 값이 최댓값 M이다.

즉, $k=M=4$이다.

함수 $g(x)=\begin{cases}\dfrac{4}{(x-1)^2+1} & (x>0) \\ x(x+1)^2+x+2 & (x\le 0)\end{cases}$ 는 다음 그림과 같다.

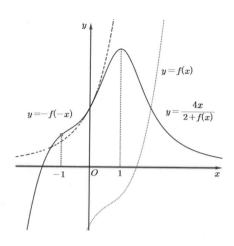

$y = f(x)$

$y = -f(-x)$

$y = \dfrac{4x}{2+f(x)}$

한편, $x \leq 0$일 때

$g(x) = -f(-x)$에서 $g(-1) = -f(1) = 1$이고

$g'(x) = f'(-x)$이므로 $f'(x) = (x-1)^2 + 2x(x-1) + 1$에서

$g'(-1) = f'(1) = 1$이다.

즉, $g(-1) = g'(-1) = 1$

따라서

$\displaystyle \int_{g'(-1)}^{k} xg(x)\,dx - \int_{g(-1)}^{M} g(x)\,dx$

$\displaystyle = \int_{1}^{4} xg(x)\,dx - \int_{1}^{4} g(x)\,dx$

$\displaystyle = \int_{1}^{4} (x-1)g(x)\,dx$

$\displaystyle = \int_{1}^{4} \frac{4(x-1)}{(x-1)^2 + 1}\,dx \Rightarrow x - 1 = t$라 두면

$\displaystyle = \int_{0}^{3} \frac{4t}{t^2 + 1}\,dt$

$\displaystyle = \left[2\ln(t^2 + 1) \right]_{0}^{3}$

$= 2\ln 10 = \ln 100$

$\alpha = \ln 100$이므로

$e^{\alpha} = e^{\ln 100} = 100^{\ln e} = 100$

[다른 풀이]–유승희T

$h(x) = f(x) - x + 2$로 놓으면 주어진 조건에서

$h(x)h\left(\dfrac{1}{x}\right) \leq 0$의 해집합은 $\{1\}$이다.

그럼 $h(x)h\left(\dfrac{1}{x}\right) > 0$의 해는 $x \neq 0$, $x \neq 1$인 모든 실수가 된다.

우선 $h(1) \neq 0$이면 $h(1)h(1) = \{h(1)\}^2 > 0$이므로

주어진 부등식 $h(x)h\left(\dfrac{1}{x}\right) > 0$의 해가 되므로 부적합하다.

따라서 $h(1) = 0$

또한, $f(x)$가 삼차함수이므로 $h(x)$도 삼차함수이다.

또한, 주어진 조건에서 $h(x) = 0$의 해는 0, 1이외의 해는 가질 수 없고 $h(1) = 0$이므로

$h(x) = (x-1)p(x)$ ($p(x)$는 모든 실수 x에 대하여 $p(x) > 0$인 이차다항식)이거나 $h(x) = (x-1)^2 x$ 또는 $h(x) = (x-1)^3$ 또는 $h(x) = x^2(x-1)$

(i) $h(x) = (x-1)p(x)$ ($p(x)$는 모든 실수 x에 대하여 $p(x) > 0$인 이차다항식)

$h(x)h\left(\dfrac{1}{x}\right) = (x-1)p(x)\left(1 - \dfrac{1}{x}\right)p\left(\dfrac{1}{x}\right)$

$\qquad = -\dfrac{1}{x} \times (x-1)^2 p(x)p\left(\dfrac{1}{x}\right) > 0$

에서 해는 $x < 0$이므로 부적합하다.

(ii) $h(x) = (x-1)^2 x$인 경우는

$h(x)h\left(\dfrac{1}{x}\right) = (x-1)^2 \times x \times \left(1 - \dfrac{1}{x}\right)^2 \times \dfrac{1}{x}$

$\qquad = (x-1)^2 \times \left(1 - \dfrac{1}{x}\right)^2 = \dfrac{(x-1)^4}{x^2} > 0$

에서 해는 $x \neq 0$, $x \neq 1$인 모든 실수이므로 만족한다.

(iii) $h(x) = (x-1)^3$인 경우는

$h(x)h\left(\dfrac{1}{x}\right) = (x-1)^3 \times \left(1 - \dfrac{1}{x}\right)^3 = -\dfrac{(x-1)^6}{x^3} > 0$

에서 해는 $x < 0$이므로 부적합하다.

(iv) $h(x) = x^2(x-1)$인 경우는

$h(x)h\left(\dfrac{1}{x}\right) = x^2 \times (x-1) \times \dfrac{1}{x^2} \times \left(1 - \dfrac{1}{x}\right)$

$\qquad = (x-1) \times \left(1 - \dfrac{1}{x}\right) = -\dfrac{(x-1)^2}{x} > 0$

에서 해는 $x < 0$이므로 부적합하다.

(i), (ii), (iii), (iv)에서 만족하는 $f(x)$는

$\therefore f(x) = x(x-1)^2 + x - 2$

이하 동일

104 정답 ④

이차함수 $f(x)$의 축을 $x = m$이라 하면 지수 함수 $e^{f(x)}$와 $e^{f(x) + \ln 2}$도 $x = m$에 대칭인 함수이다.

$g(x)$을 나타내는 절댓값 기호 안의 두 지수 함수는 같은 축에 대칭이고 $e^{f(x) + \ln 2} = 2e^{f(x)}$로 두 함수는 실수 배 관계이므로

$e^{f(x) + \ln 2} - 2 = 2e^{f(x)} - 2$로 $f(x)$가 미분가능하면 함수 $g(x)$는 미분가능한 함수이다.

즉, 함수 $\left| e^{f(x)} - t \right|$와 함수 $\left| e^{f(x) + \ln 2} - 2 \right|$은 각각의 함수가 정의되고 미분가능하면 함수 $g(x)$는 항상 미분가능하게 된다.

한편, 함수 $\left| e^{f(x) + \ln 2} - 2 \right|$은 $x = 2$일 때,

$\left| e^{f(2) + \ln 2} - 2 \right| = |2 - 2| = 0$으로 x축과 만난다.

즉, 함수 $g(x) = \left| e^{f(x)} - t \right| - \left| e^{f(x) + \ln 2} - 2 \right|$가 실수 전체에서 미분가능하려면 절댓값 함수이니 함수

$e^{f(x) + \ln 2} - 2 = 2e^{f(x)} - 2$는 x축에 접하는 함수여야 한다.

따라서 이차함수 $f(x)$도 $x=2$에서 x축에 접하는 함수이어야 하므로 $f(x)=(x-2)^2$이다.

그럼 $\left|e^{f(x)}-t\right|=\left|e^{(x-2)^2}-t\right|$이고 $\left|e^{(x-2)^2}-t\right|$와 $\left|2e^{(x-2)^2}-2\right|$ 은 x축에 동시에 접할 때 t의 값은 1이다. [⇨ $t>1$이면 $y=\left|e^{f(x)}-t\right|$가 x축과 만나는 두 점에서 미분가능하지 않게 된다.]

예를 들어 $g(x)=\left|e^{(x-2)^2}-2\right|-\left|e^{(x-2)^2+\ln 2}-2\right|$라면 $e^{(x-2)^2}-2=0 \rightarrow e^{(x-2)^2}=2 \rightarrow (x-2)^2=\ln 2$

$\therefore x=2\pm\sqrt{\ln 2}$

따라서 $x=2+\sqrt{\ln 2}$와 $x=2-\sqrt{\ln 2}$에서 $g(x)$는 미분가능하지 않다.

그러므로 $0<t\leq 1$이므로 $M=1$이다.

$$\int_0^M f(x)dx=\int_0^1 (x-2)^2 dx=\left[\frac{1}{3}(x-2)^3\right]_0^1=-\frac{1}{3}+\frac{8}{3}=\frac{7}{3}$$

> [랑데뷰팁]
> 축에 대칭인 함수와 어떤 함수와의 합성함수(축에 대칭인 함수가 속함수)는 같은 축을 갖는 함수이다.
> 설명
> 함수 $f(x)$가 $x=m$에 대칭이면
> $f(m-x)=f(m+x)$가 성립한다.
> $h(x)=g(f(x))$라 할 때,
> $h(m-x)=g(f(m-x))=g(f(m+x))=h(m+x)$
> 이므로
> $h(m-x)=h(m+x)$

105 정답 3

$g(x)=\displaystyle\int_{x-1}^{x+1}\{\pi|\sin(\pi t)|-|1-t|f(t)\}dt$ 을 미분하면

$g'(x)=\pi|\sin(\pi+\pi x)|-|-x|f(x+1)$
$\quad-\pi|\sin(-\pi+\pi x)|+|2-x|f(x-1)$
$=\pi|\sin(\pi x)|-|x|f(x+1)$
$\qquad -\pi|\sin(\pi x)|+|2-x|f(x-1)$
$=-|x|f(x+1)+|2-x|f(x-1)$
$\qquad [\leftarrow f(x-1)=f(x+1)=f(x)]$
$=f(x)\{|2-x|-|x|\}$

$0<x<2$일 때,
$g'(x)=f(x)(2-x-x)=f(x)(2-2x)$
$f(x)>0$이므로 $g'(x)=0$의 해는 $x=1$뿐이다.
$x=1$을 기준으로 $g'(x)$가 $+\rightarrow-$으로 변하므로
$g(x)$는 $x=1$에서 극댓값을 갖는다.

$g(1)=\displaystyle\int_0^2\{\pi|\sin(\pi t)|-|1-t|f(t)\}dt$

$=\displaystyle\int_0^1\{\pi\sin(\pi t)-(1-t)f(t)\}dt+$

$\displaystyle\int_1^2\{-\pi\sin(\pi t)+(1-t)f(t)\}dt$

$=\displaystyle\int_0^1\pi\sin(\pi t)dt-\int_0^1(1-t)f(t)dt-\int_1^2\pi\sin(\pi t)dt+$
$\displaystyle\int_1^2(1-t)f(t)dt$

$=[-\cos(\pi t)]_0^1-[-\cos(\pi t)]_1^2-\displaystyle\int_0^1(1-t)f(t)dt+$
$\displaystyle\int_1^2(1-t)f(t)dt$

$=2+2+\displaystyle\int_0^1(t-1)f(t)dt-\int_1^2(t-1)f(t)dt$

$=4+\displaystyle\int_0^1 tf(t)dt-\int_0^1 f(t)dt-\int_1^2 tf(t)dt+\int_0^1 f(t)dt$

$=4+\displaystyle\int_0^1 tf(t)dt-\int_1^2 tf(t)dt$

$=4+\displaystyle\int_0^1 tf(t)dt-\int_0^1(t+1)f(t+1)dt$

$=4+\displaystyle\int_0^1\{tf(t)-tf(t+1)\}dt-\int_0^1 f(t+1)dt$

$=4+0-1=3$

106 정답 1

$y=f(x)$와 $y=|f(x)|$의 그래프는 다음 그림과 같다.

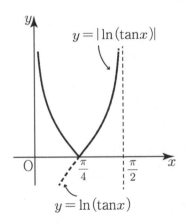

$|f(x)|=\begin{cases}-\ln(\tan x) & \left(0<x<\dfrac{\pi}{4}\right)\\ \ln(\tan x) & \left(\dfrac{\pi}{4}\leq x<\dfrac{\pi}{2}\right)\end{cases}$

$(|f(x)|)'=\begin{cases}-\dfrac{1}{\sin x\cos x} & \left(0<x<\dfrac{\pi}{4}\right)\\ \dfrac{1}{\sin x\cos x} & \left(\dfrac{\pi}{4}<x<\dfrac{\pi}{2}\right)\end{cases}$

따라서 $h(x)=\displaystyle\int_0^{|f(x)|}g'(e^t)dt$을 양변 미분하면

$h'(x)=g'(e^{|f(x)|})(|f(x)|)'$

$$=\begin{cases} g'\left(\dfrac{1}{\tan x}\right)\left(-\dfrac{1}{\sin x\cos x}\right) & \left(0<x<\dfrac{\pi}{4}\right) \\ g'(\tan x)\left(\dfrac{1}{\sin x\cos x}\right) & \left(\dfrac{\pi}{4}<x<\dfrac{\pi}{2}\right) \end{cases}$$

$g'(x)$가 실수 전체에서 연속이므로 $h'(x)$도 $x=\dfrac{\pi}{4}$에서 연속이다.

따라서

$$\int_{\frac{\pi}{6}}^{\frac{\pi}{3}} \tan^2 x\, h'(x)\, dx$$

$$=\int_{\frac{\pi}{6}}^{\frac{\pi}{4}} \tan^2 x\, g'\left(\dfrac{1}{\tan x}\right)\left(-\dfrac{1}{\sin x\cos x}\right)dx +$$

$$\int_{\frac{\pi}{4}}^{\frac{\pi}{3}} \tan^2 x\, g'(\tan x)\left(\dfrac{1}{\sin x\cos x}\right)dx$$

$$=\int_{\frac{\pi}{6}}^{\frac{\pi}{4}} \tan x\, g'\left(\dfrac{1}{\tan x}\right)(-\sec^2 x)dx +$$

$$\int_{\frac{\pi}{4}}^{\frac{\pi}{3}} \tan x\, g'(\tan x)(\sec^2 x)dx$$

$\tan x=s$라 두면

$$=\int_{\frac{1}{\sqrt3}}^{1} s\, g'\left(\dfrac{1}{s}\right)(-ds) +\int_{1}^{\sqrt3} s\, g'(s)\, ds$$

$$=-\int_{\frac{1}{\sqrt3}}^{1} s\, g'\left(\dfrac{1}{s}\right) ds +\int_{1}^{\sqrt3} s\, g'(s)\, ds$$

$\dfrac{1}{s}=u$라 두면

$$=\int_{\sqrt3}^{1}\left(\dfrac{1}{u^3}\right) g'(u)\, du +\int_{1}^{\sqrt3} s\, g'(s)\, ds$$

$$=\int_{1}^{\sqrt3}\left(-\dfrac{1}{x^3}\right) g'(x)\, dx +\int_{1}^{\sqrt3} x\, g'(x)\, dx$$

$$=\int_{1}^{\sqrt3}\left(-\dfrac{1}{x^3}+x\right) g'(x)\, dx$$

$$=\left[\left(-\dfrac{1}{x^3}+x\right)g(x)\right]_{1}^{\sqrt3} -\int_{1}^{\sqrt3}\left(1+\dfrac{3}{x^4}\right)g(x)\, dx$$

$$=\dfrac{8}{9}\sqrt3\, g(\sqrt3)-0\times g(1)-\int_{1}^{\sqrt3} g(x)\, dx -3\int_{1}^{\sqrt3}\left(\dfrac{g(x)}{x^4}\right)dx$$

$$=\dfrac{8}{9}\sqrt3+0+0-3\left(\dfrac{8\sqrt3-9}{27}\right)=1$$

[←(가) $g(1)=-1$이므로 $g(\sqrt3)=1$이다.

(나) $g(x)+g(1+\sqrt3-x)=0$에서 $g(x)$는 $\left(\dfrac{1+\sqrt3}{2},0\right)$에 대칭이므로 $\int_{1}^{\sqrt3} g(x)\, dx=0 \cdots \bigcirc$]

[랑데뷰팁]-⊙설명
$g(x)+g(1+\sqrt3-x)=0$에서
$$\int_{1}^{\sqrt3}\{g(x)+g(1+\sqrt3-x)\}dx=0$$

$$\int_{1}^{\sqrt3} g(x)dx +\int_{1}^{\sqrt3} g(1+\sqrt3-x)dx=0$$

$$[\leftarrow 1+\sqrt3-x=t\text{라 두면}]$$

$$\int_{1}^{\sqrt3} g(x)dx +\int_{\sqrt3}^{1} g(t)(-dt)=0$$

$$\int_{1}^{\sqrt3} g(x)dx +\int_{1}^{\sqrt3} g(t)(dt)=0$$

따라서 $\int_{1}^{\sqrt3} g(x)dx=0$이다.

---

107 정답 17

$$A(x)=\dfrac{4x}{x^2+1} \to A'(x)=\dfrac{-4(x+1)(x-1)}{(x^2+1)^2},$$

$$\lim_{x\to\pm\infty}\dfrac{4x}{x^2+1}=0\text{이고}$$

$A(1)=2,\ A(-1)=-2$ 이므로

$A(x)=\dfrac{4x}{x^2+1}$ 의 그래프는 아래 그림과 같다.

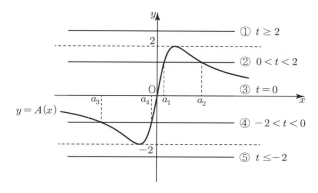

$y=A(x)$를 $y=t$ 아랫부분을 접어 올리면 $A(x)$의 극값은 그대로 유지되고 두 그래프가 만나는 점에서 $y=g(x)$의 새로운 극값이 생긴다. 그리고 절댓값 밖에서 더해진 $f(t)$는 절댓값 부분에서 생긴 극값을 y축으로 $f(t)$만큼 평행 이동할 뿐 극값의 발생 유무에는 영향을 주진 않는다.

① $t\geq 2$, 극값 2개 발생 ($x=-1,\ 1$)
$g(-1)=|-2-t|+f(t)=f(t)+t+2$
$g(1)=|2-t|+f(t)=f(t)+t-2$ 에서
$g(-1)\times g(1)=\{f(t)+t+2\}\{f(t)+t-2\}$
$\qquad\qquad =\{f(t)\}^2+2tf(t)+t^2-4=\{f(t)\}^2$

$\therefore f(t)=\dfrac{4-t^2}{2t}$

② $0<t<2$, 극값 4개 발생 ($x=-1, a_1, 1, a_2$)
$g(-1)=f(t)+t+2$
$g(1)=f(t)-t+2$
$A(a_1)=t,\ A(a_2)=t$이므로
$g(a_1)=f(t),\ g(a_2)=f(t)$
따라서 모든 $g(\alpha_n)$의 곱은

$\{f(t)\}^2\left[\{f(t)\}^2+4f(t)+4-t^2\right]=\{f(t)\}^2$

$\{f(t)\}^2\left[\{f(t)\}^2+4f(t)+3-t^2\right]=0$

$\therefore f(t)=0$ 또는 $f(t)=-2\pm\sqrt{t^2+1}$

③ $t=0$, 극값 3개 발생 $(x=-1,0,1)$

$g(-1)=2+f(0),\ g(1)=2+f(0),\ g(0)=f(0)$

$g(-1)g(0)g(1)=f(0)\{f(0)+2\}^2=\{f(0)\}^2$

$f(0)\left[\{f(0)\}^2+3f(0)+4\right]=0$

$f(0)=s$라 할 때 이차방정식 $s^2+3s+4=0$의 판별식

$D<0$이므로

$\therefore f(0)=0$

④ $-2<t<0$, 극값 4개 발생

$(x=a_3,\ -1,\ a_2,\ 1)$

$g(-1)=f(t)+t+2$

$g(1)=f(t)-t+2$

$A(a_3)=t,\ A(a_4)=t$이므로

$g(a_3)=f(t),\ g(a_4)=f(t)$

따라서 모든 $g(\alpha_n)$의 곱은

$\{f(t)\}^2\left[\{f(t)\}^2+4f(t)+4-t^2\right]=\{f(t)\}^2$

$\{f(t)\}^2\left[\{f(t)\}^2+4f(t)+3-t^2\right]=0$

$\therefore f(t)=0$ 또는 $f(t)=-2\pm\sqrt{t^2+1}$

⑤ $t\le-2$, 극값 2개 발생 $(x=-1,\ 1)$

$g(-1)=|-2-t|+f(t)=f(t)-t-2$

$g(1)=|2-t|+f(t)=f(t)-t+2$ 에서

$g(-1)\times g(1)=\{f(t)-t-2\}\{f(t)-t+2\}$

$\qquad\qquad=\{f(t)\}^2-2tf(t)+t^2-4=\{f(t)\}^2$

$\therefore f(t)=\dfrac{t^2-4}{2t}$

(i) $y=f(x)$은 $f(-2)=f(0)=f(2)=0$ 이고

$x\le-2,\ x\ge2$에서는 연속이고

②, ④에서 선택되는 함수가 $f(t)=0$이면 함수 $x=0$에서

연속이 되므로 ②, ④에서는 적어도 한 개는

$f_1(t)=-2+\sqrt{t^2+1}$,

또는 $f_2(t)=-2-\sqrt{t^2+1}$ 중에 하나가 선택되어야 $x=0$에서

연속이 되지 않아 조건을 만족할 수 있다.

그런데 $\lim\limits_{x\to0}f(x)$의 값이 존재하므로 함수 $f_1(x)$,

$f_2(x)$중 하나가 선택되어야 한다.

그런데 $f_1(t)=-2+\sqrt{t^2+1}$ 가 $(\sqrt{3},0)$에서 x축과 만나므로

$0<x<\sqrt{3}$에서는 $y=-2+\sqrt{x^2+1}$

$\sqrt{3}\le x<2$에서는 $y=0$

$x\ge2$에서는 ①의 $y=\dfrac{4-x^2}{2x}$를 선택하면 $x>0$

에서는 모두 연속이다.

(ii) $x<0$인 경우도 같은 방법으로 $f(x)$를 구하면 된다.

$-\sqrt{3}<x<0$에서는 $y=-2+\sqrt{x^2+1}$

$-2<x\le-\sqrt{3}$에서는 $y=0$

$x\le-2$에서는 ⑤의 $y=\dfrac{x^2-4}{2x}$를 선택하면 $x<0$에서는

모두 연속이다.

(i),(ii)에서 $f(x)$는 다음과 같다.

$$f(x)=\begin{cases}\dfrac{x^2-4}{2x} & (x\le-2)\\0 & (-2<x\le-\sqrt{3})\\-2+\sqrt{x^2+1} & (-\sqrt{3}<x<0)\\0 & (x=0)\\-2+\sqrt{x^2+1} & (0<x\le\sqrt{3})\\0 & (\sqrt{3}<x<2)\\\dfrac{4-x^2}{2x} & (x\ge2)\end{cases}$$

따라서 $y=f(x)$그래프 개형은 다음과 같다.

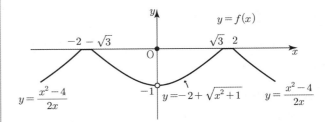

따라서

$\displaystyle\int_0^3 xf(x)dx$

$\displaystyle=\int_0^{\sqrt{3}}\left(-2x+x\sqrt{x^2+1}\right)dx+\int_{\sqrt{3}}^2 0\,dx+\int_2^3\left(2-\frac{1}{2}x^2\right)dx$

$\displaystyle=\left[-x^2\right]_0^{\sqrt{3}}+\left[2x-\frac{1}{6}x^3\right]_2^3+\int_0^{\sqrt{3}}\left(x\sqrt{x^2+1}\right)dx$

$\displaystyle=-3+2-\frac{19}{6}+\frac{1}{2}\int_1^4\sqrt{s}\,ds\ \ (\because x^2+1=s)$

$\displaystyle=-\frac{25}{6}+\frac{1}{3}\left[s^{\frac{3}{2}}\right]_1^4$

$\displaystyle=-\frac{25}{6}+\frac{1}{3}(8-1)=-\frac{25}{6}+\frac{14}{6}=-\frac{11}{6}$

따라서 $p=6,\ q=11$ $p+q=17$

108 정답 5

[그림 : 이현일T]

$g'(x)=e^{f(x)}f'(x)+af'(x)$

$\qquad=f'(x)\{e^{f(x)}+a\}$

방정식 $f'(x)=0$을 만족하는 $x=0$뿐이고 $a\ge0$이면

$e^{f(x)}+a>0$이므로 $g'(x)=0$의 해는 $x=0$뿐이다. $x=0$의

좌우에서 $g'(x)$의 부호의 변화가 $-\to+$이므로 함수 $g(x)$는

$x=0$에서 극솟값을 가지게 된다. 따라서 방정식 $e^{f(x)}+a=0$의

만족하는 해가 존재해야 함수 $g(x)$는 $x=0$에서 극댓값을 가질

수 있다.

그러므로 $a < 0$이다.

따라서 $g'(x)$의 부호에 따른 $y = g(x)$의 그래프는 다음 그림과 같다.

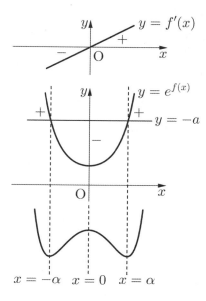

(나)를 만족하기 위해서는 다음 그림과 같이 $g(0) = 0$이어야 한다.

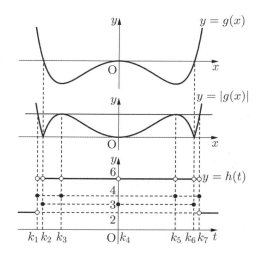

$g(0) = e^{f(0)} + af(0) + b = e + a + b = 0$

따라서 $b = -a - e$

$g(x) = e^{f(x)} + af(x) - a - e$

$\quad = e^{f(x)} + a\{f(x) - 1\} - e$

$\quad = e^{x^2 + 1} + ax^2 - e$

$f'(x) = 2x$이므로

$\displaystyle\int_0^1 f'(x)g(x)\,dx$

$= \displaystyle\int_0^1 2x\,e^{x^2+1}\,dx + \int_0^1 2ax^3\,dx - \int_0^1 2ex\,dx$

$= \displaystyle\int_1^2 e^t\,dt + 2a\int_0^1 x^3\,dx - 2e\int_0^1 x\,dx$

$= \left[e^t\,\right]_1^2 + 2a\left[\dfrac{1}{4}x^4\right]_0^1 - 2e\left[\dfrac{1}{2}x^2\right]_0^1$

$= e^2 - e + \dfrac{1}{2}a - e$

$= e^2 - 2e + \dfrac{1}{2}a$

$\displaystyle\int_0^1 f'(x)g(x)\,dx = \dfrac{1}{2}e^2 - 2e$이므로

$e^2 - 2e + \dfrac{1}{2}a = \dfrac{1}{2}e^2 - 2e$

$\dfrac{1}{2}a = -\dfrac{1}{2}e^2$

$\therefore\ a = -e^2,\ b = e^2 - e$

따라서

$b - a = 2e^2 - e$

$\therefore\ p = 2,\ q = -1$

$p^2 + q^2 = 4 + 1 = 5$

109 정답 12

$f'(x) = \dfrac{4x}{(x^2+1)^2} + \dfrac{1}{x}$이고 $x > 0$에서 $f'(x) > 0$, $f''(x) < 0$이므로 $f(x)$의 그래프는 $x > 0$에서 위로 볼록 모양으로 증가한다.

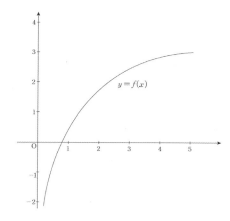

$x = k$에서 $h(x)$가 최솟값을 가지므로

$h(k) = |g(k) - f(1)| = \dfrac{1}{2}g(k)$이고 $g(k) > 1$에서

$f(1) < g(k)$이고 $\dfrac{1}{2}g(k) - f(1) = 1$에서

$g(k) = 2\,\cdots\,\text{㉠}$이다.

$h(x)$는 $y = g(x)$와 $y = f\left(\dfrac{x}{k}\right)$의 함숫값의 차 이므로

$x = k$에서 최솟값을 갖는다는 의미는

$h'(k) = 0$에서 $g'(k) = \dfrac{1}{k}f'(1)$

$\therefore\ g'(k) = \dfrac{2}{k}\,\cdots\,\text{㉡}$

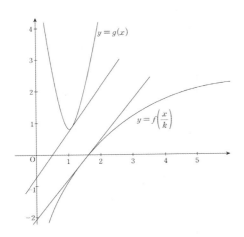

$g(x) = ax^2 + bx + c \ (a \neq 0)$ 라 두면

㉠에서 $ak^2 + bk + c = 2$

$g'(x) = 2ax + b$이므로 ㉡에서

$g'(k) = 2ak + b = \dfrac{2}{k}$에서 양변에 k를 곱하면

$2ak^2 + bk = 2$이다.

따라서 $ak^2 - c = 0$, $bk + 2c = 2 \cdots$ ㉢ 이다.

이때 $g\left(\dfrac{k}{2}\right) = \dfrac{ak^2}{4} + \dfrac{bk}{2} + c = \dfrac{ak^2}{4} + 1$

$h(x)$는 구간의 양 끝값에서 최대를 가질 수 있으므로

$h\left(\dfrac{3k}{4}\right) = g\left(\dfrac{3k}{4}\right) - f\left(\dfrac{3}{4}\right)$

$\qquad = \dfrac{9}{16}ak^2 + \dfrac{3}{4}bk + c - \dfrac{18}{25} - \ln\dfrac{3}{4}$

$h\left(\dfrac{5k}{4}\right) = g\left(\dfrac{5k}{4}\right) - f\left(\dfrac{5}{4}\right)$

$\qquad = \dfrac{25}{16}ak^2 + \dfrac{5}{4}bk + c - \dfrac{50}{41} - \ln\dfrac{5}{4}$

$h\left(\dfrac{5k}{4}\right) - h\left(\dfrac{3k}{4}\right) = ak^2 + \dfrac{1}{2}bk - \dfrac{50}{41} + \dfrac{18}{25} + \ln\dfrac{3}{5}$

$\left(ak^2 + \dfrac{1}{2}bk = 1$이므로$\right)$

$\qquad\qquad = 1 - \ln\dfrac{5}{3} + \dfrac{18}{25} - \dfrac{50}{41}$

$-0.52 < \ln\dfrac{3}{5} = -\ln\dfrac{5}{3} < -0.51$

$\to 0.48 < 1 - \ln\dfrac{5}{3} < 0.49$

$\to 1.2 < 1 - \ln\dfrac{5}{3} + \dfrac{18}{25} < 1.21$

$\to -0.019 < 1 - \ln\dfrac{5}{3} + \dfrac{18}{25} - \dfrac{50}{41} < -0.009$

따라서

$h\left(\dfrac{5k}{4}\right) < h\left(\dfrac{3k}{4}\right)$ 최댓값은 $h\left(\dfrac{3k}{4}\right) = \dfrac{7}{25} + \ln 4e$ 이다.

$h\left(\dfrac{3k}{4}\right) = \dfrac{9}{16}ak^2 + \dfrac{3}{4}bk + c - \dfrac{18}{25} - \ln\dfrac{3}{4} = \dfrac{7}{25} + \ln 4e$

따라서 $\dfrac{9}{16}ak^2 + \dfrac{3}{4}bk + c = 1 + \ln 3e = 2 + \ln 3$

$\therefore 9ak^2 + 12bk + 16c = 32 + 16\ln 3 \cdots$ ㉣

㉢에서 $ak^2 - c = 0$, $bk + 2c = 2$을 ㉣에 대입하면

$9c + 12(2 - 2c) + 16c = 32 + 16\ln 3$

$9c + 24 - 24c + 16c = 32 + 16\ln 3$

$\therefore c = 8 + 16\ln 3$

$ak^2 = c = 8 + 16\ln 3$

따라서

$g\left(\dfrac{k}{2}\right) = \dfrac{ak^2}{4} + 1 = 2 + 4\ln 3 + 1 = 3 + 4\ln 3$

따라서 $p = 3$, $q = 4$이다. $p \times q = 12$

110 정답 25

$xf(x) = (\sin^3\theta + 2)x^3 - \displaystyle\int_1^x f(t)\,dt$의 $x = 1$을 양변에

대입하면

$f(1) = \sin^3\theta + 2$이고

양변을 x에 관하여 미분하면

$f(x) + xf'(x) = 3(\sin^3\theta + 2)x^2 - f(x)$

$2f(x) + xf'(x) = 3(\sin^3\theta + 2)x^2$

양변에 x을 곱하면

$2xf(x) + x^2f'(x) = 3(\sin^3\theta + 2)x^3$이고 양변을 x에 관하여

적분하면

$x^2f(x) = \dfrac{3}{4}(\sin^3\theta + 2)x^4 + C$

양변에 $x = 1$을 대입하면

$f(1) = \dfrac{3}{4}(\sin^3\theta + 2) + C$에서 $f(1) = \sin^3\theta + 2$이므로

$C = \dfrac{1}{4}(\sin^3\theta + 2)$

$\therefore x^2f(x) = \dfrac{3}{4}(\sin^3\theta + 2)x^4 + \dfrac{1}{4}(\sin^3\theta + 2)$

$\therefore f(x) = \dfrac{3(\sin^3\theta + 2)x^2}{4} + \dfrac{\sin^3\theta + 2}{4x^2}$

$\qquad \geq 2\sqrt{\dfrac{3(\sin^3\theta + 2)x^2}{4} \times \dfrac{(\sin^3\theta + 2)}{4x^2}}$

$\qquad = \dfrac{\sqrt{3}}{2}(\sin^3\theta + 2)$

따라서 $g(\theta) = \dfrac{\sqrt{3}}{2}\sin^3\theta + \sqrt{3}$ 이고 구간 $(0, 2\pi)$에서

$y = g(\theta)$의 그래프는 다음 그림과 같다.

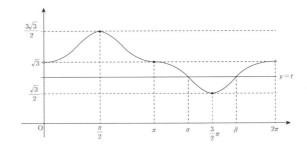

한편, $y = g(\theta)$와 $y = t$의 교점이 다음 그림과 같이 $\theta = \alpha$, $\theta = \beta$에서 교점이 생기면 함수 $\sqrt{|g(\theta) - t|}$ 는 그 점에서 미분되지 않는다.

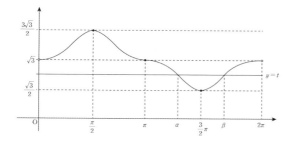

그런데 $(\pi, \sqrt{3})$은 변곡점이고 $\left(\dfrac{\pi}{2}, \dfrac{3\sqrt{3}}{2}\right)$, $\left(\dfrac{3\pi}{2}, \dfrac{\sqrt{3}}{2}\right)$은 극점이므로

$t = \dfrac{3\sqrt{3}}{2}, \sqrt{3}, \dfrac{\sqrt{3}}{2}$인 $\theta = \dfrac{\pi}{2}, \pi, \dfrac{3}{2}\pi$에서는

$\sqrt{|g(\theta) - t|}$의 미분가능여부를 살펴봐야 하겠다.

$g(\theta) = \dfrac{\sqrt{3}}{2} \sin^3\theta + \sqrt{3}$, $g'(\theta) = \dfrac{3\sqrt{3}}{2} \sin^2\theta \cos\theta$

$y = \sqrt{|g(\theta) - t|} = \begin{cases} \sqrt{g(\theta) - t} & (g(\theta) \geq t) \\ \sqrt{-g(\theta) + t} & (g(\theta) < t) \end{cases}$를

θ에 대해 미분하면

$y' = \begin{cases} \dfrac{g'(\theta)}{2\sqrt{g(\theta) - t}} & (g(\theta) \geq t) \\ \dfrac{-g'(\theta)}{2\sqrt{-g(\theta) + t}} & (g(\theta) < t) \end{cases}$

(i) $t = \dfrac{\sqrt{3}}{2}$일 때 $\theta = \dfrac{3\pi}{2}$에서 미분가능성

$g(\theta) \geq t$인 경우이므로

$y' = \dfrac{g'(\theta)}{2\sqrt{g(\theta) - t}} = \dfrac{\dfrac{3\sqrt{3}}{2} \sin^2\theta \cos\theta}{2\sqrt{\dfrac{\sqrt{3}}{2} \sin^3\theta + \sqrt{3} - \dfrac{\sqrt{3}}{2}}}$

$= \dfrac{\dfrac{3\sqrt{3}}{2} \sin^2\theta \, |\sqrt{1 - \sin^2\theta}|}{2\sqrt{\dfrac{\sqrt{3}}{2} \sin^3\theta + \dfrac{\sqrt{3}}{2}}}$

$= \begin{cases} -\dfrac{\dfrac{3\sqrt{3}}{2} \sin^2\theta \sqrt{(1 - \sin\theta)(1 + \sin\theta)}}{2\sqrt{\dfrac{\sqrt{3}}{2}(\sin\theta + 1)(\sin^2\theta - \sin\theta + 1)}} & \left(\theta < \dfrac{3\pi}{2}\right) \\ \dfrac{\dfrac{3\sqrt{3}}{2} \sin^2\theta \sqrt{(1 - \sin\theta)(1 + \sin\theta)}}{2\sqrt{\dfrac{\sqrt{3}}{2}(\sin\theta + 1)(\sin^2\theta - \sin\theta + 1)}} & \left(\theta > \dfrac{3\pi}{2}\right) \end{cases}$

$= \begin{cases} -\dfrac{\dfrac{3\sqrt{3}}{2} \sin^2\theta \sqrt{(1 - \sin\theta)}}{2\sqrt{\dfrac{\sqrt{3}}{2}(\sin^2\theta - \sin\theta + 1)}} & \left(\theta < \dfrac{3\pi}{2}\right) \\ \dfrac{\dfrac{3\sqrt{3}}{2} \sin^2\theta \sqrt{(1 - \sin\theta)}}{2\sqrt{\dfrac{\sqrt{3}}{2}(\sin^2\theta - \sin\theta + 1)}} & \left(\theta > \dfrac{3\pi}{2}\right) \end{cases}$

이므로 $\sqrt{|g(\theta) - t|}$ 은 $\theta = \dfrac{3\pi}{2}$ 에서 미분가능하지 않다.

(ii) 같은 식으로 $t = \dfrac{3\sqrt{3}}{2}$, $\theta = \dfrac{\pi}{2}$일 때도 미분가능하지 않다.

(iii) $t = \sqrt{3}$, $\theta = \pi$일 때

$\sqrt{|g(\theta) - t|} = \sqrt{\left|\dfrac{\sqrt{3}}{2} \sin^3\theta\right|}$

$= \begin{cases} \sqrt{\dfrac{\sqrt{3}}{2} \sin^3\theta} & (\theta < \pi) \\ \sqrt{-\dfrac{\sqrt{3}}{2} \sin^3\theta} & (\theta > \pi) \end{cases}$

따라서 $\sqrt{\sin^3\theta}$와 $\sqrt{-\sin^3\theta}$의 $x = \pi$ 좌우에서의 미분 계수를 살펴보면 되겠다.

$\left(\sqrt{\sin^3\theta}\right)' = \dfrac{3\sin^2\theta \cos\theta}{2\sqrt{\sin^3\theta}} = \dfrac{3\sqrt{\sin\theta} \cos\theta}{2}$ 이고

$\left(\sqrt{-\sin^3\theta}\right)' = \dfrac{-3\sin^2\theta \cos\theta}{2\sqrt{-\sin^3\theta}} = \dfrac{-3\sqrt{-\sin\theta} \cos\theta}{2}$

이다.

$\sin\pi = 0$이므로 좌미분계수와 우미분계수가 모두 0이 되어 같아진다.

즉, 미분가능하다.

따라서 (i), (ii), (iii)에서 t의 값의 범위에 따른 $h(t)$의 값을 구해보면 다음 그림과 같다.

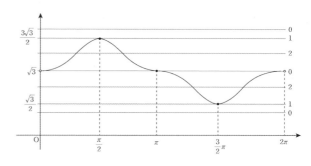

t의 값의 범위에 따른 $h(t)$의 값을 구해보면

$$h(t)=\begin{cases} 0 & \left(t<\dfrac{\sqrt{3}}{2}\right) \\ 1 & \left(t=\dfrac{\sqrt{3}}{2}\right) \\ 2 & \left(\dfrac{\sqrt{3}}{2}<t<\sqrt{3}\right) \\ 0 & (t=\sqrt{3}) \\ 2 & \left(\sqrt{3}<t<\dfrac{3\sqrt{3}}{2}\right) \\ 1 & \left(t=\dfrac{3\sqrt{3}}{2}\right) \\ 0 & \left(t>\dfrac{3\sqrt{3}}{2}\right) \end{cases}$$

따라서 $a=h\left(\dfrac{\sqrt{3}}{2}\right)=1$, $b=h\left(\sqrt{3}\right)=0$, $c=h\left(\dfrac{3\sqrt{3}}{2}\right)=1$

또한, 함수 $s(h(t))$가 실수 전체에서 연속이므로

$s(0)=s(1)=s(2)$이 성립하고

($\because$ $t=\dfrac{\sqrt{3}}{2}$일 때 $s(h(t))$가 연속이기 위해서는 $h(t)$의

좌극한 0, 함숫값 1, 우극한 2이 모두 같아

야 하므로 $t=\dfrac{\sqrt{3}}{2}$에서 연속일 조건은

$s(0)=s(1)=s(2)$이다.

$t=\sqrt{3}$일 때 $s(h(t))$가 연속이기 위해서는 $h(t)$의 좌극한 2,

함숫값 0, 우극한 2이 모두 같아야 하므로 $t=\sqrt{3}$에서 연속일

조건은 $s(0)=s(2)$이다.

$t=\dfrac{3\sqrt{3}}{2}$일 때 $s(h(t))$가 연속이기 위해서는 $h(t)$의 좌극한

2, 함숫값 1, 우극한 0이 모두 같아야 하므로 $t=\dfrac{3\sqrt{3}}{2}$에서

연속일 조건은 $s(2)=s(1)=s(0)$이다.)

$s(x)$는 최고차항의 계수가 1인 삼차함수이므로

$s(x)=x(x-1)(x-2)+p$라 할 수 있다.

따라서 $s(a+3)-s(b+2)+c$

$=s(4)-s(2)+c=(24+p)-(0+p)+1$

$=25$

111 정답 79

(가)에서 $\dfrac{f''(x)}{f'(x)}=\dfrac{3}{x+1}$이고 양변 부정적분 하면

$\ln|f'(x)|=3\ln|x+1|+B$ (B는 적분상수)

$\rightarrow \ln|f'(x)|=\ln|(x+1)^3|+\ln e^B$

따라서 $f'(x)=e^B(x+1)^3$

$f(x)$의 최고차항의 계수가 1이므로 $f'(x)=4(x+1)^3$이다.

따라서 $f(x)=(x+1)^4+C$ (C는 상수) 꼴 이다.

(나)에서

$\displaystyle\int_{-2}^{0}\left\{\tan\left(\dfrac{x+1}{2}\right)+1\right\}f(x)dx \leftarrow \dfrac{x+1}{2}=t$라 두면

$=2\displaystyle\int_{-\frac{1}{2}}^{\frac{1}{2}}\{\tan t+1\}f(2t-1)dt$

$=2\displaystyle\int_{-\frac{1}{2}}^{\frac{1}{2}}(\tan t+1)(16t^4+C)dt$

$=2\displaystyle\int_{-\frac{1}{2}}^{\frac{1}{2}}(16t^4+C)\tan t\,dt+2\displaystyle\int_{-\frac{1}{2}}^{\frac{1}{2}}(16t^4+C)dt=0$

에서 $g(t)=(16t^2+C)\tan t$라 두면 $g(-t)=-g(t)$이므로

$\displaystyle\int_{-\frac{1}{2}}^{\frac{1}{2}}(16t^4+C)\tan t\,dt=0$이다.

따라서 $\displaystyle\int_{-\frac{1}{2}}^{\frac{1}{2}}(16t^4+C)dt=0$

$\displaystyle\int_{-\frac{1}{2}}^{\frac{1}{2}}(16t^4+C)dt=2\displaystyle\int_{0}^{\frac{1}{2}}(16t^4+C)dt=0$이므로

$\left[\dfrac{16}{5}t^5+Ct\right]_0^{\frac{1}{2}}=\dfrac{1}{10}+\dfrac{1}{2}C=0$

따라서 $C=-\dfrac{1}{5}$이다.

$f(x)=(x+1)^4-\dfrac{1}{5}$

$\therefore f(1)=\dfrac{79}{5}$

$5\times f(1)=79$

[다른 풀이]—유승희T

최고차항의 계수가 1인 사차함수 $f(x)$를

$f(x)=x^4+ax^3+bx^2+cx+d$라 놓으면

(가)에서

항등식 $3f'(x)=(x+1)f''(x)$에 대입하여 정리하면

$12x^3+9ax^2+6bx+3c$

$\qquad =12x^3+(6a+12)x^2+(2b+6a)x+2b$

$\therefore a=4$, $b=6$, $c=4$

$f(x)=x^4+4x^3+6x^2+4x+d=(x+1)^4+d-1$

(나)에 대입하면

$\displaystyle\int_{-2}^{0}\left\{\tan\left(\dfrac{x+1}{2}\right)+1\right\}\{(x+1)^4+d-1\}dx=0$

x축 방향으로 1만큼 평행이동하면

$\displaystyle\int_{-1}^{1}\left\{\tan\left(\dfrac{x}{2}\right)+1\right\}(x^4+d-1)dx=0$

$\displaystyle\int_{-1}^{1}\tan\left(\dfrac{x}{2}\right)(x^4+d-1)dx+\displaystyle\int_{-1}^{1}(x^4+d-1)dx=0$

함수 $\tan\left(\dfrac{x}{2}\right)(x^4+d-1)$은 원점에 대칭함수이므로

$\displaystyle\int_{-1}^{1}\tan\left(\dfrac{x}{2}\right)(x^4+d-1)dx=0$이다.

$\displaystyle\int_{-1}^{1}(x^4+d-1)dx=0$에서 $\therefore d=\dfrac{4}{5}$

$f(x)=(x+1)^4-\dfrac{1}{5}$이므로 $f(1)=\dfrac{79}{5}$

$\therefore 5\times f(1)=79$

함수 $f(x)$는 다음 그림과 같다.

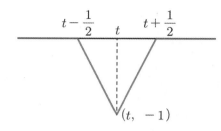

또한, 짝수 k에 대하여 $y = \sin(\pi x)\,(k \le x \le k+8)$
의 그래프는 다음 그림과 같다.

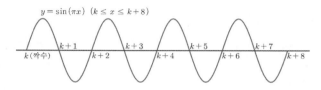

함수 $f(x)$는 $x = t$에 대칭이고 $y = \sin(\pi x)$는
$(n, 0)$에 대칭 또는 $x = n + \dfrac{1}{2}$에 대칭이다. (n은 정수)

$t + 1 \le k,\ t - 1 \ge k + 8$인 경우는 $f(x)\sin(\pi x)$는

함숫값이 0이므로 극솟값이 생기지 않는다.
따라서 $k - 1 \le t \le k + 1$인 경우를 생각하면 된다.

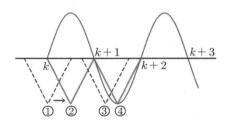

그림과 같이 $y = \sin(\pi x)$를 고정시킨 채 함수 $f(x)$
를 t가 증가하는 방향으로 옮기면서 생각해보면

$t = k + \dfrac{1}{2},\ k + \dfrac{3}{2},\ k + \dfrac{5}{2},\ \cdots$가 될 때

$f(x)$와 $y = \sin(\pi x)$는 대칭축이 일치하게 된다.

그럼 $f(x)\sin(\pi x)$의 대칭축도

$t = k + \dfrac{1}{2},\ k + \dfrac{3}{2},\ k + \dfrac{5}{2},\ \cdots$가 된다.

위의 그림에서 ②은 $f(x)\sin(\pi x)$의 대칭축이

$x = k + \dfrac{1}{2}$이고 ④는 $x = k + \dfrac{3}{2}$이다.

[랑데뷰팁]―두 함수 $f(x)$, $g(x)$가 각각 $x = m$에 대칭이면
$f(m - x) = f(m + x)$, $g(m - x) = g(m + x)$ 이고
$h(x) = f(x)g(x)$라 할 때 $h(m - x) = h(m + x)$이므로
$f(x)g(x)$도 $x = m$에 대칭이다.

그럼 $f(x)\sin(\pi x)$가 대칭축을 갖는다는 의미는 대칭축의
좌우에서 증감이 바뀌므로 대칭축에서 극값을 갖게 된다.
예를 들어 위 그림의 ①,②,③,④ 위치의 $f(x)$에 대하여
함수 $f(x)\sin(\pi x)$의 그래프는 다음과 같다.

①

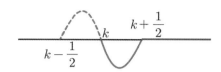

②

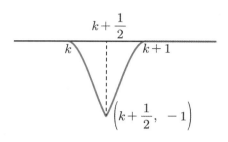

③

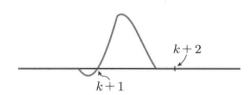

④

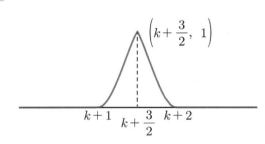

각 경우의 $g(t)$값을 차례로 $g(t_1)$, $g(t_2)$, $g(t_3)$, $g(t_4)$
라 할 때
$g(t_1) > g(t_2)$이고 $g(t_2)$이후 $g(t)$값이 커지다가
$g(t_3) < g(t_4)$이고 $g(t_4)$이후 $g(t)$값이 점점
작아진다.

따라서 $t = k + \dfrac{1}{2}$일 때 극소가 되고 $t = k + \dfrac{3}{2}$일 때

극대가 된다.
따라서 극대가 되는 $t = \alpha$에서

$\alpha_1 = k + \dfrac{3}{2}$, $\alpha_2 = k + \dfrac{7}{2}$, $\alpha_3 = k + \dfrac{11}{2}$,

$$\alpha_4 = k + \frac{15}{2} \quad (\because \alpha_n < k+8)$$

따라서 $m = 4$

$\sum_{i=1}^{m} \alpha_i = 26$에서 $\alpha_1 + \alpha_2 + \alpha_3 + \alpha_4 = 4k + 18 = 26$

에서 $k = 2$

따라서

$$g(\alpha_1) = g\left(\frac{7}{2}\right) = \int_2^{10} f(x) \sin(\pi x) dx$$

$$= \int_3^4 \left\{ 2\left| x - \frac{7}{2} \right| - 1 \right\} \sin(\pi x) dx$$

$$= 2\int_{\frac{7}{2}}^4 \left\{ 2\left(x - \frac{7}{2} \right) - 1 \right\} \sin(\pi x) dx$$

$$= 2\int_{\frac{7}{2}}^4 (2x - 8) \sin(\pi x) dx$$

$$= \int_{-1}^0 t \sin\left(\frac{\pi}{2} t \right) dt$$

$$= \left[t \times -\frac{2}{\pi} \cos\left(\frac{\pi}{2} t \right) \right]_{-1}^0 + \frac{2}{\pi} \int_{-1}^0 \cos\left(\frac{\pi}{2} t \right) dt$$

$$= \frac{4}{\pi^2} \left[\sin\left(\frac{\pi}{2} t \right) \right]_{-1}^0 = \frac{4}{\pi^2}$$

한편, $g(\alpha_1) = g(\alpha_2) = g(\alpha_3) = g(\alpha_4)$이므로

$$k + \pi^2 \sum_{i=1}^m g(\alpha_i) = 2 + \pi^2 \times 4\left(\frac{4}{\pi^2} \right) = 18$$

113 정답 11

$g(t)$는 접선의 y절편이므로 $y = \{f(x)\}^2$의 $(t, \{f(t)\}^2)$ 에서의 접선의 방정식은

$y = 2f(t)f'(t)(x-t) + \{f(t)\}^2$이므로

$g(t) = -2tf(t)f'(t) + \{f(t)\}^2$이다.

양변에 $-\frac{1}{t^2}$을 곱하면

$$-\frac{g(t)}{t^2} = \frac{2tf(t)f'(t) - \{f(t)\}^2}{t^2} = \frac{d}{dt}\left(\frac{\{f(t)\}^2}{t} + C_1 \right)$$에서

$$\therefore \frac{g(t)}{t} = (-t)\frac{d}{dt}\left(\frac{\{f(t)\}^2}{t} + C_1 \right)$$

양변을 적분하면

$$\int \frac{g(t)}{t} dt = \int \left((-t)\frac{d}{dt}\left(\frac{\{f(t)\}^2}{t} + C_1 \right) \right) dt$$

$$= (-t)\left(\frac{\{f(t)\}^2}{t} + C_1 \right) + \int \left(\frac{\{f(t)\}^2}{t} + C_1 \right) dt$$

$$= -\{f(t)\}^2 - C_1 t + \int \frac{\{f(t)\}^2}{t} dt + C_1 t$$

$$= -\{f(t)\}^2 + \int \frac{\{f(t)\}^2}{t} dt$$

따라서

$$\int_p^q \frac{g(t)}{t} dt = \left[-\{f(t)\}^2 \right]_p^q + \int_p^q \frac{\{f(t)\}^2}{t} dt \cdots \text{㉠}$$

$$\int_{\sqrt{2}-1}^{\sqrt{2}+1} \frac{\{f(x)\}^2}{x} dx = \frac{3}{5}$$

$$f(\sqrt{2}+1) = \frac{\sqrt{6\ln 3 + 2\ln 35 + 20}}{\sqrt{5}}$$

$$f(\sqrt{2}-1) = \frac{\sqrt{3 - \ln 11}}{\sqrt{5}}$$이므로

㉠에 $p = \sqrt{2}-1$, $q = \sqrt{2}+1$을 대입하면

$$\int_{\sqrt{2}-1}^{\sqrt{2}+1} \frac{g(t)}{t} dt$$

$$= \left[-\{f(t)\}^2 \right]_{\sqrt{2}-1}^{\sqrt{2}+1} + \int_{\sqrt{2}-1}^{\sqrt{2}+1} \frac{\{f(t)\}^2}{t} dt$$

$$= -\frac{6\ln 3 + 2\ln 35 + \ln 11 + 14}{5}$$

$\int_1^{11} \frac{\{f(x)\}^2}{x} dx$을 알아보기 위해 ㉠에 $p = 1$, $q = 11$을 대입하면

$$\int_1^{11} \frac{g(t)}{t} dt = \left[-\{f(t)\}^2 \right]_1^{11} + \int_1^{11} \frac{\{f(t)\}^2}{t} dt$$

$$= -\{f(11)\}^2 + \{f(1)\}^2 + \int_1^{11} \frac{\{f(t)\}^2}{t} dt$$

$y = \{f(x)\}^2$의 1에서 11까지의 평균변화율이 $\frac{5}{2}$이므로

$\{f(11)\}^2 - \{f(1)\}^2 = 25$이다. 따라서

$$\int_1^{11} \frac{g(t)}{t} dt = -25 + \int_1^{11} \frac{\{f(t)\}^2}{t} dt$$에서

$$\int_1^{11} \frac{\{f(t)\}^2}{t} dt = \int_1^{11} \frac{g(t)}{t} dt + 25 \cdots \text{㉡}$$

한편, $(0, 0)$, $(t-1, g(t-1))$, $(t+1, g(t+1))$
을 꼭짓점으로 하는 삼각형의 넓이는 사선공식에 의해

$$\frac{1}{2} \left| (t-1)g(t+1) - (t+1)g(t-1) \right| = t$$

양변을 $(t-1)(t+1)$ 로 나누면

$$\frac{1}{2} \left| \frac{g(t+1)}{t+1} - \frac{g(t-1)}{t-1} \right| = \frac{t}{(t-1)(t+1)}$$

$\frac{g(t-1)}{t-1}$ 을 원점 $(0, 0)$과 $(t-1, g(t-1))$을 지나는 직선의

기울기라 생각하면

$g(t-1) < 0$이고 $g(t)$ 는 열린구간 $(t-1, t+1)$에서 증가하므로

$$\frac{g(t-1)}{t-1} < \frac{g(t+1)}{t+1}$$

$$\therefore \frac{g(t+1)}{t+1} - \frac{g(t-1)}{t-1} = \frac{2t}{t^2-1} \cdots \text{㉢}$$

㉢은 $\int_{t-1}^{t+1} \frac{g(x)}{x} dx = \ln|t^2 - 1| + C \cdots$㉣를 양변

미분한 것이다. 이 식에 $t = \sqrt{2}$을 대입하면

$$\int_{\sqrt{2}-1}^{\sqrt{2}+1} \frac{g(x)}{x} dx = C$$이고

$$C=\int_{\sqrt{2}-1}^{\sqrt{2}+1}\frac{g(t)}{t}dt=-\frac{6\ln3+2\ln35+\ln11+14}{5}$$

㉣에서

$$h(t)=\int_{t-1}^{t+1}\frac{g(x)}{x}dx=\ln|t^2-1|+C$$라 두면

$$\int_{1}^{11}\frac{g(t)}{t}dt=\sum_{t=1}^{5}h(2t)=\sum_{t=1}^{5}(\ln(4t^2-1)+C)$$

$$=\ln3+\ln15+\ln35+\ln63+\ln99+5C$$

$$=6\ln3+2\ln35+\ln11+5C=-14$$

따라서, ㉡의 $\int_{1}^{11}\frac{\{f(t)\}^2}{t}dt=\int_{1}^{11}\frac{g(t)}{t}dt+25$에서

$$\therefore \int_{1}^{11}\frac{\{f(t)\}^2}{t}dt=\int_{1}^{11}\frac{g(t)}{t}dt+25=11$$

[다른 풀이]

$g(t)$는 접선의 y절편이므로 $y=\{f(x)\}^2$의 $(t,\{f(t)\}^2)$에서의 접선의 방정식은

$y=2f(t)f'(t)(x-t)+\{f(t)\}^2$이므로

$g(t)=-2tf(t)f'(t)+\{f(t)\}^2$이다.

$$\frac{g(t)}{t}=\frac{\{f(t)\}^2}{t}-(\{f(t)\}^2)'$$

$$\therefore \frac{\{f(t)\}^2}{t}=\frac{g(t)}{t}+(\{f(t)\}^2)'$$

$$\int_{t-1}^{t+1}\frac{\{f(x)\}^2}{x}dx$$

$$=\int_{t-1}^{t+1}\frac{g(x)}{x}dx+\int_{t-1}^{t+1}(\{f(x)\}^2)'dx$$

$$=\ln|x^2-1|+C+\{f(x+1)\}^2-\{f(x-1)\}^2$$

이하 동일

114 정답 2

(i) (가)에서 $x=0$을 대입하면 $f(0)=0$

양변 미분하면

$f'(x)=\cos(2\pi f(x+1))$ $(-1<x<1)$이다.

$-1\le\cos(2\pi f(x+1))\le1$이므로 $-1\le f'(x)\le1$

따라서 $0\le x\le1$에서 $f(x)$는 $(0,0)$, $(1,1)$을 지나고 접선의 기울기의 최댓값이 1인 상황에서는 직선일 수 밖에 없다.

$\therefore f(x)=x$ $(0\le x\le1)$···㉠

(ii) (가)에서 $x=1$을 대입하면

$$f(1)=\int_{1}^{2}\cos(2\pi f(t))dt=1$$

$-1\le\cos(2\pi f(t))\le1$이고 그것의 구간 $(1,2)$에서의 정적분 값이 1이 되려면

$\cos(2\pi f(t))=1$일 수 밖에 없다.

$\cos2\pi=1$이고 $f(1)=1$이므로 $f(t)=1$

$\therefore f(x)=1$ $(1\le x\le2)$···㉡

(iii) $-1<x\le0$일 때

$$f(x)=\int_{1}^{x+1}\cos(2\pi f(t))dt$$에서

$0\le x+1\le1$이고 ㉠에서 구간 $(0,1)$일 때 $f(t)=t$이므로

$$f(x)=\int_{1}^{x+1}\cos(2\pi f(t))dt$$

$$=\int_{1}^{x+1}\cos(2\pi t)dt=\left[\frac{1}{2\pi}\sin(2\pi t)\right]_{1}^{x+1}$$

$$=\frac{1}{2\pi}\sin(2\pi x)$$

$\therefore f(-1)=0$

한편, (나)에서 $f(x)$는 $(-1,f(-1))$에 대칭이고

$f(-1)=0$이므로 $(-1,0)$에 대칭이다.

따라서 $\int_{-2}^{0}f(x)dx=0$이 된다.

(i), (ii), (iii)에서 구간 $[-4,2]$의 함수 $f(x)$는 다음 그림과 같다.

따라서

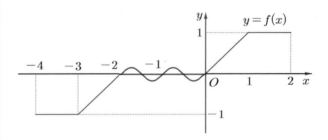

$$\int_{-3}^{2}f(x)dx$$

$$=\int_{-3}^{1}f(x)dx+\int_{1}^{2}f(x)dx$$

$$=0+\int_{1}^{2}1\,dx=1$$

$f(-4)=-f(2)=-1$

$$\int_{-3}^{2}f(x)dx-f(-4)=1-(-1)=2$$

115 정답 ③

(가)의 양변에 $\times(-4)$를 하면

$$\frac{-2f'(x)}{\{f(x)\}^3}=\frac{-8f'(2x-1)}{\{f(2x-1)\}^3}$$이고

$$\frac{-2f'(x)}{\{f(x)\}^3}=2\times\frac{-4f'(2x-1)}{\{f(2x-1)\}^3}$$에서 양변 적분하면

$$\frac{1}{\{f(x)\}^2}=2\left(\frac{1}{\{f(2x-1)\}^2}\right)+C$$

(i) $x=2$을 대입하면 $\dfrac{1}{\{f(2)\}^2}=2\left(\dfrac{1}{\{f(3)\}^2}\right)+C$

(ii) $x=3$을 대입하면 $\dfrac{1}{\{f(3)\}^2}=2\left(\dfrac{1}{\{f(5)\}^2}\right)+C$ ···㉠

(iii) $x=5$을 대입하면 $\dfrac{1}{\{f(5)\}^2}=2\left(\dfrac{1}{\{f(9)\}^2}\right)+C$

(나)에서 $f(2)=1$, $f(9)=2$이므로

$\dfrac{1}{\{f(3)\}^2}=\dfrac{1-C}{2}$, $\dfrac{1}{\{f(5)\}^2}=\dfrac{1}{2}+C$ 이다.

㉠에 대입하면

$\dfrac{1-C}{2}=1+3C$ 따라서 $C=-\dfrac{1}{7}$

$\therefore$ $\dfrac{1}{\{f(x)\}^2}=2\left(\dfrac{1}{\{f(2x-1)\}^2}\right)-\dfrac{1}{7}$

$x=1$을 대입하면 $\dfrac{1}{\{f(1)\}^2}=2\left(\dfrac{1}{\{f(1)\}^2}\right)-\dfrac{1}{7}$

$\dfrac{1}{\{f(1)\}^2}=\dfrac{1}{7}$ $\therefore$ $f(1)=\sqrt{7}$

116 정답 10

주어진 함수 $h(x)$를 $x=a$와 $x=b$를 기준으로 구간을 나누어 정의해 보면

$$h(x)=\begin{cases} 1 & (x\le 0) \\ e^x & (0<x\le a) \\ e^a & (a<x\le b) \\ e^{-x+a+b} & (b<x\le 2) \\ e^{a+b-2} & (x>2) \end{cases}$$

주어진 함수 $k(x)$를 $x=\dfrac{1}{2}$와 $x=\dfrac{3}{2}$를 기준으로 구간을 나누어 정의해 보면

$$k(x)=\begin{cases} 1 & (x\le 0) \\ cx+1 & \left(0<x\le \dfrac{1}{2}\right) \\ \dfrac{1}{2}c+1 & \left(\dfrac{1}{2}<x\le \dfrac{3}{2}\right) \\ c(2-x)+1 & \left(\dfrac{3}{2}<x\le 2\right) \\ 1 & (x>2) \end{cases}$$

$1\le h(x)\le k(x)$에서 $c>0$이고 $k(2)=1$이므로

$1\le h(2)\le 1$

따라서 $h(2)=1$이다.

따라서 $e^{a+b-2}=1$에서 $a+b=2$이다.

또한,

$\displaystyle\int_a^b \{k(x)-h(x)\}dx$의 값이 최소가 되기 위해서는

$e^a=\dfrac{1}{2}c+1$ $\left(\dfrac{1}{2}\le a<b\le \dfrac{3}{2}\right)$···㉠일 때이고 그래프 개형은 다음 그림과 같다.

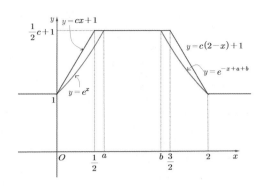

$b-a$의 값이 최대가 될 때는 $a=\dfrac{1}{2}$, $b=\dfrac{3}{2}$

따라서 ㉠에서 $e^{\frac{1}{2}}=\dfrac{1}{2}c+1 \Rightarrow c=2\sqrt{e}-2$

따라서

$m=\displaystyle\int_0^2 \{k(x)-h(x)\}dx$

$=2\displaystyle\int_0^{\frac{1}{2}} \{(2\sqrt{e}-2)x+1-e^x\}dx+\int_{\frac{1}{2}}^{\frac{3}{2}} 0\, dx$

$=2\left[(\sqrt{e}-1)x^2+x-e^x\right]_0^{\frac{1}{2}}$

$=2\left\{\dfrac{\sqrt{e}-1}{4}+\dfrac{1}{2}-\sqrt{e}+1\right\}=\dfrac{5}{2}-\dfrac{3}{2}\sqrt{e}$

$a=\dfrac{1}{2}$, $b=\dfrac{3}{2}$, $c=2\sqrt{e}-2$, $m=\dfrac{5}{2}-\dfrac{3}{2}\sqrt{e}$

$3(a+b+c)+4m=3\times 2\sqrt{e}+10-6\sqrt{e}=10$

117 정답 305

$g(x)=ax^2+bx+c$ $(a>0)$라 하자.

(나)에서 양변 미분하면 $-f'(-x)=f'(x)$이고 양변에 $x=0$을 대입하면 $f'(0)=0$이다.

따라서

$x\le 0$일 때

$f'(x)=e^x(g(x)+g'(x))$

$\quad=e^x\{ax^2+(2a+b)x+b+c\}$ 이고

$f'(0)=0$이므로 $c=-b$이다.

따라서 $g(x)=ax^2+bx-b$, $f(x)=e^x(ax^2+bx-b)$

$(x\le 0)$···㉠

함수 $h(x)$는 $h(1)=0$이고 $x=1$에서는 미분가능하므로 함수 $f(x)$의 그래프가 $(1,0)$을 지나야 한다.

(나)에서 $f(-1)=f(1)=0$이므로 ㉠에서

$f(-1)=e^{-1}(a-2b)=0$

따라서 $a=2b$

$\therefore f(x)=\begin{cases} be^x(2x^2+x-1) & (x\le 0) \\ be^{-x}(2x^2-x-1) & (x\ge 0) \end{cases}$

$b>0$이므로 함수 $f(x)$의 그래프는 다음과 같다.

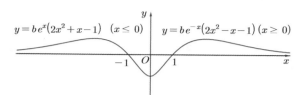

$y = be^x(2x^2+x-1) \ (x \le 0)$ ... $y = be^{-x}(2x^2-x-1) \ (x \ge 0)$

$y = \int_1^x f(t)\,dt$의 그래프는 $y' = f(x) = 0 \Rightarrow x = -1$ 또는 $x = 1$이고 증감표가 다음과 같다.

x	$\cdots$	-1	$\cdots$	1	$\cdots$
y'	$+$	0	$-$	0	$+$
y	$\nearrow$	극대 $\dfrac{14}{e}-4$	$\searrow$	극소 0	$\nearrow$

$y = \int_1^x f(t)\,dt$는 x축과 두 점에서 만나고 그 두 점 중 극소점 $(1, 0)$이 아닌 점이 $x = \alpha$이다.

즉, 함수 $h(x) = \left| \int_1^x f(t)\,dt \right|$는 $x = \alpha$에서 미분가능하지 않는다.

또한 $\left| \int_1^{-1} f(x)\,dx \right|$의 값이 극댓값 $\dfrac{14}{e}-4$이다.

즉, $\int_{-1}^1 f(x)\,dx = 2b \int_{-1}^0 \{e^x(2x^2+x-1)\}\,dx = -\left(\dfrac{14}{e}-4\right)$

따라서

$\int_{-1}^0 \{e^x(2x^2+x-1)\}\,dx$

$= \left[(e^x)(2x^2+x-1) - (e^x)(4x+1) + (e^x)(4) \right]_{-1}^0$

$= (-1-1+4) - \left(\dfrac{0+3+4}{e}\right) = 2 - \dfrac{7}{e}$

$2b \int_{-1}^0 \{e^x(2x^2+x-1)\}\,dx = 2b\left(2 - \dfrac{7}{e}\right) = -\left(\dfrac{14}{e}-4\right)$

따라서 $b = 1$이다.

따라서 $g(x) = 2x^2+x-1$, $f(x) = \begin{cases} e^x(2x^2+x-1) & (x \le 0) \\ e^{-x}(2x^2-x-1) & (x \ge 0) \end{cases}$

$g(1) = 2$이므로

$h(g(1)) = h(2) = \left| \int_1^2 f(t)\,dt \right|$

$= \int_1^2 \{e^{-x}(2x^2-x-1)\}\,dx$

$= \left[(-e^{-x})(2x^2-x-1) - (-e^{-x})(4x-1) + (-e^{-x})(4) \right]_1^2$

$= \{e^{-2}(-5-7-4)\} - \{e^{-1}(0-3-4)\}$

$= -\dfrac{16}{e^2} + \dfrac{7}{e}$

따라서 $p = -16$, $q = 7$

$p^2 + q^2 = 256 + 49 = 305$

[랑데뷰팁]

$h(x) = \left| \int_1^x f(t)\,dt \right|$의 그래프를 넓이의 증감으로 파악하면 다음 그림과 같다.

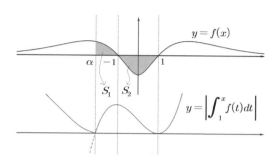

그림의 $S_1 = S_2$일 때 $x = \alpha$이고 $y = h(x)$는 그 점에서 미분가능하지 않는다.

118 정답 155

최고차항의 계수가 1인 이차함수 $f(x) = (x-a)^2 + b$라 하면 $g(x) = e^{-(x-a)^2-b}$이다.

$g(2a-x) = e^{-(a-x)^2-b} = g(x)$이므로 함수 $g(x)$는 $x = a$에 대칭이고

$\lim_{x \to \infty} g(x) = \lim_{x \to -\infty} g(x) = 0$에서 함수 $g(x)$는 $x = a$에서 최댓값 $g(a) = e^{-b}$을 갖는다.

(가)에서 $e^{-b} = 3$

따라서 $b = -\ln 3$

$f(x) = (x-a)^2 - \ln 3$, $f'(x) = 2(x-a)$, $f''(x) = 2$이므로 $g(x) = e^{-f(x)}$에서

$g'(x) = e^{-f(x)}\{-f'(x)\} = e^{-f(x)}\{-2(x-a)\} \Rightarrow$

$g'(a) = 0$이고 $x = a$에서 함수 $g(x)$가 극대임을 알 수 있다.

$g''(x) = e^{-f(x)}\{f'(x)\}^2 + e^{-f(x)}\{-f''(x)\}$

$\quad = e^{-f(x)}\left[\{f'(x)\}^2 - f''(x) \right]$

$\quad = e^{-f(x)}\{4(x-a)^2 - 2\} \Rightarrow g''(x) = 0$

의 해가 $x = a \pm \dfrac{\sqrt{2}}{2}$이므로

함수 $g(x)$의 변곡점의 x좌표는 $x = a - \dfrac{\sqrt{2}}{2}$,

$x = a + \dfrac{\sqrt{2}}{2}$이다.

함수 $g(x)$의 그래프처럼 봉우리 모양의 그래프는 접선의 기울기의 최대 또는 최소가 변곡점에서 생기므로 각 변곡점에서의 접선의 방정식을 구해보자.

(i) $t = a - \dfrac{\sqrt{2}}{2}$일 때,

$$f\left(a-\frac{\sqrt{2}}{2}\right)=\frac{1}{2}-\ln3=\ln\frac{\sqrt{e}}{3}, \ f'\left(a-\frac{\sqrt{2}}{2}\right)=-\sqrt{2} \text{ 이므로}$$

$$g\left(a-\frac{\sqrt{2}}{2}\right)=e^{-f\left(a-\frac{\sqrt{2}}{2}\right)}=e^{-\ln\frac{\sqrt{e}}{3}}=\frac{3}{\sqrt{e}}$$

$$g'\left(a-\frac{\sqrt{2}}{2}\right)=e^{-f\left(a-\frac{\sqrt{2}}{2}\right)}\left\{-f'\left(a-\frac{\sqrt{2}}{2}\right)\right\}$$

$$=e^{-\ln\frac{\sqrt{e}}{3}}=\frac{3\sqrt{2}}{\sqrt{e}}$$

따라서 접선의 방정식은

$$y=\frac{3\sqrt{2}}{\sqrt{e}}\left(x-a+\frac{\sqrt{2}}{2}\right)+\frac{3}{\sqrt{e}}=\frac{3\sqrt{2}}{\sqrt{e}}x-\frac{3\sqrt{2}}{\sqrt{e}}a+\frac{6}{\sqrt{e}}$$

따라서 $h(t)=-\frac{3\sqrt{2}}{\sqrt{e}}a+\frac{6}{\sqrt{e}}\Rightarrow m$

(ii) $t=a+\frac{\sqrt{2}}{2}$ 일 때,

$$f'\left(a+\frac{\sqrt{2}}{2}\right)=\sqrt{2}, \ f\left(a+\frac{\sqrt{2}}{2}\right)=\frac{1}{2}-\ln3=\ln\frac{\sqrt{e}}{3} \text{ 이므로}$$

$$g\left(a+\frac{\sqrt{2}}{2}\right)=e^{-f\left(a+\frac{\sqrt{2}}{2}\right)}=e^{-\ln\frac{\sqrt{e}}{3}}=\frac{3}{\sqrt{e}}$$

$$g'\left(a+\frac{\sqrt{2}}{2}\right)=e^{-f\left(a-\frac{\sqrt{2}}{2}\right)}\left\{-f'\left(a+\frac{\sqrt{2}}{2}\right)\right\}$$

$$=-e^{-\ln\frac{\sqrt{e}}{3}}=-\frac{3\sqrt{2}}{\sqrt{e}}$$

따라서 접선의 방정식은

$$y=-\frac{3\sqrt{2}}{\sqrt{e}}\left(x-a-\frac{\sqrt{2}}{2}\right)+\frac{3}{\sqrt{e}}=-\frac{3\sqrt{2}}{\sqrt{e}}x+\frac{3\sqrt{2}}{\sqrt{e}}a$$

$$+\frac{6}{\sqrt{e}}$$

따라서 $h(t)=\frac{3\sqrt{2}}{\sqrt{e}}a+\frac{6}{\sqrt{e}}\Rightarrow M$

(나)에서 $Mm=\frac{36}{e}-\frac{18}{e}a^2=-\frac{28}{e}$

$$\frac{18}{e}a^2=\frac{64}{e}$$

$$a^2=\frac{32}{9}$$

$$\therefore \ a=\pm\frac{4\sqrt{2}}{3}$$

축에 대칭인 함수의 구간의 길이가 1인 정적분 값의 최대 최소는
축의 좌우 $\frac{1}{2}$인 거리의 값에서 생기므로 $k=a+\frac{1}{2}$ 이다.

따라서 $\alpha=\frac{1}{2}+\frac{4\sqrt{2}}{3}$, $\beta=\frac{1}{2}-\frac{4\sqrt{2}}{3}$ 라 할 수 있다.

$$\alpha^2+\beta^2=(\alpha+\beta)^2-2\alpha\beta$$

$$=1-2\left(\frac{1}{4}-\frac{32}{9}\right)$$

$$=1-\frac{1}{2}+\frac{64}{9}$$

$$=\frac{1}{2}+\frac{64}{9}=\frac{9+128}{18}=\frac{137}{18}$$

$p=18$, $q=137$이므로
$p+q=155$

119 정답 15

(나)에 주어진 등식에 $x=0$을 대입하면
$$f(0)=2 \quad \cdots \ \text{㉠}$$
(나)에 주어진 등식의 양변을 x에 대하여 미분하면
$$f'(x)=\sqrt{4f(x)-\{f(x)\}^2-3}$$
에서 $f'(x)\geq0$, $1\leq f(x)\leq3\cdots\text{㉡}$
임을 알 수 있다.

$0\leq x\leq\frac{\pi}{2}$일 때 $f(x)=a\sin bx+c$이고 $f(0)=2$
에서 $c=2$
$$f'(x)=ab\cos bx \quad\cdots\text{㉢}$$
$4f(x)-\{f(x)\}^2-3=-\{f(x)-1\}\{f(x)-3\}$이므로
$$ab\cos bx=\sqrt{-(a\sin bx+1)(a\sin bx-1)}$$
$$=\sqrt{1-a^2\sin^2 bx} \text{ 양변 제곱하면}$$
$a^2b^2\cos^2 bx=1-a^2\sin^2 bx$ 이고
$a^2b^2\cos^2 bx=a^2b^2-a^2b^2\sin^2 bx$ 이므로 $b^2=1$

(i) $b=1$일 때 ㉢에서 $f'(x)=a\cos x$
$-\frac{\pi}{2}\leq x\leq\frac{\pi}{2}$에서 $a\cos x\geq0$이기 위해서는 $a>0$이다.
또한 ㉡에서 $f(x)=a\sin x+2$가 $1\leq f(x)\leq3$에서
$0<a\leq1$이다.
$|a|$의 값이 최대일 때는 $a=1$일 때다.
따라서 $-\frac{\pi}{2}\leq x\leq\frac{\pi}{2}$일 때, $f(x)=\sin x+2$
그런데 $f'\left(\frac{\pi}{2}\right)=\cos\left(\frac{\pi}{2}\right)=0$, $f\left(\frac{\pi}{2}\right)=\sin\left(\frac{\pi}{2}\right)+2=3$이므로
$f'(x)\geq0$이고 $f(x)\leq3$이기 위해서는
$x>\frac{\pi}{2}$일 때 $f(x)=3$이다.

(ii) $b=-1$일 때 ㉢에서 $f'(x)=-a\cos(-x)$
$-\frac{\pi}{2}\leq x\leq\frac{\pi}{2}$에서 $-a\cos(-x)\geq0$이기 위해서는
$a<0$이다.
또한 ㉡에서 $f(x)=a\sin x+2$가 $1\leq f(x)\leq3$이기 위해서는
$-1\leq a<0$이다.
$|a|$의 값이 최대일 때는 $a=1$일 때다.
따라서 $-\frac{\pi}{2}\leq x\leq\frac{\pi}{2}$일 때,
$f(x)=-\sin(-x)+2=\sin x+2$ 이므로 (i)과 같은 경우가
된다.
따라서 (i), (ii)에서

$$f(x) = \begin{cases} \sin x + 2 & \left(-\dfrac{\pi}{2} \le x \le \dfrac{\pi}{2} \right) \\ 3 & \left(x > \dfrac{\pi}{2} \right) \end{cases}$$

$$\therefore \int_{-\frac{\pi}{2}}^{2\pi} f(x)\,dx = \int_{-\frac{\pi}{2}}^{\frac{\pi}{2}} (\sin x + 2)\,dx + \int_{\frac{\pi}{2}}^{2\pi} 3\,dx$$

$$= [-\cos x + 2x]_{-\frac{\pi}{2}}^{\frac{\pi}{2}} + [3x]_{\frac{\pi}{2}}^{2\pi}$$

$$= 2\pi + \frac{9\pi}{2} = \frac{13}{2}\pi$$

따라서 $p = 2$, $q = 13$이므로 $p + q = 15$

[랑데뷰팁]

$y = \sin x + 2$가 $(0, 2)$에 대칭인 것을 이용하면 계산 과정이 훨씬 간단하다.

---

120 정답 16

$a_1 = 0$, $a_{n+1} = a_n + 2^n$에서

$a_2 = 2$, $a_3 = 2+4$, $a_4 = 2+4+8$, $\cdots$이고

$f(x) = \dfrac{1}{2^{n-2}} \sin\left(\dfrac{\pi(x - a_n)}{2^{n-1}} \right)$ $(a_n \le x \le a_{n+1})$에서

$f(x)$는 주기가 $\dfrac{2^{n-1} \times 2\pi}{\pi} = 2^n$인 함수이다.

(i) $n = 1 \Rightarrow 0 \le x \le 2$, $f(x) = 2\sin(\pi x)$

(ii) $n = 2 \Rightarrow 2 \le x \le 6$, $f(x) = \sin\left(\dfrac{\pi(x - 2)}{2} \right)$

(iii) $n = 3 \Rightarrow 6 \le x \le 14$, $f(x) = \dfrac{1}{2}\sin\left(\dfrac{\pi(x-6)}{2^2} \right)$

$\cdots \qquad \cdots \qquad \cdots$

따라서 $y = f(x)$의 그래프는 다음과 같다.

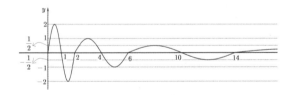

따라서 최댓값이 $\dfrac{1}{2}$배씩 줄고 폭이 2배씩 늘어나서 곡선과 x축으로 둘러싸인 각 부분의 넓이는 항상 같다.

즉, $\displaystyle\int_{a_n}^{\frac{a_n + a_{n+1}}{2}} |f(x)|\,dx = \int_{\frac{a_n + a_{n+1}}{2}}^{a_{n+1}} |f(x)|\,dx$이다.

[랑데뷰팁]-(카발리에리의 원리)라고 한다.

직접 계산해 보면

$$\int_0^1 |2\sin(\pi x)|\,dx = \int_1^2 |2\sin(\pi x)| =$$

$$\int_2^4 \left| \sin\left(\frac{\pi(x-2)}{2} \right) \right| dx = \cdots = \frac{4}{\pi}$$임을 알 수 있다.

조건 (가)에서 $g(x)$는

$$g(x) = f(x) = \frac{1}{2^{n-2}} \sin\left(\frac{\pi(x - a_n)}{2^{n-1}} \right) \ (a_n \le x \le a_{n+1})$$

이거나

$$g(x) = -f(x) = -\frac{1}{2^{n-2}} \sin\left(\frac{\pi(x - a_n)}{2^{n-1}} \right) \ (a_n \le x \le a_{n+1})$$

이다.

조건 (나)에서 $a_1 \le x \le a_2$일 때

$g(x) = f(x) = 2\sin(\pi x)$이다.

$x > 0$인 모든 실수 x에 대하여 $h(x) \ge 0$이 성립하기 위해서는 $h(x) = (x - k)\displaystyle\int_k^x g(t)\,dt \ge 0$이므로

(1) $0 < x \le k$일 때, $x - k \le 0$이므로 $\displaystyle\int_k^x g(t)\,dt \le 0$이다.

(2) $x \ge k$일 때, $x - k \ge 0$이므로 $\displaystyle\int_k^x g(t)\,dt \ge 0$이다.

조건 (나)에서 $g(x)$는 $x = 1$에서 감소하고 있어야 하므로 $0 \le x \le 2$에서는 $g(x) = f(x)$이다.

$x \ge 2$일 때는 $g(x) = |f(x)|$로 보면 (가), (나) 조건을 모두 만족할 수 있다.

따라서 모든 $g(x)$중 k가 최소가 될 때, $g(x)$의 그래프는 다음 그림과 같다.

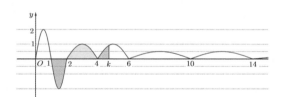

$$\int_1^2 2\sin(\pi x)\,dx = -\frac{4}{\pi}, \quad \int_2^4 \sin\left(\frac{\pi(x-2)}{2} \right) dx = \frac{4}{\pi}$$

따라서 $k \ge 4$ 이면 (1), (2)를 모두 만족한다.

$k \ge 4$

따라서 $m = 4$

$m^2 = 16$

[랑데뷰팁]

$k = 3$이라면 $h(x) = (x - 3)\displaystyle\int_3^x g(t)\,dt$에서

$x \ge 3$일 때, $h(x) \ge 0$이지만

$x < 3$일 때는 $h(x) < 0$일 수 있다.

예를 들어 $k = 3$, $x = 1$일 때,

$$\int_2^3 g(t)\,dt = \frac{1}{2}\int_2^4 g(t)\,dt = \frac{2}{\pi}$$이므로

$$h(1) = (1-3) \int_3^1 g(t)\,dt$$

$$= -2 \int_3^1 g(t)\,dt$$

$$= 2 \int_1^3 g(t)\,dt$$

$$= 2\left\{ \int_1^2 g(t)\,dt + \int_2^3 g(t)\,dt \right\}$$

$$= 2\left\{ \left(-\frac{4}{\pi}\right) + \left(\frac{2}{\pi}\right) \right\} = -\frac{4}{\pi} < 0$$

---

121 정답 38

함수 $f(x)$의 그래프는 다음 그림과 같다.

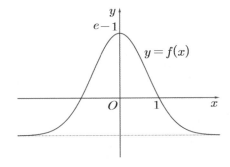

함수 $g(x)$가 정의되는 범위가 $0 < x < 3\ln 2$이고
$x = \ln(t-2)$이므로
$0 < \ln(t-2) < \ln 8$에서 $1 < t - 2 < 8 \rightarrow 3 < t < 10 \cdots \boxdot$이다.

함수 $f(x-k)$는 $f(x)$를 x축으로 k만큼 평행이동한

그래프이므로 $y = \int_k^t f(x-k)\,dx$의 그래프 개형은 다음과 같다.

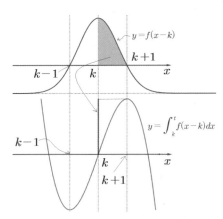

따라서 함수 $g(x)$는 $t = k+1$일 때 극댓값을 갖고, $t = k-1$일
때 극솟값을 갖는다.
$\boxdot$에서 $3 < k+1 < 10 \rightarrow 2 < k < 9$
$3 < k-1 < 10 \rightarrow 4 < k < 11$
그러므로 극댓값과 극솟값을 모두 갖도록 하는 k범위는
$4 < k < 9$이다.

따라서 $k = 5, 6, 7, 8$로
$m = 4$이고 $\sum_{i=1}^m k_i = 5+6+7+8 = 26$이다.

한편 극댓값은 $\int_k^{k+1} f(x-k)\,dx = \int_0^1 f(x)\,dx$이고

극솟값은 $-\int_{k-1}^k f(x-k)\,dx = -\int_{-1}^0 f(x)\,dx$이므로

극댓값과 극솟값의 차이는

$$\int_0^1 f(x)\,dx - \left(-\int_{-1}^0 f(x)\,dx \right) = \int_{-1}^1 f(x)\,dx$$이다.

$f(x)$는 y축 대칭이므로 $\int_{-1}^1 f(x)\,dx = 2\int_0^1 f(x)\,dx$

따라서 $k = 5, 6, 7, 8$에 극대 극소가 각 한 쌍씩 나타나므로

$$\sum_{i=1}^4 h(k_i) = 4 \times 2\int_0^1 f(x)\,dx$$

$\therefore \alpha = 8$

$\alpha + m + \sum_{i=1}^m k_i = 8 + 4 + 26 = 38$이다.

---

122 정답 ②

[출제자 : 서태욱T]

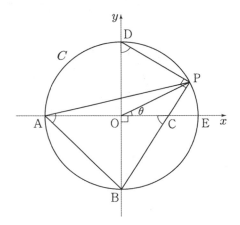

$D(0,\ 1)$, $E(1,\ 0)$이라 하고 $\angle POC = \theta$라 하면 점 P는
$(\cos\theta,\ \sin\theta)$이다. 따라서
$t = \cos\theta$이다. $\cdots\cdots \boxdot$

호 PB에 대한 중심각의 크기는 $\frac{\pi}{2} + \theta$이고 호 PB의 원주각의

크기는 모두 같으므로

$\angle PAB = \angle PDB = \frac{\pi}{4} + \frac{\theta}{2}$이다.

또 두 삼각형 BPD, BOC는 닮음이므로

$\angle BCO = \frac{\pi}{4} + \frac{\theta}{2}$이다.

따라서

$$f(t) = \overline{BC} = \frac{\overline{BO}}{\sin(\angle BCO)}$$

$$= \frac{1}{\sin\left(\frac{\pi}{4}+\frac{\theta}{2}\right)}$$

$$= \frac{1}{\sin\frac{\pi}{4}\times\cos\frac{\theta}{2}+\cos\frac{\pi}{4}\times\sin\frac{\theta}{2}}$$

$$= \frac{1}{\frac{\sqrt{2}}{2}\times\left(\cos\frac{\theta}{2}+\sin\frac{\theta}{2}\right)}$$

이다.

한편 ㉠에 의하여 $\dfrac{dt}{d\theta}=-\sin\theta$이므로 $dt=-\sin\theta\,d\theta$이고

$t=\dfrac{1}{2}$일 때 $\theta=\dfrac{\pi}{3}$, $t=\dfrac{\sqrt{3}}{2}$일 때 $\theta=\dfrac{\pi}{6}$이다.

또한 $\{f(t)\}^2=\dfrac{1}{\frac{1}{2}\times\left(1+2\sin\frac{\theta}{2}\cos\frac{\theta}{2}\right)}=\dfrac{2}{1+\sin\theta}$이므로

$$\int_{\frac{1}{2}}^{\frac{\sqrt{3}}{2}} t\times\{f(t)\}^2\,dt=\int_{\frac{\pi}{3}}^{\frac{\pi}{6}}\left\{\cos\theta\times\frac{2}{1+\sin\theta}\times(-\sin\theta)\right\}d\theta$$

이때 $\sin\theta=u$로 치환하면 $\cos\theta\,d\theta=du$이고

$\theta=\dfrac{\pi}{3}$일 때 $\dfrac{\sqrt{3}}{2}$, $\theta=\dfrac{\pi}{6}$일 때 $u=\dfrac{1}{2}$이다.

따라서

$$\int_{\frac{\pi}{3}}^{\frac{\pi}{6}}\left\{\cos\theta\times\frac{2}{1+\sin\theta}\times(-\sin\theta)\right\}d\theta$$

$$= -2\int_{\frac{\sqrt{3}}{2}}^{\frac{1}{2}}\frac{t}{1+t}\,dt$$

$$= 2\int_{\frac{1}{2}}^{\frac{\sqrt{3}}{2}}\left(1-\frac{1}{1+t}\right)dt$$

$$= 2\times\left[t-\ln|1+t|\right]_{\frac{1}{2}}^{\frac{\sqrt{3}}{2}}$$

$$= 2\times\left(\left(\frac{\sqrt{3}}{2}-\ln\frac{2+\sqrt{3}}{2}\right)-\left(\frac{1}{2}-\ln\frac{3}{2}\right)\right)$$

$$= \sqrt{3}-1+2\ln\frac{3}{2+\sqrt{3}}$$

$$= \sqrt{3}-1+2\ln(6-3\sqrt{3})$$

123 정답 335

[그림 : 최성훈T]

$$\int_0^2 f(|x+a|)\,dx=4$$

$x+a=s$라 두면

$$\int_a^{2+a} f(|s|)\,ds=4\cdots㉠\text{이다.}$$

㉠에 $a=-1$을 대입하면 $\displaystyle\int_{-1}^{1}f(|s|)\,ds=4$이고

함수 $f(|s|)$의 그래프는 y축 대칭이므로

$$\int_0^1 f(s)\,ds=\frac{1}{2}\int_{-1}^1 f(|s|)\,ds=2$$

따라서 $\displaystyle\int_0^1(4x^3+k)\,dx=\left[x^4+kx\right]_0^1=1+k=2$

∴ $k=1$이다.

한편, ㉠의 양변을 미분하면

$f(|2+a|)-f(|a|)=0 \Rightarrow f(|a|)=f(|a+2|)$

(i) $a\geq0$일 때, $f(a)=f(a+2)$이므로 함수 $f(a)$는 주기가 2인 함수이다.

(ii) $-2\leq a<0$일 때, $f(-a)=f(a+2) \Rightarrow a=-1+x$을 대입하면 $f(1-x)=f(1+x)$이므로 함수 $f(a)$는 $a=1$에 대칭인 함수이다.

(iii) $a<-2$일 때, $f(-a)=f(-a-2) \Rightarrow a=-x-2$을 대입하면 $f(x+2)=f(x)$이므로 함수 $f(t)$는 주기가 2인 함수이다.

(i), (ii), (iii)에서

$$f(x)=\begin{cases}4x^3+1 & (0\leq x<1)\\ 4(2-x)^3+1 & (1\leq x<2)\end{cases}, \quad f(x)=f(x+2)\text{를}$$

만족한다.

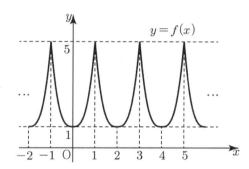

$c_n=\displaystyle\int_{\frac{17}{16}}^{\frac{3}{2}}\dfrac{t}{f'(x_n)}\,dt$에서 $n=1$을 대입하면

$c_1=\displaystyle\int_{\frac{17}{16}}^{\frac{3}{2}}\dfrac{t}{f'(x_1)}\,dt$이고 $f(x_1)=t$라 두면

$f'(x_1)dx_1=dt$이고 $f(x_1)=\dfrac{17}{16}$을 만족하는 $x_1=\dfrac{1}{4}$,

$f(x_1)=\dfrac{3}{2}$을 만족하는 $x_1=\dfrac{1}{2}$이므로

$$=\int_{\frac{1}{4}}^{\frac{1}{2}}f(x_1)\,dx_1$$

$$=\int_{\frac{1}{4}}^{\frac{1}{2}}\left(4x_1^3+1\right)dx_1$$

$$=\left[x_1^4+x_1\right]_{\frac{1}{4}}^{\frac{1}{2}}$$

$$=\frac{1}{16}+\frac{1}{2}-\left(\frac{1}{256}+\frac{1}{4}\right)$$

$$=\frac{9}{16}-\frac{65}{256}$$

$$= \frac{144-65}{256} = \frac{79}{256}$$

$$c_2 = -c_1$$

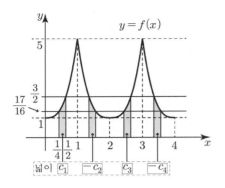

따라서 $c_1 + c_2 = 0$, $c_3 + c_4 = 0$, $\cdots$

$$\sum_{n=1}^{99} c_n = c_{99} = c_1 = \frac{79}{256}$$

따라서 $p=256$, $q=79$

$p+q=335$

[보충 설명]-김종렬T

$\int_0^2 f(|x+a|)dx = \int_a^{a+2} f(|x|)dx = 4$이므로 양변을 a에

관해 미분하면

$f(|a+2|) - f(|a|) = 0$

$f(|a+2|) = f(|a|)$

즉, $f(|x|)$는 주기가 2인 주기함수라는 뜻이다.

124 정답 16

(가)에서 $x=-a$을 대입하면

$\int_a^a g(t)dt = 0$이므로 $\int_{3a}^{4a+2} g(t)dt = 0$이어야 한다.

함수 $g(x)$는 모든 실수 x에 대하여 $g(x) > 0$이므로

$\int_{3a}^{4a+2} g(t)dt = 0$이기 위해서는 $3a = 4a+2$이어야 한다.

$\therefore a = -2$

(가)에서 $\int_{-2}^{-4+x} g(t)dt = \int_{-4-x}^{-6} g(t)dt$이고

양변을 x에 대하여 미분하면

$g(-4+x) = g(-4-x)$

따라서 함수 $g(x)$는 $x=-4$에 대칭이다.

최고차항의 계수가 1인 이차함수 $f(x) = x^2 + px + q$라 하면

$f'(x) = 2x + p$이므로

$g(x) = e^{x^2 + (p+2)x + q + 4}$이고 $g(x)$가 $x=-4$에 대칭이기

위해서는 $2+p=8$이어야 한다.

따라서 $p=6$

$g(x) = e^{x^2 + 8x + q} = e^{(x+4)^2 + q - 16}$

(나)에서 함수 $g(x)$의 최솟값이 1이므로

$g(-4) = e^{q-16} = 1$에서 $q=10$이다.

$f(x) = x^2 + 6x + 10$, $f'(x) = 2x + 6$, $g(x) = e^{x^2 + 8x + 16}$이다.

그러므로

$$\int_{-4}^0 \{f(x) - ax + 6\}\{f'(x) - a\}g(x)dx$$

$$= \int_{-4}^0 \{(x^2 + 8x + 16)(2x+8)e^{x^2 + 8x + 16}\}dx$$

$x^2 + 8x + 16 = t$라 하면

$(2x+8)dx = dt$이고

$x : -4 \to 0$일 때, $t : 0 \to 16$이다.

$$= \int_0^{16} te^t dt$$

$$= \left[te^t - e^t \right]_0^{16}$$

$$= 15e^{16} + 1$$

$m = 15e^{16} + 1$이므로 $\frac{m-1}{15} = e^{16}$이다.

따라서 $\ln\left(\frac{m-1}{15}\right) = \ln e^{16} = 16$

125 정답 163

$g(x) = -2x^3 + 3x^2$

$g'(x) = -6x^2 + 6x = -6x(x-1) \Rightarrow g(0)$

:극소, $g(1)$:극대

$g''(x) = -12x + 6 = -6(2x-1) \Rightarrow g\left(\frac{1}{2}\right)$:변곡점

따라서 $y=g(x)$와 $y=g^{-1}(x)$의 그래프는 다음과 같다.

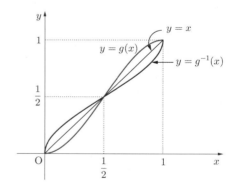

삼차함수는 변곡점에 대칭이므로

$\int_0^1 g(t)dt = \frac{1}{2}$, $\int_0^1 g^{-1}(t)dt = \frac{1}{2}$이다.

다음 그림과 같이 $t-y$평면에서 $y=g^{-1}(t)$와 상수함수

$y=x$의 교점의 t좌표를 k라 두면

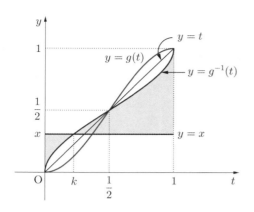

$$f(x) = \int_0^k \{x - g^{-1}(t)\}dt + \int_k^1 \{g^{-1}(t) - x\}dt$$

$$= \int_0^k (x)\,dt + \int_k^1 (-x)\,dt + \int_0^k \{-g^{-1}(t)\}dt + \int_k^1 \{g^{-1}(t)\}dt$$

$$= [xt]_0^k + [-xt]_k^1 + \int_0^1 \{g^{-1}(t)\}dt - 2\int_0^k \{g^{-1}(t)\}dt$$

$$= (2k-1)x + \frac{1}{2} - 2\int_0^k \{g^{-1}(t)\}dt \cdots ㉠$$

한편, $S = \int_0^k \{g^{-1}(t)\}dt$라 두면 다음 그림의 색칠

한 부분의 넓이와 같으므로

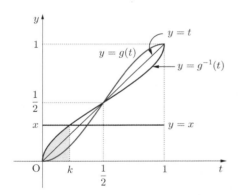

$$S = kx - \int_0^x \{g(t)\}dt = kx - \int_0^x (-2t^3 + 3t^2)\,dt$$

$$= kx - \left[-\frac{1}{2}t^4 + t^3\right]_0^x = kx + \frac{1}{2}x^4 - x^3$$

을 ㉠에 대입하면

$$f(x) = (2k-1)x + \frac{1}{2} - 2\left(kx + \frac{1}{2}x^4 - x^3\right)$$

$$= -x^4 + 2x^3 - x + \frac{1}{2} \quad (0 < x < 1)$$

$f'(x) = -4x^3 + 6x^2 - 1 = -(2x-1)(2x^2 - 2x - 1)$

이므로 열린구간 $(0, 1)$에서 함수 $f(x)$는 다음 그림과 같은

개형이며 $f\left(\frac{1}{2}\right) = \frac{3}{16}$인 극솟값을 갖고

$x = \frac{1}{2}$에 대칭인 함수이다.

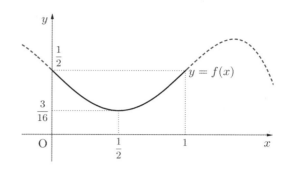

$$h(x) = \int_0^x |f(x) - f(s)|\,ds$$

$s - y$축으로 그래프를 옮겨 생각해 보자.

(i) $0 < x \le \frac{1}{2}$일 때, 함수 $h(x)$는 다음 그림과 같이 색칠된

영역의 넓이를 나타낸다.

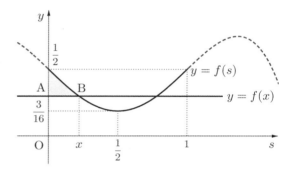

따라서 x가 커짐에 따라 $h(x)$는 증가하고 넓이의 증가율은

선분 AB의 길이에 비례한다.

(ii) $\frac{1}{2} < x < 1$일 때, $h(x)$는 다음 그림과 같이 색칠된 두

영역의 넓이를 나타낸다.

x값이 증가함에 따라 $s = 1 - x$를 기준으로 왼쪽 부분은 넓이가

감소하고 있고 오른쪽 부분은 넓이가 증가하고 있다. 또한

감소율과 증가율은 각각 선분 AB, BC의 길이에 비례한다.

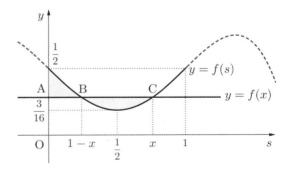

x가 증감함에 따라

$$\overline{AB} > \overline{BC} \to \overline{AB} = \overline{BC} \to \overline{AB} < \overline{BC}$$

가 되므로 $h(x)$는 감소하다 극소가 된 뒤 다시 증가하는

그래프가 된다. 따라서 극소가 되는 x값은

$\overline{AB} = \overline{BC}$가 성립할 때이다.

따라서 $1-x=x-(1-x)$에서 $x=\dfrac{2}{3}$

그러므로 $x=\dfrac{1}{2}$일 때 극대, $x=\dfrac{2}{3}$일 때 극소가 된다.

또한,

$$\text{M}=\int_0^{\frac{1}{2}}\left(-s^4+2s^3-s+\frac{1}{2}\right)ds-\left(\frac{1}{2}\times\frac{3}{16}\right)$$

$$=\left[-\frac{1}{5}s^5+\frac{1}{2}s^4-\frac{1}{2}s^2+\frac{1}{2}s\right]_0^{\frac{1}{2}}-\frac{3}{32}$$

$$=\frac{9}{160}$$

따라서 $\alpha=\dfrac{1}{2}$, $\beta=\dfrac{2}{3}$, $M=\dfrac{9}{160}$

$$\alpha\times\beta\times M=\frac{1}{2}\times\frac{2}{3}\times\frac{9}{160}=\frac{3}{160}$$

$p+q=163$